深智數位
股份有限公司

前言

　　本書主要說明 STM32 嵌入式系統應用實例。為了讓讀者能夠快速地掌握 STM32 嵌入式系統的核心技術，本書從 STM32 嵌入式微控制器最小系統設計入手，以實戰為目的，介紹了多個 STM32 嵌入式系統應用實例，讀者參考書中實例，可以容易地設計出滿足自己專案要求的嵌入式系統，達到事半功倍的效果。書中應用實例涉及面廣、內容翔實，均為編者多年教學與科研成果的總結。

　　本書說明了很多新技術，如 DGUS 彩色液晶顯示器應用實例。DGUS 彩色液晶顯示器透過 DGUS 開發軟體，可以非常方便地顯示中文字、數字、符號、圖形、圖片、曲線、儀表板等，特別易於今後的修改，徹底改變了液晶顯示器採用點陣顯示的開發方式，節省了大量的人力物力。不同於一般的液晶顯示器的開發方式，DGUS 是一種全新的開發方式。微控制器透過 UART 串列通訊介面發送顯示的命令，每頁顯示的內容透過頁切換即可改變。

　　另外，本書還介紹了旋轉編碼器設計實例、CAN 通訊轉換器設計實例、電力網路儀表設計實例和新型分散式控制系統（DCS）設計實例。這些實例以 STM32F103 為核心，均有獨立的架構，能夠培養讀者的系統設計能力和實踐能力。

　　本書的數位資源中提供了書中實例的 STM32 開發專案，如 4×4 鍵盤掃描程式碼、DMT32240C035_06WN 螢幕程式碼、PWM 輸出程式碼、獨立看門狗程式碼、視窗看門狗程式碼、USART 串列通訊程式碼、MB85RS16 操作程式碼、PCF2129 操作程式碼、RS232-CAN(STM32F103) 程式碼、RTC 程式碼、DCS 程

式碼和 FBDCS(ST)_8AI 程式碼。一方面,這些 STM32 開發專案給讀者一個完整的專案範本,讓讀者不再需要自建;另一方面,讀者參照這些開發專案實例可以快速地完成自己的專案。

DCS 程式碼是基於第 13 章說明的控制卡執行的,可以與 FBDCS(ST)_8AI 程式之間進行 CAN 通訊,對於初次學習 μC/OS-II 的讀者,可以很容易地在 μC/OS-II 作業系統上撰寫自己專案的任務,由此開啟學習 μC/OS-II 作業系統的大門。同時,在 μC/OS-II 作業系統的平臺上,還提供了 μC/OS-II 的多個任務程式、STM32 CAN 通訊程式、TCP 乙太網通訊程式、基於 W5100 晶片的乙太網通訊程式、雙機備份程式、PID 控制演算法程式、FSMC 記憶體擴充程式、對 DCS 主站下載的設定資訊進行解析等程式。

PWM 輸出程式碼、獨立看門狗程式碼、視窗看門狗程式碼、USART 串列通訊程式碼和 RTC 程式碼是在目前使用最廣泛的正點原子 STM32F103 戰艦開發板上偵錯透過的;μC/OS-II 程式碼是在奮鬥 STM32 開發板 V5 上偵錯透過的。讀者也可以將上述程式碼移植到自己的 STM32 開發板上。

本書共 13 章。第 1 章對 STM32 嵌入式微控制器最小系統設計進行了概述,介紹了 STM32F1 系列產品系統架構和 STM32F103ZET6 內部結構、STM32F103ZET6 的記憶體映射、STM32F103ZET6 的時鐘結構、STM32F103VET6 的接腳、STM32F103VET6 最小系統設計;第 2 章說明了人機介面設計與應用實例,包括獨立式鍵盤介面設計、矩陣式鍵盤介面設計、矩陣式鍵盤的介面實例、顯示技術的發展及其特點、LED 顯示器介面設計和觸控式螢幕技術;第 3 章說明了 DGUS 彩色液晶顯示器應用實例,包括螢幕儲存空間、硬體設定檔、DGUS 組態軟體安裝和使用說明、專案下載、DGUS 螢幕顯示變數設定方法及其指令詳解和透過 USB 對 DGUS 螢幕進行偵錯;第 4 章說明了旋轉編碼器設計實例,包括旋轉編碼器的介面設計、呼吸機按鍵與旋轉編碼器程式結構、按鍵掃描與旋轉編碼器中斷檢測程式和鍵值存取程式;第 5 章說明了 PWM 輸出與看門狗計時器應用實例,包括 STM32F103 計時器概述、STM32 通用計時器、STM32 PWM 輸出應用實例和看門狗計時器;第 6 章說明了 USART 與 Modbus 通訊協定應用實例,包括串列通訊基礎、STM32 的 USART 工作原理、STM32 的 USART 串列通訊應用實例、外部匯流排、Modbus 通訊協定和 PMM2000 電力網路儀

表 Modbus-RTU 通訊協定;第 7 章說明了 SPI 與鐵電記憶體介面應用實例,包括 STM32 的 SPI 通訊原理、STM32F103 的 SPI 工作原理和 STM32 的 SPI 與鐵電記憶體介面應用實例;第 8 章說明了 I2C 與日曆時鐘介面應用實例,包括 STM32 的 I2C 通訊原理、STM32F103 的 I2C 介面和 STM32 的 I2C 與日曆時鐘介面應用實例;第 9 章說明了 CAN 通訊轉換器設計實例,包括 CAN 的特點、STM32 的 CAN 匯流排概述、STM32 的 bxCAN 工作模式、STM32 的 bxCAN 功能描述、CAN 匯流排收發器、CAN 通訊轉換器概述、CAN 通訊轉換器微控制器主電路的設計、CAN 通訊轉換器 UART 驅動電路的設計、CAN 通訊轉換器 CAN 匯流排隔離驅動電路的設計、CAN 通訊轉換器 USB 介面電路的設計和 CAN 通訊轉換器的程式設計;第 10 章說明了電力網路儀表設計實例,包括 PMM2000 電力網路儀表概述、PMM2000 電力網路儀表的硬體設計、週期和頻率測量、STM32F103VBT6 初始化程式、電力網路儀表的演算法、LED 數位管動態顯示程式設計和 PMM2000 電力網路儀表在數位化變電站中的應用;第 11 章說明了 μC/OS-II 在 STM32 上的移植與應用實例,包括 μC/OS-II 介紹、嵌入式控制系統的軟體平臺和 μC/OS-II 的移植與應用;第 12 章說明了 RTC 與萬年曆應用實例,包括 RTC、備份暫存器 (BKP)、RTC 的操作和萬年曆應用實例;第 13 章說明了新型分散式控制系統設計實例,包括新型 DCS 概述、現場控制站的組成、新型 DCS 通訊網路、新型 DCS 控制卡的硬體設計、新型 DCS 控制卡的軟體設計、控制演算法的設計、8 通道類比量輸入電路板 (8AI) 的設計、8 通道熱電偶電路板 (8TC) 的設計、8 通道熱電阻電路板 (8RTD) 的設計、4 通道類比量輸出電路板 (4AO) 的設計、16 通道數位量輸入電路板 (16DI) 的設計、16 通道數位量輸出電路板 (16DO) 的設計、8 通道脈衝量量輸入電路板 (8PI) 的設計和嵌入式控制系統可靠性與安全性技術。

　　本書結合編者 30 多年的科學研究和教學經驗,遵循「循序漸進,理論與實踐並重,共通性與個性兼顧」的原則,將理論實踐一體化的教學方式融入其中。實踐案例由淺入深,層層遞進,在幫助讀者快速掌握某一外接裝置功能的同時,有效融合其他外部設備。

　　在此對本書引用的參考文獻的作者一併表示真誠的感謝。由於編者水準有限,加上時間倉促,書中不妥之處在所難免,敬請讀者們不吝指正。

編者

目錄

第 1 章　STM32 嵌入式微控制器最小系統設計

第 2 章　人機介面設計與應用實例

第 3 章　DGUS 彩色液晶顯示器應用實例

第 4 章　旋轉編碼器設計實例

第 5 章　PWM 輸出與看門狗計時器應用實例

第 6 章　USART 與 Modbus 通訊協定應用實例

第 7 章　SPI 與鐵電記憶體介面應用實例

第 8 章　I2C 與日曆時鐘介面應用實例

第 9 章　CAN 通訊轉換器設計實例

第 10 章　電力網路儀表設計實例

第 11 章 µC/OS-II 在 STM32 上的移植與應用實例

第 12 章 RTC 與萬年曆應用實例

第 13 章　新型分散式控制系統設計實例

STM32 嵌入式微控制器最小系統設計

本章對 STM32 微控制器進行概述，介紹 STM32F1 系列產品系統架構和 STM32F103ZET6 內部結構、記憶體映射、時鐘結構，以及 STM32F103VET6 接腳、最小系統設計。

1.1 STM32 微控制器概述

STM32 是意法半導體 (ST Microelectronics) 公司較早推向市場的基於 Cortex-M 核心的微處理器系列產品，該系列產品具有成本低、功耗優、性能高、功能多等優勢，並且以系列化方式推出，方便使用者選型，在市場上獲得了廣泛好評。

目前常用的 STM32 有 STM32F103 ～ STM32F107 系列，簡稱「1 系列」，最近又推出了高端 STM32F4xx 系列，簡稱「4 系列」。前者基於 Cortex-M3 核心，後者基於 Cortex-M4 核心。STM32F4xx 系列在以下諸多方面做了最佳化。

（1） 增加了浮點運算。

（2） 具有數位訊號處理器 (Digital Signal Processor，DSP) 功能。

（3） 儲存空間更大，高達 1MB 以上。

（4） 運算速度更高，以 168MHz 高速執行時期處理能力可達到 210DMIPS[①]。

（5） 更高級的外接裝置，新增外接裝置 (如照相機介面、加密處理器、USB 高速 OTG 介面等) 提高性能，具有更快的通訊介面、更高的取樣速率、附帶先進先出 (First In First Out，FIFO) 的直接記憶體存取 (Direct Memory Access，DMA) 控制器。

STM32 系列微控制器具有以下優點。

1. 先進的核心結構

（1）哈佛結構使其在處理器整數性能測試上有著出色的表現，執行速度可以達到 1.25DMIPS/MHz，而功耗僅為 0.19mW/MHz。

（2） Thumb-2 指令集以 16 位元的程式密度帶來了 32 位元的性能。

（3） 內建快速的中斷控制器，提供了優越的即時特性，中斷的延遲時間降到只需 6 個 CPU 週期，從低功耗模式喚醒的時間也只需 6 個 CPU 週期。

（4） 具有單週期乘法指令和硬體除法指令。

[①] DMIPS 即 Dhrystone Million Instructions Executed Per Second，主要用於評價整數運算能力。

2. 三種功耗控制

STM32 經過特殊處理，針對應用中三種主要的功耗要求進行了最佳化，這三種功耗要求分別是執行模式下高效率的動態耗電機制、待機狀態時極低的電能消耗和電池供電時的低電壓工作能力。因此，STM32 提供了三種低功耗模式和靈活的時鐘控制機制，使用者可以根據自己所需要的耗電 / 性能要求進行合理最佳化。

3. 大幅的整合整合

（1） STM32 內嵌電源監控器，包括通電重置、低電壓檢測、停電檢測和附帶時鐘的看門狗計時器，減少對外部元件的需求。

（2） 使用一個主晶振可以驅動整個系統。低成本的 4 ～ 16MHz 晶振即可驅動中央處理器 (Central Processing Unit，CPU)、通用序列匯流排 (Universal Serial Bus,USB) 以及所有外接裝置，使用內嵌鎖相環 (Phase Locked Loop，PLL) 產生多種頻率，可以為內部即時時鐘選擇 32kHz 的晶振。

（3） 內嵌出廠前調校好的 8MHz RC 振盪電路，可以作為主時鐘源。

（4） 擁有針對即時時鐘 (Real Time Clock，RTC) 或看門狗的低頻率 RC 電路。

（5） LQPF100 封裝晶片的最小系統只需要 7 個外部被動元件。

因此，使用 STM32 可以很輕鬆地完成產品的開發。意法半導體公司提供了完整、高效的開發工具和函式庫，幫助開發者縮短系統開發時間。

4. 出眾及創新的外接裝置

STM32 的優勢來源於兩路高級外接裝置匯流排，連接到該匯流排上的外接裝置能以更高的速度執行。

（1） USB 介面速度可達 12Mb/s。

（2） USART 介面速度高達 4.5Mb/s。

（3） SPI 介面速度可達 18Mb/s。

（4） I2C 介面速度可達 400kHz。

（5） 通用輸入輸出 (General Purpose Input Output，GPIO) 的最大翻轉頻率為 18MHz。

（6） 脈衝寬度調變 (Pulse Width Modulation，PWM) 計時器最高可使用 72MHz 時鐘輸入。

1.1.1 STM32 微控制器產品介紹

目前，市場上常見的基於 Cortex-M3 的微控制單元 (Micro Controller Unit, MCU) 有意法半導體有限公司的 STM32F103 微控制器、德州儀器公司 (TI) 的 LM3S8000 微控制器和恩智浦公司 (NXP) 的 LPC1788 微控制器等，其應用遍及工業控制、消費電子、儀器儀表、智慧家居等各個領域。

意法半導體公司於 1987 年 6 月成立，是由義大利的 SGS 微電子公司和法國 THOMSON 半導體公司合併而成，1998 年 5 月改名為意法半導體有限公司 (簡稱 ST)，是世界最大的半導體公司之一。從成立至今，意法半導體公司的增長速度超過了半導體工業的整體增長速度。自 1999 年起，意法半導體公司始終是世界十大半導體公司之一。據最新的工業統計資料，意法半導體公司是全球第五大半導體廠商，在很多領域居世界領先水準。舉例來說，意法半導體公司是世界第一大專用類比晶片和電源轉換晶片製造商、世界第一大工業半導體和機上盒晶片供應商，而且在分立元件、手機相機模組和車用積體電路領域居世界前列。

在諸多半導體製造商中，意法半導體公司是較早在市場上推出基於 Cortex-M 核心的 MCU 產品的公司，其根據 Cortex-M 核心設計生產的 STM32 微控制器充分發揮了低成本、低功耗、高 C/P 值的優勢，以系列化的方式推出，方便使用者選擇，受到了廣泛的好評。

STM32 系列微控制器適合的應用：替代絕大部分 8/16 位元 MCU 的應用、替代目前常用的 32 位元 MCU(特別是 Arm7) 的應用、小型作業系統相關的應用以及簡單圖形和語音相關的應用等。

STM32 系列微控制器不適合的應用：程式碼大於 1MB 的應用、基於 Linux 或 Android 系統的應用、基於高畫質或超高畫質的視訊應用等。

STM32 系列微控制器產品線包括高性能類型、主流類型和超低功耗類型三大類，分別不同導向的應用，其具體產品系列如圖 1-1 所示。

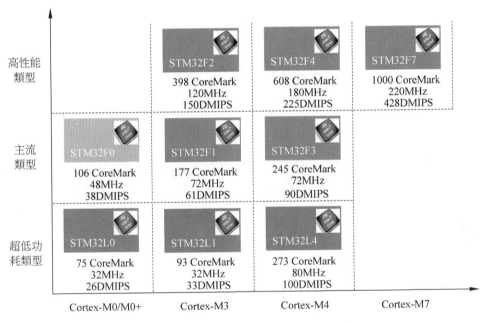

▲ 圖 1-1 STM32 系列微控制器產品線

1. STM32F1 系列 (主流類型)

STM32F1 系列微控制器基於 Cortex-M3 核心，利用一流的外接裝置和低功耗、低壓操作實現了高性能，同時以可接受的價格，利用簡單的架構和簡便好用的工具實現了高集成度，能夠滿足工業、醫療和消費類市場的各種應用需求。

憑藉該產品系列，ST 公司在全球基於 Arm Cortex-M3 的微控制器領域處於領先地位。本書後續章節即是基於 STM32F1 系列中的典型微控制器 STM32F103 說明的。

STM32F1 系列微控制器包含以下 5 條產品線，它們的接腳、外接裝置和軟體均相容。

（1） STM32F100：超值型，CPU 工作頻率為 24MHz，具有電機控制和 CEC 功能。

（2） STM32F101：基本型，CPU 工作頻率為 36MHz，具有高達 1MB 的 Flash。

（3） STM32F102：USB 基本型，CPU 工作頻率為 48MHz，具備 USB FS(Full-Speed) 介面。

（4） STM32F103：增強型，CPU 工作頻率為 72MHz，具有高達 1MB 的 Flash、電機控制、USB 和控制器區域網 (Controller Area Network，CAN)。

（5） STM32F105/107：互聯型，CPU 工作頻率為 72MHz，具有乙太網媒體存取控制 (Media Access Control，MAC)、CAN 和 USB 2.0 OTG(USB On The Go)。

2. STM32F0 系列 (主流類型)

STM32F0 系列微控制器基於 Cortex-M0 核心，在實現 32 位元性能的同時，傳承了 STM32 系列的重要特性。它集即時性能、低功耗運算和與 STM32 平臺相關的先進架構及外接裝置於一身，將全能架構理念變成現實，特別適用於成本敏感型應用。

STM32F0 系列微控制器包含以下產品。

（1） STM32F0x0：在傳統 8 位元和 16 位元市場上極具競爭力，並可讓使用者免於不同架構平臺遷移和相關開發帶來的額外工作。

（2） STM32F0x1：實現了高度的功能整合，提供多種儲存容量和封裝的選擇，為成本敏感型應用提供了更加靈活的選擇。

（3） STM32F0x2：透過 USB 2.0 和 CAN 提供了豐富的通訊介面，是通訊閘道、智慧能源元件或遊戲終端的理想選擇。

（4） STM32F0x8：工作在 1.8V±8% V 電壓下，非常適用於智慧型手機、配件和多媒體裝置等可攜式消費類應用。

3. STM32F4 系列 (高性能類型)

STM32F4 系列微控制器基於 Cortex-M4 核心，採用了 ST 公司的 90nm 非揮發性記憶體 (Non Volatile Memory，NVM) 製程和自我調整即時 (Adaptive Real Time，ART) 加速器，在高達 180MHz 的工作頻率下透過快閃記憶體（Flash）執行時，其處理性能達到 225DMIPS/608 CoreMark，這是迄今所有基於 Cortex-M 核心的微控制器產品所能達到的最高基準測試分數。由於具有動態功耗調整功能，透過快閃記憶體執行時的電流消耗範圍為從 STM32F401 的 128μA/MHz 到 STM32F439 的 260μA/MHz。

STM32F4 系列包含 9 條互相相容的數位訊號控制器 (Digital Signal Controller，DSC) 產品線，是 MCU 即時控制功能與數位訊號處理功能的完美結合體。

（1） STM32F401：84MHz CPU/105DMIPS，是尺寸最小、成本最低的解決方案，具有卓越的功耗效率 (動態效率系列)。

（2） STM32F410：100MHz CPU/125DMIPS，採用新型智慧 DMA，最佳化了資料批次處理的功耗 (採用批擷取模式的動態效率系列)，配備隨機數發生器、低功耗計時器和數模轉換器 (Digital to Analog Converter，DAC)，為卓越的功率效率性能樹立了新的里程碑。

（3） STM32F411：100MHz CPU/125DMIPS，具有卓越的功率效率、更大的靜態隨機記憶體 (Static Random Access Memory，SRAM) 和新型智慧 DMA，最佳化了資料批次處理的功耗 (採用批擷取模式的動態效率系列)。

（4） STM32F405/415：168MHz CPU/210DMIPS，高達 1MB 的 Flash，具有先進連接功能和加密功能。

（5） STM32F407/417：168MHz CPU/210DMIPS，高達 1MB 的 Flash，增加了乙太網 MAC 和照相機介面。

（6） STM32F446：180MHz CPU/225DMIPS，高達 512KB 的 Flash，具有雙迴路 SPI 和同步動態隨機記憶體 (Synchronous Dynamic Random Access Memory，SDRAM) 介面。

（7） STM32F429/439：180MHz CPU/225DMIPS，高達 2MB 的雙區 Flash，附帶 SDRAM 介面、Chrom-ART 加速器和 LCD-TFT 控制器。

（8） STM32F427/437：180MHz CPU/225DMIPS，高達 2MB 的雙區 Flash，具有 SDRAM 介面、Chrom-ART 加速器、串列音訊介面，性能更高，靜態功耗更低。

（9） STM32F469/479：180MHz CPU/225DMIPS，高達 2MB 的雙區 Flash，附帶 SDRAM 和 QSPI(佇列 SPI) 介面、Chrom-ART 加速器、LCD-TFT 控制器和 MPI-DSI 介面。

4. STM32F7 系列 (高性能類型)

STM32F7 是世界上第 1 款基於 Cortex-M7 核心的微控制器。它採用 6 級超過標準量管線和浮點單元，並利用 ST 公司的 ART 加速器和 L1 快取，實現了 Cortex-M7 的最大理論性能——無論是從嵌入式 Flash 還是外部記憶體執行程式，都能在 216MHz 處理器頻率下使性能達到 462DMIPS/1082CoreMark。由此

可見，STM32F7 系列微控制器相對於 ST 公司以前推出的高性能微控制器，如 STM32F2、STM32 應用，給目前還在使用簡單計算功能的可穿戴裝置和健身應用帶來革命性的顛覆，造成巨大的推動作用。

5. STM32L1 系列 (超低功耗類型)

STM32L1 系列微控制器基於 Cortex-M3 核心，採用 ST 公司專有的超低洩漏製程，具有創新型自主動態電壓調節功能和 5 種低功耗模式，為各種應用提供了卓越的平臺靈活性。STM32L1 系列微控制器擴充了超低功耗的理念，並且不會損失性能。與 STM32L0 一樣，STM32L1 提供了動態電壓調節、超低功耗時鐘振盪器、液晶顯示 (Liquid Crystal Display，LCD) 介面、比較器、DAC 及硬體加密等元件。

STM32L1 系列微控制器可以實現在 1.65 ～ 1.6V 電壓範圍內以 32MHz 的頻率全速執行，其功耗參考值如下。

（1） 動態執行模式：功耗低至 $177\mu A/MHz$。

（2） 低功耗執行模式：功耗低至 $9\mu A/MHz$。

（3） 超低功耗模式＋備份暫存器＋ RTC：900nA(3 個喚醒接腳)。

（4） 超低功耗模式＋備份暫存器：280nA(3 個喚醒接腳)。

除了超低功耗 MCU 以外，STM32L1 系列微控制器還提供了特性、儲存容量和封裝接腳數選項，如 32 ～ 512KB Flash 記憶體、高達 80KB 的 SDRAM、真正的 16KB 嵌入式電抹寫可程式化唯讀記憶體 (Electrically-Erasable Programmable Read-Only Memory, EEPROM)、48 ～ 144 個接腳。為了簡化移植步驟和為工程師提供所需的靈活性，STM32L1 系列與不同的 STM32F 系列均接腳相容。

1.1.2 STM32 系統性能分析

下面對 STM32 系統性能進行分析。

（1） 整合嵌入式 Flash 和 SRAM 的 Arm Cortex-M3 核心：和 8 位元或 16 位元裝置相比，Arm Cortex-M3 32 位元精簡指令集電腦 (Reduced Instruction Set Computer，RISC) 處理器提供了更高的程式效率。STM32F103xx 微控制器帶有一個嵌入式的 Arm 核心，可以相容所有 Arm 工具和軟體。

（2） 嵌入式 Flash 記憶體和隨機記憶體 (Random Access Memory,RAM)：內建 512KB 的嵌入式 Flash，可用於儲存程式和資料；內建 64KB 的嵌入式 SRAM，可以以 CPU 的時鐘速度進行讀 / 寫。

（3） 可變靜態記憶體 (Flexible Static Memory Controller,FSMC)：FSMC 嵌入在 STM32F103xC、STM32F103xD、STM32F103xE 中，帶有 4 個晶片選擇，支援 5 種模式：Flash、RAM、PSRAM、NOR 和 NAND。

（4） 巢狀結構向量中斷控制器 (Nested Vectored Interrupt Controller，NVIC)：可以處理 43 個可遮罩中斷通道 (不包括 Cortex-M3 的 16 根中斷線)，提供 16 個中斷優先順序。緊密耦合的 NVIC 實現了更低的中斷處理延遲時間，直接向核心傳遞中斷入口向量表位址。緊密耦合的 NVIC 核心介面允許中斷提前處理，對後到的更高優先順序的中斷進行處理，支援尾鏈，自動儲存處理器狀態，中斷入口在中斷退出時自動恢復，不需要指令干預。

（5） 外部中斷 / 事件控制器 (External Interrupt/Event Controller，EXTI)：外部中斷 / 事件控制器由 19 根用於產生中斷 / 事件請求的邊沿探測器線組成。每根線可以被單獨設定用於選擇觸發事件 (上昇緣、下降沿，或兩者都可以)，也可以被單獨遮罩。有一個暫停暫存器維護中斷要求的狀態。當外部線上出現長度超過內部高級週邊匯流排 (Advanced Peripheral Bus，APB) 兩個時鐘週期的脈衝時，EXTI 能夠探測到。多達 112 個 GPIO 連接到 16 根個外部中斷線。

（6）時鐘和啟動：在系統啟動時要進行系統時鐘選擇，但重置時內部 8MHz 的晶振被選作 CPU 時鐘。可以選擇一個外部的 4 ～ 16MHz 時鐘，並且會被監視判定是否成功。在這期間，控制器被禁止並且軟體中斷管理隨後也被禁止。同時，如果有需要 (如碰到一個間接使用的晶振失敗)，PLL 時鐘的中斷管理完全可用。多個預比較器可以用於設定高性能匯流排 (Advanced High Performance Bus，AHB) 頻率，包括高速 APB(APB2) 和低速 APB(APB1)，高速 APB 最高的頻率為 72MHz，低速 APB 最高的頻率為 36MHz。

（7）Boot 模式：在啟動時，用 Boot 接腳在 3 種 Boot 選項中選擇一種：從使用者 Flash 匯入、從系統記憶體匯入、從 SRAM 匯入。Boot 匯入程式位於系統記憶體，用於透過 USART1 重新對 Flash 記憶體程式設計。

（8）電源供電方案：V_{DD} 電壓範圍為 2.0 ～ 1.6V，外部電源透過 V_{DD} 接腳提供，用於 I/O 和內部調壓器；V_{SSA} 和 V_{DDA} 電壓範圍為 2.0 ～ 1.6V，外部類比電壓輸入，用於模數轉換器 (Analog to Digital Converter，ADC)、重置模組、RC 和 PLL，在 V_{DD} 範圍之內 (ADC 被限制在 2.4V)，V_{SSA} 和 V_{DDA} 必須分別連接到 V_{SS} 和 V_{DD} 接腳；V_{BAT} 電壓範圍為 1.8 ～ 1.6V，當 V_{DD} 無效時為 RTC、外部 32kHz 晶振和備份暫存器供電 (透過電源切換實現)。

（9）電源管理：裝置有一個完整的通電重置 (Power-On Reset，POR) 和停電重置 (Power-Down Reset，PDR) 電路。這個電路一直有效，用於確保電壓從 2V 啟動或掉到 2V 時進行一些必要的操作。

（10）電壓調節：調壓器有 3 種執行模式，分別為主 (MR)、低功耗 (LPR) 和停電。MR 模式為傳統意義上的調節模式 (執行模式)，LPR 模式用在停止模式，停電模式用在待機模式。調壓器輸出為高阻，核心電路停電，包括零消耗(暫存器和 SRAM 的內容不會遺失)。

（11）低功耗模式：STM32F103xx 支援 3 種低功耗模式，從而在低功耗、短啟動時間和可用喚醒來源之間達到一個最好的平衡點。

1.1.3 STM32 微控制器的命名規則

ST 公司在推出以上一系列基於 Cortex-M 核心的 STM32 微控制器產品線的同時，也制定了它們的命名規則。透過名稱，使用者能直觀、迅速地了解某款具體型號的 STM32 微控制器產品。STM32 系列微控制器的名稱主要由以下幾部分組成。

1. 產品系列名稱

STM32 系列微控制器名稱通常以 STM32 開頭，表示產品系列，代表 ST 公司基於 Arm Cortex-M 系列核心的 32 位元 MCU。

2. 產品類型名稱

產品類型是 STM32 系列微控制器名稱的第 2 部分，通常有 F(Flash Memory，通用 Flash)、W(無線系統晶片)、L(低功耗、低電壓，1.65 ～ 1.6V) 等類型。

3. 產品子系列名稱

產品子系列是 STM32 系列微控制器名稱的第 3 部分。

舉例來說，常見的 STM32F 產品子系列有 050(Arm Cortex-M0 核心)、051 (Arm Cortex-M0 核心)、100(Arm Cortex-M3 核心、超值型)、101(Arm Cortex-M3 核心、基本型)、102(Arm Cortex-M3 核心、USB 基本型)、103(Arm Cortex-M3 核心、增強型)、105(Arm Cortex-M3 核心、USB 網際網路型)、107(Arm Cortex-M3 核心、USB 網際網路型和乙太網型)、108(Arm Cortex-M3 核心、IEEE 802.15.4 標準)、151(Arm Cortex-M3 核心、不附帶 LCD)、152/162(Arm Cortex-M3 核心、附帶 LCD)、205/207(Arm Cortex-M3 核心、附帶攝影機)、215/217(Arm Cortex-M3 核心、附帶攝影機和加密模組)、405/407(Arm Cortex-M4 核心、MCU ＋ FPU，附帶攝影機)、415/417(Arm Cortex-M4 核心，MCU+FPU、附帶加密模組和攝影機) 等。

4. 接腳數

接腳數是 STM32 系列微控制器名稱的第 4 部分,通常有以下幾種: F(20pin)、G(28pin)、K(32pin)、T(36pin)、H(40pin)、C(48pin)、U(63pin)、 R(64pin)、O(90pin)、V(100pin)、Q(132pin)、Z(144pin) 和 I(176pin) 等。

5. Flash 容量

Flash 容量是 STM32 系列微控制器名稱的第 5 部分,通常有以下幾種: 4(16KB Flash、小容量)、6(32KB Flash、小容量)、8(64KB Flash、中容量)、 B(128KB Flash、中容量)、C(256KB Flash、大容量)、D(384KB Flash、大容量)、 E(512KB Flash、大容量)、F(768KB Flash、大容量)、G(1MB Flash、大容量)。

6. 封裝方式

封裝方式是 STM32 系列微控制器名稱的第 6 部分,通常有以下幾種: T(LQFP,即 Low-Profile Quad Flat Package,薄型四側接腳扁平封裝)、H(BGA, 即 Ball Grid Array,球柵陣列封裝)、U(VFQFPN,即 Very Thin Fine Pitch Quad Flat Pack No-lead Package,超薄細間距四方扁平無鉛封裝)、Y(WLCSP,即 Wafer Level Chip Scale Packaging,晶圓片級晶片規模封裝)。

7. 溫度範圍

溫度範圍是 STM32 系列微控制器名稱的第 7 部分,通常有以下兩種:6(- 40 ～ 85℃,工業級) 和 7(-40 ～ 105℃,工業級)。

STM32F103 微控制器命名規則及範例如圖 1-2 所示。舉例來說,本書後續 部分主要介紹的 STM32F103ZET6 微控制器,其中,STM32 代表 ST 公司基於 Arm Cortex-M 系列核心的 32 位元 MCU,F 代表通用 Flash 型,103 代表基於 Arm Cortex-M3 核心的增強型子系列,Z 代表 144 個接腳,E 代表大容量 512KB Flash,T 代表 LQFP 封裝方式,6 代表 -40 ～ 85℃的工業級溫度範圍。

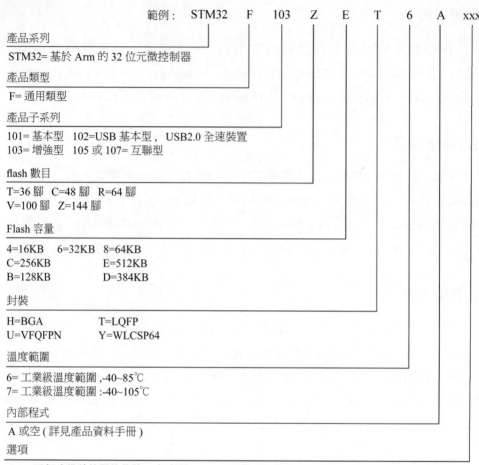

範例: STM32　F　103　Z　E　T　6　A　xxx

產品系列

STM32= 基於 Arm 的 32 位元微控制器

產品類型

F= 通用類型

產品子系列

101= 基本型　102=USB 基本型，USB2.0 全速裝置
103= 增強型　105 或 107= 互聯型

flash 數目

T=36 腳　C=48 腳　R=64 腳
V=100 腳　Z=144 腳

Flash 容量

4=16KB　6=32KB　8=64KB
C=256KB　　　E=512KB
B=128KB　　　D=384KB

封裝

H=BGA　　　T=LQFP
U=VFQFPN　　Y=WLCSP64

溫度範圍

6= 工業級溫度範圍 ,-40~85℃
7= 工業級溫度範圍 :-40~105℃

內部程式

A 或空 (詳見產品資料手冊)

選項

xxx= 已程式設計的器件代號 (3 個數位)　TR= 卷帶式包裝

▲ 圖 1-2　STM32F103 微控制器命名規則及範例

STM32F103xx Flash 容量、封裝及型號對應關係如圖 1-3 所示。

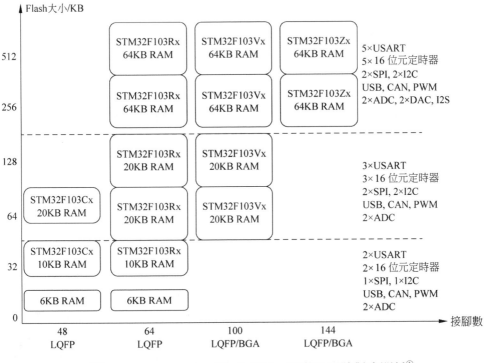

▲ 圖 1-3　STM32F103xx Flash 容量、封裝及型號對應關係[1]

1.1.4　STM32 微控制器內部資源

對 STM32 微控制器內部資源介紹如下。

（1）核心：Arm 32 位元 Cortex-M3 CPU，最高工作頻率為 72MHz，執行速度為 1.25DMIPS/MHz，完成 32 位元 ×32 位元乘法計算只需一個週期，並且硬體支援除法 (有的晶片不支援硬體除法)。

（2）記憶體：片上整合 32 ～ 512KB Flash，6 ～ 64KB 靜態隨機存取記憶體 (SRAM)。

---

① 32KB 的裝置沒有 CAN 和 USB，只有 6KB 的 SRAM。

（3） 電源和時鐘重置電路：包括 1.6～2.0V 的供電電源 (提供 I/O 通訊埠的驅動電壓)；通電 / 斷電重置 (POR/PDR) 通訊埠和可程式化電壓探測器 (PVD)；內嵌 4～16MHz 晶振；內嵌出廠前調校 8MHz 和 40kHz 的 RC 振盪電路；供 CPU 時鐘的 PLL 鎖相環；附帶校準功能供 RTC 的 32kHz 晶振。

（4） 偵錯通訊埠：有 SWD 串列偵錯通訊埠和 JTAG 通訊埠可供偵錯用。

（5） I/O 通訊埠：根據型號的不同，雙向快速 I/O 通訊埠數量可為 26、37、51、80 或 112。翻轉速度為 18MHz，所有通訊埠都可以映射到 16 個外部中斷向量。除了類比輸入通訊埠，其他所有通訊埠都可以接收 5V 以內的電壓輸入。

（6） DMA(直接記憶體存取) 通訊埠：支援計時器、ADC、SPI、I2C 和 USART 等外接裝置。

（7） ADC：帶有兩個 12 位元的微秒級逐次逼近型 ADC，每個 ADC 最多有 16 個外部通道和兩個內部通道 (一個接內部溫度感測器，另一個接內部參考電壓)。ADC 供電要求為 1.6～2.4V，測量範圍為 V_{REF-}～V_{REF+}，V_{REF-} 通常為 0V，V_{REF+} 通常與供電電壓一樣。具有雙採樣和保持能力。

（8） DAC：STM32F103xC、STM32F103xD、STM32F103xE 微控制器具有 2 通道 12 位元 DAC。

（9） 計時器：最多可有 11 個計時器，包括：4 個 16 位元計時器，每個計時器有 4 個 PWM 計時器或脈衝計數器；兩個 16 位元的 6 通道高級控制計時器 (最多 6 個通道可用於 PWM 輸出)；兩個看門狗計時器——獨立看門狗 (Independent Watchdog,IWDG) 計時器和視窗看門狗 (Window Watchdog，WWDG) 計時器；一個系統滴答計時器 SysTick(24 位元倒計數器)；兩個 16 位元基本計時器，用於驅動 DAC。

（10） 通訊連接埠：最多可有 13 個通訊連接埠，包括：兩個 PC 通訊埠；5 個 UART 通訊埠 (相容 IrDA 標準，偵錯控制)；3 個 SPI 通訊埠 (18 Mb/s)，其中 I2S 通訊埠最多只能有兩個，以及 CAN 通訊埠、USB 2.0 全速通訊埠、安全數位輸入 / 輸出 (SDIO) 通訊埠 (這 3 個通訊埠最多都只能有一個)。

（11）FSMC：FSMC 嵌入在 STM32F103xC、STM32F103xD、STM32F103 xE 微控制器中，帶有 4 個晶片選擇通訊埠，支援 Flash、隨機存取記憶體 (RAM)、偽靜態隨機記憶體 (Pseudo Static Random Access Memory，PSRAM) 等。

1.1.5 STM32 微控制器的選型

在微控制器選型過程中，工程師常常會陷入這樣一個困局：一方面，抱怨 8 位元 /16 位元微控制器有限的指令和性能；另一方面，抱怨 32 位元處理器的高成本和高功耗。可否有效地解決這個問題，讓工程師不必在性能、成本、功耗等因素中進行取捨和折中？

基於 Arm 公司 2006 年推出的 Cortex-M3 核心，ST 公司於 2007 年推出的 STM32 系列微控制器就極佳地解決了上述問題。因為 Cortex-M3 核心的運算能力為 1.25DMIPS/MHz，而 Arm7TDMI 只有 0.95DMIPS/MHz。而且 STM32 擁有 $1\mu s$ 的雙 12 位元 ADC、4Mb/s 的 UART、18Mb/s 的 SPI、18MHz 的 I/O 翻轉速度；更重要的是，STM32 在 72MHz 工作時功耗只有 36mA(所有外接裝置處於工作狀態)，而待機時功耗只有 $2\mu A$。

透過前面的介紹，我們已經大致了解了 STM32 微控制器的分類和命名規則。在此基礎上，根據實際情況的具體需求，可以大致確定所要選用的 STM32 微控制器的核心型號和產品系列。舉例來說，一般專案應用的資料運算量不是特別大，基於 Cortex-M3 核心的 STM32F1 系列微控制器即可滿足要求；如果需要進行大量的資料運算，且對即時控制和數位訊號處理能力要求很高，或需要外接 RGB 大螢幕，則推薦選擇基於 Cortex-M4 核心的 STM32F4 系列微控制器。

在明確了產品系列之後，可以進一步選擇產品線。以基於 Cortex-M3 核心的 STM32F1 系列微控制器為例，如果僅需要用到電動機控制或消費類電子控制功能，則選擇 STM32F100 或 STM32F101 系列微控制器即可；如果還需要用到 USB 通訊、CAN 匯流排等模組，則推薦選用 STM32F103 系列微控制器，這也

是目前市場上應用最廣泛的微控制器系列之一；如果對網路通訊要求較高，則可以選用 STM32F105 或 STM32F107 系列微控制器。對於同一個產品系列，不同的產品線採用的核心是相同的，但核心外的片上外接裝置存在差異。具體選型情況要視實際的應用場合而定。

確定好產品線之後，即可選擇具體的型號。參照 STM32 微控制器的命名規則，可以先確定微控制器的接腳數目。接腳多的微控制器的功能相對多一些，當然價格也貴一些，具體要根據實際應用中的功能需求進行選擇，一般夠用就好。確定好接腳數目之後，再選擇 Flash 容量的大小。對於 STM32 微控制器，具有相同接腳數目的微控制器會有不同的 Flash 容量可供選擇，也要根據實際需要進行選擇，程式大就選擇容量大的 Flash，一般也是夠用即可。到這裡，根據實際的應用需求，確定了所需的微控制器的具體型號，下一步工作就是開發相應的應用。

1.2 STM32F1 系列產品系統架構和 STM32F103ZET6 內部架構

STM32 與其他微控制器一樣，是一個單片電腦或單片微控制器。所謂單片，就是在一個晶片上整合了電腦或微控制器應有的基本功能元件。這些功能元件透過匯流排連在一起。就 STM32 而言，這些功能元件主要包括 Cortex-M 核心、匯流排、系統時鐘發生器、重置電路、程式記憶體、資料記憶體、中斷控制、偵錯介面以及各種功能元件 (外接裝置)。不同的晶片系列和型號，外接裝置的數量和種類也不一樣，常用的基本功能元件 (外接裝置) 有通用輸入 / 輸出介面 GPIO、定時 / 計數器 TIMER/COUNTER、串列通訊介面 USART、串列匯流排 (I2C、SPI 或 I2S)、SD 卡介面 SDIO、USB 介面等。

STM32F10x 系列微控制器基於 Arm Cortex-M3 核心，主要分為 STM32F100xx、STM32F101xx、STM32F102xx、STM32F103xx、STM32F105xx 和 STM32F107xx。STM32F100xx、STM32F101xx 和 STM32F102xx 為基本型系列，分別工作在 24MHz、

36MHz 和 48MHz 主頻下。STM32F103xx 為增強型系列，STM32F105xx 和 STM32F107xx 為互聯型系列，均工作在 72MHz 主頻下。結構特點如下。

（1） 一個主晶振可以驅動整個系統，低成本的 4 ～ 16MHz 晶振即可驅動 CPU、USB 和其他所有外接裝置。

（2） 內嵌出廠前調校好的 8MHz RC 振盪器，可以作為低成本主時鐘源。

（3） 內嵌電源監視器，減少對外部元件的要求，提供通電重置、低電壓檢測、停電檢測。

（4） GPIO 的最大翻轉頻率為 18MHz。

（5） PWM 計時器，可以接收最大 72MHz 時鐘輸入。

（6） USART：傳輸速率可達 4.5Mb/s。

（7） ADC：12 位元，轉換時間最快為 $1\mu s$。

（8） DAC：提供兩個 12 位元通道。

（9） SPI：傳輸速率可達 18Mb/s，支援主模式和從模式。

（10） I2C：工作頻率可達 400kHz。

（11） I2S：採樣頻率可選範圍為 8 ～ 48kHz。

（12） 附帶時鐘的看門狗計時器。

（13） USB：傳輸速率可達 12Mb/s。

（14） SDIO：傳輸速率為 48MHz。

1.2.1 STM32F1 系列產品系統架構

STM32F1 系列產品系統架構如圖 1-4 所示。

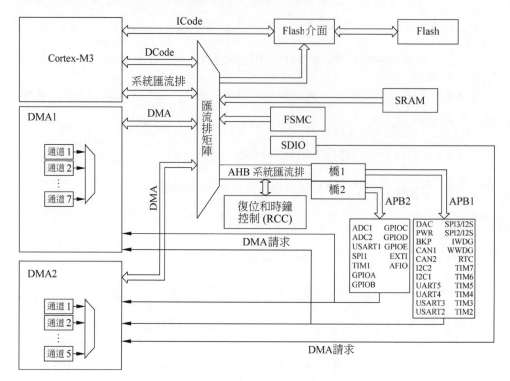

▲ 圖 1-4 STM32F1 系列產品系統架構

STM32F1 系列產品主要由以下幾部分組成。

（1） Cortex-M3 核心 DCode 匯流排 (D-Bus) 和系統匯流排 (S-Bus)。

（2） 通用 DMA1 和通用 DMA2。

（3） 內部 SRAM。

（4） 內部 Flash。

（5） FSMC(可變靜態儲存控制器)。

（6） AHB 到 APB 的橋 (AHB2APBx)，它連接所有 APB 裝置。

上述元件都是透過一個多級的 AHB 匯流排架構相互連接的。

（7） ICode 匯流排：該匯流排將 Cortex-M3 核心的指令匯流排與 Flash 指令介面相連接。指令預先存取在此匯流排上完成。

（8） DCode 匯流排：該匯流排將 Cortex-M3 核心的 DCode 匯流排與 Flash 的資料介面相連接 (常數載入和偵錯存取)。

（9） 系統匯流排：該匯流排連接 Cortex-M3 核心的系統匯流排 (外接裝置匯流排) 到匯流排矩陣，匯流排矩陣協調著核心和 DMA 間的存取。

（10）DMA匯流排：該匯流排將DMA的AHB主控介面與匯流排矩陣相連，匯流排矩陣協調 CPU 的 DCode 匯流排和 DMA 到 SRAM、Flash 和外接裝置的存取。

（11） 匯流排矩陣：匯流排矩陣協調核心系統匯流排和 DMA 主控匯流排之間的存取仲裁，仲裁採用輪換演算法。匯流排矩陣包含 4 個主動元件 (CPU 的 DCode 匯流排、系統匯流排、DMA1 匯流排和 DMA2 匯流排) 和 4 個被動元件 (Flash 介面、SRAM、FSMC 和 AHB2APB 橋)。

（12） AHB 外接裝置：透過匯流排矩陣與系統匯流排相連，允許 DMA 存取。

（13） AHB/APB 橋 (APB)：兩個 AHB/APB 橋在 AHB 和兩個 APB 匯流排間提供同步連接。 APB1 操作速度限於 36MHz，APB2 操作於全速 (最高 72MHz)。

上述模組由高級微控制器匯流排架構 (Advanced Microcontroller Bus Architecture，AMBA) 匯流排連接到一起。AMBA 匯流排是 Arm 公司定義的片上匯流排，已成為一種流行的工業片上匯流排標準。它包括 AHB 和 APB，前者作為系統匯流排，後者作為外接裝置匯流排。

為更加簡明地理解 STM32 微控制器的內部結構，對圖 1-4 進行抽象簡化，STM32F1 系列產品抽象簡化系統架構如圖 1-5 所示，這樣對初學者的學習理解會更加方便一些。

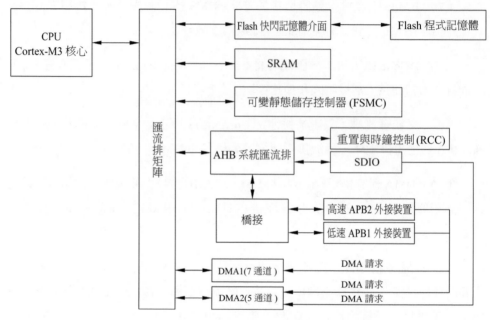

▲ 圖 1-5 STM32F1 系列產品抽象簡化系統架構

下面結合圖 1-5 對 STM32 的基本原理進行簡單分析。

（1） 程式記憶體、靜態資料記憶體和所有外接裝置都統一編址，位址空間為 4GB，但各自都有固定的儲存空間區域，使用不同的匯流排進行存取。這一點與 51 微控制器完全不一樣。具體的位址空間請參閱 ST 公司官方手冊。如果採用軔體函式庫開發程式，則可以不必關注具體的位址問題。

（2） 可將 Cortex-M3 核心視為 STM32 的 CPU，程式記憶體、靜態資料記憶體和所有外接裝置均透過相應的匯流排再經匯流排矩陣與之相接。Cortex-M3 核心控製程式記憶體、靜態資料記憶體和所有外接裝置的讀寫存取。

（3） STM32 的功能外接裝置較多，分為高速外接裝置、低速外接裝置兩類，各自通過橋接再透過 AHB 系統匯流排連接至匯流排矩陣，從而實現與 Cortex-M3 核心的介面。兩類外接裝置的時鐘可各自設定，速度不一樣。具體某個外接裝置屬於高速還是低速，已經被 ST 公司明確規定。所有外接裝置均有兩種存取操作方式：一是傳統的方式，透過相應匯流排由 CPU 發出讀寫指令進行存取，這種方式適用於讀寫資料較小、速度相對較低的場合；二是 DMA 方式，即直接記憶體存取，在這種方式下，外接裝置可發出 DMA 請求，不再透過 CPU 而直接與指定的儲存區發生資料交換，因此可大大提高資料存取操作的速度。

（4） STM32 的系統時鐘均由重置與時鐘控制器 (RCC) 產生，它有一整套的時鐘管理裝置，由它為系統和各種外接裝置提供所需的時鐘以確定各自的工作速度。

1.2.2 STM32F103ZET6 內部架構

STM32F103ZET6 整合了 Cortex-M3 核心 CPU，工作頻率為 72MHz，與 CPU 緊耦合的為巢狀結構向量中斷控制器 (NVIC) 和追蹤偵錯單元。其中，偵錯單元支援標準 JTAG 和串列 SW 兩種偵錯方式；16 個外部中斷來源作為 NVIC 的一部分。CPU 透過指令匯流排直接到 Flash 取指令，透過資料匯流排和匯流排矩陣與 Flash 和 SRAM 交換資料，DMA 可以直接透過匯流排矩陣控制計時器、ADC、DAC、SDIO、I2S、SPI、I2C 和 USART。

Cortex-M3 核心 CPU 透過匯流排陣列和高性能匯流排 (AHB) 以及 AHB-APB(高級外接裝置匯流排) 橋與兩類 APB 匯流排 (即 APB1 匯流排和 APB2 匯流排) 相連接。其中，APB2 匯流排工作在 72MHz 頻率下，與它相連的外接裝置有外部中斷與喚醒控制、7 個通用目的輸入 / 輸出通訊埠 (PA、PB、PC、PD、PE、PF 和 PG)、計時器 1、計時器 8、SPI1、USART1、3 個 ADC 和內部溫度感測器。其中，3 個 ADC 和內部溫度感測器使用 V_{DDA} 電源。

APB1 匯流排最高可工作在 36MHz 頻率下,與 APB1 匯流排相連的外接裝置有看門狗計時器、計時器 6、計時器 7、RTC 時鐘、計時器 2、計時器 3、計時器 4、計時器 5、USART2、USART3、UART4、UART5、SPI2(I2S2) 與 SPI3(I2S3)、IC1 與 IC2、CAN、USB 裝置和兩個 DAC。其中,512B 的 SRAM 屬於 CAN 模組,看門狗時鐘源使用 V_{DD} 電源,RTC 時鐘源使用 V_{BAT} 電源。

STM32F103ZET6 晶片內部具有 8MHz 和 40kHz 的 RC 振盪器,時鐘與重置控制器和 SDIO 模組直接與 AHB 匯流排相連接。而靜態記憶體控制器 (FSMC) 直接與匯流排矩陣相連接。

根據程式儲存容量,ST 晶片分為三大類:LD(小於 64KB)、MD(小於 256KB)、HD(大於 256KB),而 STM32F103ZET6 類型屬於第 3 類,它是 STM32 系列中的典型型號。

STM32F103ZET6 內部架構如圖 1-6 所示。STM32F103ZET6 具有以下特性。

(1) 核心方面:Arm 32 位元的 Cortex-M3 CPU,最高 72MHz 工作頻率,在記憶體的零等待週期存取時運算速度可達 1.25DMIPS/MHz(Dhrystone 2.1);具有單週期乘法和硬體除法指令。

(2) 記憶體方面:512KB 的 Flash 程式記憶體;64KB 的 SRAM;帶有 4 個晶片選擇訊號的靈活的靜態記憶體控制器,支援 Compact Flash、SRAM、PSRAM、NOR 和 NAND 記憶體。

(3) LCD 平行介面,支援 8080/6800 模式。

(4) 時鐘、重置和電源管理方面:晶片和 I/O 接腳的供電電壓為 1.6 ~ 2.0V;通電 / 斷電重置 (POR/PDR)、可程式化電壓監測器 (PVD);4 ~ 16MHz 晶體振盪器;內嵌經出廠調校的 8MHz RC 振盪器;內嵌附帶校準的 40kHz RC 振盪器;附帶校準功能的 32kHz RTC 振盪器。

(5) 低功耗:支援睡眠、停機和待機模式;V_{BAT} 為 RTC 和後備暫存器供電。

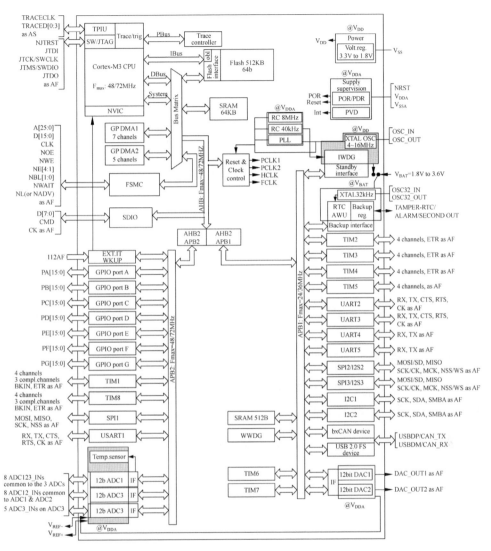

▲ 圖 1-6 STM32F103ZET6 內部架構

channels—通道；as AF—作為第二功能 (AF 即 Alternate Functions，第二功能)；
device—裝置；system—系統；Power—電源；volt.reg.—電壓暫存器；
Bus Matrix —匯流排矩陣；Supply supervision—電源監視；Standby interface—
備用介面；Backup interface—後備介面；Backup reg.—後備暫存器

（6）3 個 12 位元模數轉換器 (ADC)：$1\mu s$ 轉換時間 (多達 16 個輸入通道)；轉換範圍為 0 ～ 1.6V；具有採樣和保持功能；溫度感測器。

（7）兩個 12 位數模轉換器 (DAC)。

（8）DMA：12 通道 DMA 控制器；支援的外接裝置包括計時器、ADC、DAC、SDIO、I2S、SPI、I2C 和 USART。

（9）偵錯模式：串列單線偵錯 (SWD) 和 JTAG 介面；Cortex-M3 嵌入式追蹤巨集單元 (ETM)。

（10）快速 I/O 通訊埠 (PA ～ PG)：多達 7 個快速 I/O 通訊埠，每個通訊埠包含 16 根 I/O 線，所有 I/O 通訊埠可以映射到 16 個外部中斷；絕大多數通訊埠均可容忍 5V 訊號。

（11）多達 11 個計時器：4 個 16 位元通用計時器，每個計時器有 4 個用於輸入捕捉、輸出比較、PWM 或脈衝計數的通道和增量編碼器輸入；兩個 16 位元附帶死區控制和緊急剎車，用於電機控制的 PWM 高級控制計時器；兩個看門狗計時器 (IWDG 和 WWDG)；系統滴答計時器 (24 位元自減型計數器)；兩個 16 位元基本計時器用於驅動 DAC。

（12）多達 13 個通訊介面：兩個 IC 介面 (支援 SMBus/PMBus)；5 個 USART 介面 (支援 ISO 7816 介面、LIN、IrDA 相容介面和調製解調控制)；3 個 SPI(18Mb/s)；一個 CAN 介面 (支援 2.0B 協定)；一個 USB 2.0 全速介面；一個 SDIO 介面。

（13）循環容錯驗證 (Cyclic Redundancy Check，CRC) 計算單元，96 位元的晶片唯一程式。

（14）LQFP(小外形四方扁平封裝)144 封裝形式。

（15）工作溫度：－ 40 ～＋ 105℃。

以上特性使 STM32F103ZET6 非常適用於電機驅動、應用控制、醫療和手持裝置、個人電腦 (Personal Computer，PC) 和遊戲外接裝置、全球定位系統 (Global Positioning System，GPS) 平臺、工業應用、可程式化邏輯控制器 (Programmable Logic Controller，PLC)、變頻器、印表機、掃描器、警告系統、空調系統等領域。

1.3 STM32F103ZET6 的記憶體映射

STM32F103ZET6 的記憶體映射如圖 1-7 所示。

由圖 1-7 可知，STM32F103ZET6 晶片是 32 位元的微控制器，可定址儲存空間大小為 4GB，分為 8 個 512MB 的儲存區塊，儲存區塊 0 的位址範圍為 0x0000 0000 ～ 0x1FFF FFFF，儲存區塊 1 的位址範圍為 0x2000 0000 ～ 0x3FFF FFFF，依此類推，儲存區塊 7 的位址範圍為 0xE000 0000 ～ 0xFFFF FFFF。

STM32F103ZET6 晶片的可定址空間大小為 4GB，但是並不表示 0x0000 0000 ～ 0xFFFF FFFF 位址空間均可以有效存取，只有映射了真實物理記憶體的儲存空間才能被有效存取。對儲存區塊 0，如圖 1-7 所示，片內 Flash 映射到位址空間 0x0800 0000 ～ 0x0807 FFFF(512KB)，系統記憶體映射到位址空間 0x1FFF F000 ～ 0x1FFF F7FF(2KB)，使用者選項位元組 (Option Bytes) 映射到位址空間 0x1FFF F800 ～ 0x1FFF F80F(16B)。同時，位址範圍 0x0000 0000 ～ 0x0007 FFFF，根據啟動模式要求，可以作為 Flash 或系統記憶體的別名存取空間。舉例來說，BOOT0 = 0 時，片內 Flash 同時映射到位址空間 0x0000 0000 ～ 0x0007 FFFF 和位址空間 0x0800 0000 ～ 0x0807 FFFF，即位址空間 0x0000 0000 ～ 0x0007 FFFF 是 Flash 記憶體。除此之外，其他空間是保留的。

512MB 的儲存區塊 1 中只有位址空間 0x2000 0000 ～ 0x2000 FFFF 映射了 64KB 的 SRAM，其餘空間是保留的。

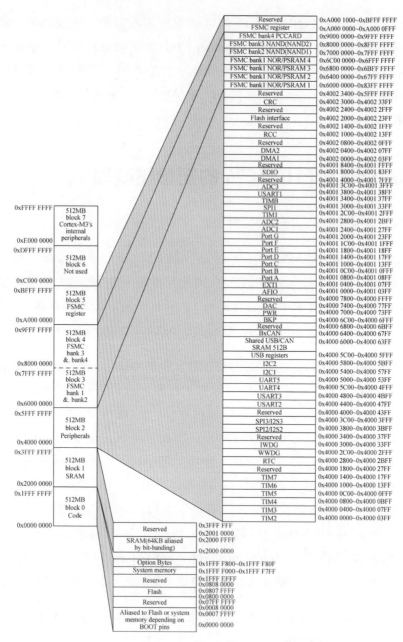

▲ 圖 1-7 STM32F103ZET6 的記憶體映射

block—塊；bank—段；Reserved—保留；Shared—共用；registers—暫存器；
Option Bytes—選項位元組；System memory—系統記憶體；Aliased—別名；
depending on—取決於；pins—接腳

　　儘管 STM32F103ZET6 微控制器有兩個 APB 匯流排，且這兩個匯流排上的外接裝置存取速度不同，但是晶片儲存空間中並沒有區別這兩個外接裝置的存取空間，而是把全部 APB 外接裝置映射到儲存區塊 2 中，每個外接裝置的暫存器佔據 1KB 空間。

　　程式記憶體、資料記憶體、暫存器和輸入/輸出通訊埠被組織在同一個 4GB 的線性位址空間內。可存取的記憶體空間被分為 8 個主要的區塊，每區塊為 512MB。

　　資料位元組以小端格式存放在記憶體中。一個字中的最低位址位元組被認為是該字的最低有效位元組，而最高位址位元組是最高有效位元組。

1.3.1 STM32F103ZET6 內建外接裝置的位址範圍

　　STM32F103ZET6 內建外接裝置的位址範圍如表 1-1 所示。

▼ 表 1-1 STM32F103ZET6 內建外接裝置的位址範圍

位址範圍	外接裝置	所在總線
0x5000 0000 ～ 0x5003 FFFFUSB	OTG 全速	AHB
0x4002 8000 ～ 0x4002 9FFF	乙太網	
0x4002 3000 ～ 0x4002 33FF	CRC	AHB
0x4002 2000 ～ 0x4002 23FF	Flash 介面	
0x4002 1000 ～ 0x4002 13FF	重置和時鐘控制 (RCC)	
0x4002 0400 ～ 0x4002 07FF	DMA2	
0x4002 0000 ～ 0x4002 03FF	DMA1	
0x4001 8000 ～ 0x4001 83FF	SDIO	
0x4001 3C00 ～ 0x4001 3FFF	ADC3	APB2
0x4001 3800 ～ 0x4001 3BFF	USART1	

（續表）

位址範圍	外接裝置	所在總線
0x4001 3400 ～ 0x4001 37FF	TIM8 計時器	APB2
0x4001 3000 ～ 0x4001 33FF	SPI1	
0x4001 2C00 ～ 0x4001 2FFF	TIM1 計時器	
0x4001 2800 ～ 0x4001 2BFF	ADC2	
0x4001 2400 ～ 0x4001 27FF	ADC1	
0x4001 2000 ～ 0x4001 23FF	GPIO 通訊埠 G	
0x4001 1C00 ～ 0x4001 1FFF	GPIO 通訊埠 F	
0x4001 1800 ～ 0x4001 1BFF	GPIO 通訊埠 E	
0x4001 1400 ～ 0x4001 17FF	GPIO 通訊埠 D	
0x4001 1000 ～ 0x4001 13FF	GPIO 通訊埠 C	
0x4001 0C00 ～ 0x4001 0FFF	GPIO 通訊埠 B	
0x4001 0800 ～ 0x4001 0BFF	GPIO 通訊埠 A	
0x4001 0400 ～ 0x4001 07FF	EXTI	
0x4001 0000 ～ 0x4001 03FFAFIO	APB2	
0x4000 7400 ～ 0x4000 77FF	DAC	PB1
0x4000 7000 ～ 0x4000 73FF	電源控制 (PWR)	
0x4000 6C00 ～ 0x4000 6FFF	後備暫存器 (BKR)	
0x4000 6400 ～ 0x4000 67FF	bxCAN	
0x4000 6000 ～ 0x4000 63FF	USB/CAN 共用的 512B SRAM	
0x4000 5C00 ～ 0x4000 5FFF	USB 全速裝置暫存器	
0x4000 5800 ～ 0x4000 5BFF	I2C2	
0x4000 5400 ～ 0x4000 57FF	I2C1	
0x4000 5000 ～ 0x4000 53FF	UART5	

（續表）

位址範圍	外接裝置	所在總線
0x4000 4C00 ～ 0x4000 4FFF	UART4	
0x4000 4800 ～ 0x4000 4BFF	USART3	
0x4000 4400 ～ 0x4000 47FF	USART2	
0x4000 3C00 ～ 0x4000 3FFF	SPI3/I2S3	
0x4000 3800 ～ 0x4000 3BFF	SPI2/I2S2	
0x4000 3000 ～ 0x4000 33FF	獨立看門狗 (IWDG)	
0x4000 2C00 ～ 0x4000 2FFF	視窗看門狗 (WWDG)	PB1
0x4000 2800 ～ 0x4000 2BFF	RTC	
0x4000 1400 ～ 0x4000 17FF	TIM7 計時器	
0x4000 1000 ～ 0x4000 13FF	TIM6 計時器	
0x4000 0C00 ～ 0x4000 0FFF	TIM5 計時器	
0x4000 0800 ～ 0x4000 0BFF	TIM4 計時器	
0x4000 0400 ～ 0x4000 07FF	TIM3 計時器	
0x4000 0000 ～ 0x4000 03FF	TIM2 計時器	

以下沒有分配給片上記憶體和外接裝置的記憶體空間都是保留的位址空間：0x4000 1800 ～ 0x4000 27FF、0x4000 3400 ～ 0x4000 37FF、0x4000 4000 ～ 0x4000 3FFF、x4000 7800 ～ 0x4000 FFFF、0x4001 4000 ～ 0x4001 7FFF、0x4001 8400 ～ 0x4001 7FFF、0x4002 8000 ～ 0x4002 0FFF、0x4002 1400 ～ 0x4002 1FFF、0x4002 3400 ～ 0x4002 3FFF、0x4003 0000 ～ 0x4FFF FFFF。

其中，每個位址範圍的第 1 個位址為對應外接裝置的啟始位址，該外接裝置的相關暫存器位址都可以用「啟始位址＋偏移量」的方式找到其絕對位址。

1.3.2 嵌入式 SRAM

STM32F103ZET6 內建 64KB 的靜態 SRAM，可以以位元組、半字組 (16 位元) 或字 (32 位元) 進行存取。SRAM 的起始位址為 0x2000 0000。

Cortex-M3 記憶體映射包括兩個位元等量。這兩個位元等量將別名記憶體區中的每個字映射合格等量的位元，在別名記憶體區寫入一個字具有對位元等量的目標位元執行讀 - 改 - 寫入操作的相同效果。

在 STM32F103ZET6 中，外接裝置暫存器和 SRAM 都被映射合格等量，允許執行位元等量的寫入和讀取操作。

別名記憶體區中的每個字對應位元等量的相應位元的映射公式如下，

bit_word_addr=bit_band_base+(byte_offset×32)+(bit_number×4)

其中，bit_word_addr 為別名記憶體區中字的位址，它映射到某個目標位元；bit_band_base 為別名記憶體區的起始位址；byte_offset 為包含目標位元的位元組在位元等量中的序號；bit_number 為目標位元所在位置 (0 ～ 31)。

1.3.3 嵌入式 Flash

512KB Flash 由主儲存區塊和區塊組成。主儲存區塊容量為 64K×64 位元，每個儲存區塊劃分為 256 個 2KB 的分頁。區塊容量為 258×64 位元。

Flash 模組的組織如表 1-2 所示。

▼ 表 1-2 Flash 模組的組織

模組	名稱	位址	大小 /B
主儲存區塊	分頁 0	0x0800 0000 ～ 0x0800 07FF	2K
	分頁 1	0x0800 0800 ～ 0x0800 0FFF	2K
	分頁 2	0x0800 1000 ～ 0x0800 17FF	2K

（續表）

模組	名稱	位址	大小 /B
	分頁 3	0x0800 1800 ～ 0x0800 1FFF	2K
	…	…	…
	分頁 255	0x0807 F800 ～ 0x0807 FFFF	2K
訊息區塊	系統記憶體	0x1FFF F000 ～ 0x1FFF F7FF	2K
	選擇位元組	0x1FFF F800 ～ 0x1FFF F80F	16
Flash 介面暫存器	Flash_ACR	0x4002 2000 ～ 0x4002 2003	4
	Flash_KEYR	0x4002 2004 ～ 0x4002 2007	4
	Flash_OPTKEYR	0x4002 2008 ～ 0x4002 200B	4
	Flash_SR	0x4002 200C ～ 0x4002 200F	4
	Flash_CR	0x4002 2010 ～ 0x4002 2013	4
	Flash_AR	0x4002 2014 ～ 0x4002 2017	4
	保留	0x4002 2018 ～ 0x4002 201B	4
	Flash_OBR	0x4002 201C ～ 0x4002 201F	4
	Flash_WRPR	0x4002 2020 ～ 0x4002 2023	4

Flash 介面的特性如下。

（1）附帶預先存取緩衝器的讀取介面 (每字為 2×64 位元)。

（2）選擇位元組載入器。

（3）Flash 程式設計 / 抹寫操作。

（4）存取 / 防寫。

Flash 的指令和資料存取是透過 AHB 匯流排完成的。預先存取模組透過 ICode 匯流排讀取指令。仲裁作用在 Flash 介面，並且 DCode 匯流排上的資料存取優先。讀取存取可以有以下設定選項。

（1）等待時間：可以隨時更改用於讀取操作的等候狀態的數量。

（2）預先存取緩衝區 (兩個 64 位元)：在每次重置以後被自動開啟，由於每個緩衝區的大小 (64 位元) 與 Flash 的頻寬相同，因此只需透過一次讀取 Flash 的操作即可更新整個級中的內容。由於預先存取緩衝區的存在，CPU 可以工作在更高的主頻上。CPU 每次取指令最多為 32 位元的字，取一行指令時，下一行指令已經在緩衝區中等待。

1.4 STM32F103ZET6 的時鐘結構

STM32 系列微控制器中，有 5 個時鐘源，分別是高速內部 (HSI) 時鐘、高速外部 (HSE) 時鐘、低速內部 (Low Speed Internal，LSI) 時鐘、低速外部 (Low Speed External，LSE) 時鐘、鎖相環 (PLL) 倍頻輸出。STM32F103ZET6 的時鐘系統呈樹狀結構，因此也稱為時鐘樹。

STM32F103ZET6 具有多個時鐘頻率，分別供給核心和不同外接裝置模組使用。高速時鐘供中央處理器等高速裝置使用，低速時鐘供外接裝置等低速裝置使用。HSI、HSE 或 PLL 時鐘可用於驅動系統時鐘 (SYSCLK)。

LSI、LSE 時鐘作為二級時鐘源。40kHz 低速內部 RC 時鐘可用於驅動獨立看門狗和透過程式選擇驅動 RTC。RTC 用於在停機 / 待機模式自動喚醒系統。

32.768kHz 低速外部晶體也可用於透過程式選擇驅動 RTC(RTCCLK)。

當某個元件不被使用時，任意時鐘源都可被獨立地啟動或關閉，由此最佳化系統功耗。

使用者可透過多個預分頻器設定 AHB、高速 APB(APB2) 和低速 APB(APB1) 的頻率。 AHB 和 APB2 的最大頻率為 72MHz，APB1 的最大允許頻率為 36MHz。SDIO 介面的時鐘頻率固定為 HCLK/2。

RCC 透過 AHB 時鐘 (HCLK)8 分頻後作為 Cortex 系統計時器 (SysTick) 的外部時鐘。透過對 SysTick 控制與狀態暫存器的設定，可選擇上述時鐘或

Cortex(HCLK) 時鐘作為 SysTick 時鐘。ADC 時鐘由高速 APB2 時鐘經 2、4、6 或 8 分頻後獲得。

計時器時鐘頻率分配由硬體按以下兩種情況自動設定。

（1） 如果相應的 APB 預分頻係數為 1，計時器的時鐘頻率與所在 APB 匯流排頻率一致；

（2） 不然計時器的時鐘頻率被設為與其相連的 APB 匯流排頻率的 2 倍。

FCLK 是 Cortex-M3 處理器的自由執行時期鐘。

STM32 處理器因為低功耗的需要，各模組需要分別獨立開啟時鐘。因此，當需要使用某個外接裝置模組時，務必要先啟動對應的時鐘，否則這個外接裝置不能工作。STM32 時鐘樹如圖 1-8 所示。

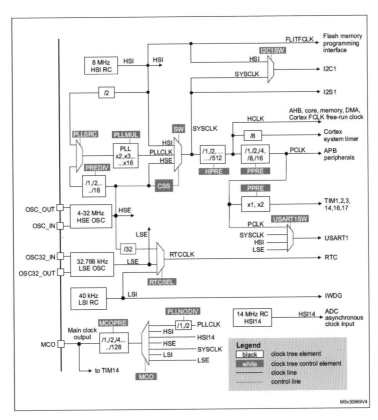

▲ 圖 1-8 STM32 時鐘樹

1. HSE 時鐘

高速外部 (HSE) 時鐘訊號一般由外部晶體 / 陶瓷諧振器產生。在 OSC_IN 和 OSC_OUT 接腳之間連接 4 ～ 16MHz 外部振盪器為系統提供精確的主時鐘。

為了減少時鐘輸出的失真和縮短啟動穩定時間，晶體 / 陶瓷諧振器和負載電容器必須盡可能地靠近振盪器接腳。負載電容值必須根據所選擇的振盪器進行調整。

2. HSI 時鐘

高速內部 (HSI) 時鐘訊號由內部 8MHz 的 RC 振盪器產生，可直接作為系統時鐘或在 2 分頻後作為 PLL 輸入。

HSI RC 振盪器能夠在不需要任何外部元件的條件下提供系統時鐘。它的啟動時間比 HSE 晶體振盪器短。然而，即使在校準之後，它的時鐘頻率精度仍較差。如果 HSE 晶體振盪器失效，HSI 時鐘會作為備用時鐘源。

3. PLL

內部 PLL 可以用來倍頻 HSI RC 振盪器輸出時鐘或 HSE 晶體輸出時鐘。PLL 的設定 (選擇 HSI 振盪器頻率 2 分頻或 HSE 振盪器為 PLL 的輸入時鐘，選擇倍頻因數) 必須在其被啟動前完成。一旦 PLL 被啟動，這些參數就不能改動。

如果需要在應用中使用 USB 介面，PLL 必須被設定為輸出 48MHz 或 72MHz 時鐘，用於提供 48MHz 的 USBCLK 時鐘。

4. LSE 時鐘

LSE 時鐘源是一個 32.768kHz 的低速外部晶體或陶瓷諧振器，它為即時時鐘或其他定時功能提供一個低功耗且精確的時鐘源。

5. LSI 時鐘

LSI RC 振盪器擔當著低功耗時鐘源的角色，它可以在停機和待機模式保持執行，為獨立看門狗和自動喚醒單元提供時鐘。LSI 時鐘頻率大約為 40kHz(30 ～ 60kHz)。

6. 系統時鐘 (SYSCLK) 選擇

系統重置後，HSI 振盪器被選為系統時鐘。當時鐘源被直接或透過 PLL 間接作為系統時鐘時，它將不能被停止。只有當目標時鐘源準備就緒了 (經過啟動穩定階段的延遲或 PLL 穩定)，從一個時鐘源到另一個時鐘源的切換才會發生。在被選擇時鐘源沒有就緒時，系統時鐘的切換不會發生。直至目標時鐘源就緒才發生切換。

7. RTC 時鐘

透過設定備份域控制暫存器 (RCC_BDCR) 中的 RTCSEL[1:0] 位元，RTC 時鐘源可以由 HSE 的 128 分頻、LSE 或 LSI 時鐘提供。除非備份域重置，此選擇不能被改變。LSE 時鐘在備份域中，但 HSE 和 LSI 時鐘不是。因此：

（1） 如果 LSE 時鐘被選為 RTC 時鐘，只要 V_{BAT} 維持供電，儘管 V_{DD} 供電被切斷，RTC 仍可繼續工作；

（2） LSI 時鐘被選為自動喚醒單元 (AWU) 時鐘時，如果切斷 V_{DD} 供電，不能保證 AWU 的狀態；

（3） 如果 HSE 時鐘 128 分頻後作為 RTC 時鐘，V_{DD} 供電被切斷或內部電壓調壓器被關閉 (1.8V 域的供電被切斷) 時，RTC 狀態不確定。必須設定電源控制暫存器的 DPB 位元 (取消後備區域的防寫) 為 1。

8. 看門狗時鐘

如果獨立看門狗已經由硬體選項或軟體啟動，LSI 振盪器將被強制在開啟狀態，並且不能被關閉。LSI 振盪器穩定後，時鐘供應給 IWDG。

9. 時鐘輸出

微控制器允許輸出時鐘訊號到外部 MCO(Microcontroller Clock Output) 接腳。相應地，GPIO 通訊埠暫存器必須被設定為相應功能。可被選作 MCO 時鐘的時鐘訊號有 SYSCLK、HIS、HSE 或 PLL 時鐘 2 分頻。

1.5 STM32F103VET6 的接腳

STM32F103VET6 比 STM32F103ZET6 少了兩個介面：PF 和 PG，其他資源一樣。

為了簡化描述，後續的內容以 STM32F103VET6 為例介紹。STM32F103VET6 採用 LQFP100 封裝，接腳如圖 1-9 所示。

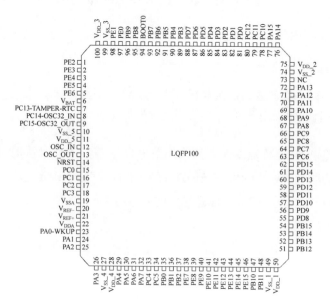

▲ 圖 1-9 STM32F103VET6 的接腳

1. 接腳定義

STM32F103VET6 的接腳定義如表 1-3 所示。

▼ 表 1-3 STM32F103VET6 的接腳定義

接腳編號	接腳名稱	類型	I/O 電位	重置後的主要功能	複用功能	
					預設情況	重映射後
1	PE2	I/O	FT	PE2	TRACECK/FSMC_A23	
2	PE3	I/O	FT	PE3	TRACED0/FSMC_A19	
3	PE4	I/O	FT	PE4	TRACED1/FSMC_A20	
4	PE5	I/O	FT	PE5	TRACED2/FSMC_A21	
5	PE6	I/O	FT	PE6	TRACED3/FSMC_A22	
6	V_{BAT}	S	V_{BAT}			
7	PC11-TAMPER-RTC	I/O		PC13	TAMPER-RTC	
8	PC14-OSC32_IN	I/O		PC14	OSC32_IN	
9	PC15-OSC32_OUT	I/O		PC15	OSC32_OUT	
10	V_{SS}_5	S		V_{SS}_5		
11	V_{DD}_5	S		V_{DD}_5		
12	OSC_IN	I		OSC_IN		
13	OSC_OUT	O		OSC_OUT		
14	NRST	I/O		NRST		
15	PC0	I/O		PC0	ADC123_IN10	
16	PC1	I/O		PC1	ADC123_IN11	
17	PC2	I/O		PC2	ADC123_IN12	

（續表）

接腳編號	接腳名稱	類型	I/O 電位	重置後的主要功能	複用功能	
					預設情況	重映射後
18	PC3	I/O		PC3	ADC123_IN13	
19	V_{SSA}	S		V_{SSA}		
20	V_{REF-}	S		V_{REF-}		
21	V_{REF+}	S		V_{REF+}		
22	V_{DDA}	S		V_{DDA}		
23	PA0-WKUP	I/O		PA0	WKUP/USART2_CTS/ADC123_IN0/TIM2_CH1_ETR/TIM5_CH1/TIM8_ETR	
24	PA1	I/O		PA1	USART2_RTS/ADC123_IN1/TIM5_CH2/TIM2_CH2	
25	PA2	I/O		PA2	USART2_TX/TIM5_CH3/ADC123_IN2/TIM2_CH3	
26	PA3	I/O		PA3	USART2_RX/TIM5_CH4/ADC123_IN3/TIM2_CH4	
27	V_{SS}_4	S		V_{SS}_4		
28	V_{DD}_4	S		V_{DD}_4		
29	PA4	I/O		PA4	SPI1_NSS/USART2_CK/DAC_OUT1/ADC12_IN4	
30	PA5	I/O		PA5	SPI1_SCK/DAC_OUT2/ADC12_IN5	TIM1_BKIN
31	PA6	I/O		PA6	SPI1_MISO/TIM8_BKIN/ADC12_IN6/TIM3_CH1	TIM1_CH1N
32	PA7	I/O		PA7	SPI1_MOSI/TIM8_CH1N/ADC12_IN7/TIM3_CH2	
33	PC4	I/O		PC4	ADC12_IN14	

（續表）

接腳編號	接腳名稱	類型	I/O 電位	重置後的主要功能	複用功能	
					預設情況	重映射後
34	PC5	I/O		PC5	ADC12_IN15	
35	PB0	I/O		PB0	ADC12_IN8/TIM3_CH3/TIM8_CH2N	TIM1_CH2N
36	PB1	I/O		PB1	ADC12_IN9/TIM3_CH4/TIM8_CH3N	TIM1_CH3N
37	PB2	I/O	FT	PB2/BOOT1		
38	PE7	I/O	FT	PE7	FSMC_D4	TIM1_ETR
39	PE8	I/O	FT	PE8	FSMC_D5	TIM1_CH1N
40	PE9	I/O	FT	PE9	FSMC_D6	TIM1_CH1
41	PE10	I/O	FT	PE10	FSMC_D7	TIM1_CH2N
42	PE11	I/O	FT	PE11	FSMC_D8	TIM1_CH2
43	PE12	I/O	FT	PE12	FSMC_D9	TIM1_CH3N
44	PE13	I/O	FT	PE13	FSMC_D10	TIM1_CH3
45	PE14	I/O	FT	PE14	FSMC_D11	TIM1_CH4
46	PE15	I/O	FT	PE15	FSMC_D12	TIM1_BKIN
47	PB10	I/O	FT	PB10	I2C2_SCL/USART3_TX	TIM2_CH3
48	PB11	I/O	FT	PB11	I2C2_SDA/USART3_RX	TIM2_CH4
49	V_{SS}_1	S		V_{SS}_1		
50	V_{DD}_1	S		V_{DD}_1		
51	PB12	I/O	FT	PB12	SPI2_NSS/I2S2_WS/I2C2_SMBA/USART3_CK/	TIM1_BKIN
52	PB13	I/O	FT	PB13	SPI2_SCK/I2S2_CK/USART3_CTS/TIM1_CH1N	

（續表）

接腳編號	接腳名稱	類型	I/O 電位	重置後的主要功能	複用功能	
					預設情況	重映射後
53	PB14	I/O	FT	PB14	SPI2_MISO/TIM1_CH2N/ USART3_RTS	
54	PB15	I/O	FT	PB15	SPI2_MOSI/I2S2_SD/TIM1_CH3N	
55	PD8	I/O	FT	PD8	FSMC_D13	USART3_TX
56	PD9	I/O	FT	PD9	FSMC_D14	USART3_RX
57	PD10	I/O	FT	PD10	FSMC_D15	USART3_CK
58	PD11	I/O	FT	PD11	FSMC_A16	USART3_CTS
59	PD12	I/O	FT	PD12	FSMC_A17	TIM4_CH1/ USART3_RTS
60	PD13	I/O	FT	PD13	FSMC_A18	TIM4_CH2
61	PD14	I/O	FT	PD14	FSMC_D0	TIM4_CH3
62	PD15	I/O	FT	PD15	FSMC_D1	TIM4_CH4
63	PC6	I/O	FT	PC6	I2S2_MCK/TIM8_CH1/ SDIO_D6	TIM3_CH1
64	PC7	I/O	FT	PC7	I2S3_MCK/TIM8_CH2/ SDIO_D7	TIM3_CH2
65	PC8	I/O	FT	PC8	TIM8_CH3/SDIO_D0	TIM3_CH3
66	PC9	I/O	FT	PC9	TIM8_CH4/SDIO_D1	TIM3_CH4
67	PA8	I/O	FT	PA8	USART1_CK/TIM1_CH1/ MCO	
68	PA9	I/O	FT	PA9	USART1_TX/TIM1_CH2	
69	PA10	I/O	FT	PA10	USART1_RX/TIM1_CH3	
70	PA11	I/O	FT	PA11	USARTI_CTS/USBDM/CAN_RX/TIM1_CH4	

（續表）

接腳編號	接腳名稱	類型	I/O 電位	重置後的主要功能	複用功能	
					預設情況	重映射後
71	PA12	I/O	FT	PA12	USART1_RTS/USBDP/CAN_TX/TIM1_ETR	
72	PA13	I/O	FT	JTMS-WDIO		PA13
73	Not connected					
74	V_{SS}_2	S		V_{SS}_2		
75	V_{DD}_2	S		V_{DD}_2		
76	PA14	I/O	FT	JTCK-SWCLK		PA14
77	PA15	I/O	FT	JTDI	SPI3_NSS/I2S3_WS	TIM2_CH1_ETR PA15/SPI1_NSS
78	PC10	I/O	FT	PC10	UART4_TX/SDIO_D2	USART3_TX
79	PC11	I/O	FT	PC11	UART4_RX/SDIO_D3	USART3_RX
80	PC12	I/O	FT	PC12	UART5_TX/SDIO_CK	USART3_CK
81	PD0	I/O	FT	OSC_IN	FSMC_D2	CAN_RX
82	PD1	I/O	FT	OSC_OUT	FSMC_D3	CAN_TX
83	PD2	I/O	FT	PD2	TIM3_ETR/UART5_RX/SDIO_CMD	
84	PD3	I/O	FT	PD3	FSMC_CLK	USART2_CTS
85	PD4	I/O	FT	PD4	FSMC_NOE	USART2_RTS
86	PD5	I/O	FT	PD5	FSMC_NWEUSART2_TX	USART2_TX
87	PD6	I/O	FT	PD6	FSMC_NWAITUSART2_RX	USART2_RX
88	PD7	I/O	FT	PD7	FSMC_NE1/FSMC_NCE2USART2_CK	USART2_CK

（續表）

接腳編號	接腳名稱	類型	I/O 電位	重置後的主要功能	複用功能	
					預設情況	重映射後
89	PB3	I/O	FT	JTDO	SPI3_SCK/I2S3_CKPB3/TRACESWO	PB3/TRACESWO TIM2_CH2/SPI1_SCK
90	PB4	I/O	FT	NJTRST	SPI3_MISO	PB4/TIM3_CH1SPI1_MISO
91	PB5	I/O		PB5	I2C1_SMBA/SPI3_MOSI/I2S3_SD	TIM3_CH2/SPI1_MOSI
92	PB6	I/O	FT	PB6	I2C1_SCL/TIM4_CH1	USART1_TX
93	PB7	I/O	FT	PB7	I2C1_SDA/FSMC_NADV/TIM4_CH2	USART1_RX
94	BOOT0	I		BOOT0		
95	PB8	I/O	FT	PB8	TIM4_CH3/SDIO_D4	I2C1_SCL/CAN_RX
96	PB9	I/O	FT	PB9	TIM4_CH4/SDIO_D5	I2C1_SCA/CAN_TX
97	PE0	I/O	FT	PE0	TIM4_ETR/FSMC_NBL0	
98	PE1	I/O	FT	PE1	FSMC_NBL1	
99	V_{SS_3}	S		V_{SS_3}		
100	V_{DD_3}	S		V_{DD_3}		

註：I：輸入 (input)；O：輸出 (output)；S：電源 (supply)；FT：可忍受 5V 電壓。

2. 啟動設定接腳

在 STM32F103VET6 中，可以透過 BOOT[1:0] 接腳選擇 3 種不同的啟動模式。STM32F103VET6 的啟動設定如表 1-4 所示。

▼ 表 1-4 STM32F103VET6 的啟動設定

啟動模式選擇接腳		啟動模式	說明
BOOT1	BOOT0		
X	0	主 Flash	主 Flash 被選為啟動區域
0	1	系統記憶體	系統記憶體被選為啟動區域
1	1	內建 SRAM	內建 SRAM 被選為啟動區域

系統重置後，在 SYSCLK 的第 4 個上昇緣，BOOT 接腳的值將被鎖存。使用者可以透過設定 BOOT1 和 BOOT0 接腳的狀態選擇重置後的啟動模式。

從待機模式退出時，BOOT 接腳的值將被重新鎖存。因此，在待機模式下 BOOT 接腳應保持為需要的啟動設定。在啟動延遲之後，CPU 從 0x0000 0000 位址獲取堆疊頂的位址，並從啟動記憶體的 0x0000 0004 指示的位址開始執行程式。

因為固定的記憶體映射，程式區始終從 0x0000 0000 位址開始 (透過 ICode 和 DCode 匯流排存取)，而資料區 (SRAM) 始終從 0x2000 0000 位址開始 (透過系統匯流排存取)。Cortex-M3 的 CPU 始終從 ICode 匯流排獲取重置向量，即啟動僅適合從程式區開始 (典型的從 Flash 啟動)。STM32F103VET6 微控制器實現了一個特殊的機制，系統不僅可以從 Flash 或系統記憶體啟動，還可以從內建 SRAM 啟動。

根據選定的啟動模式，主 Flash、系統記憶體或 SRAM 可以按照以下方式存取。

（1） 從主 Flash 啟動：主 Flash 被映射到啟動空間 (0x0000 0000)，但仍然能夠在它原有的位址 (0x0800 0000) 存取它，即 Flash 的內容可以在兩個位址區域存取——0x0000 0000 或 0x0800 0000。

（2） 從系統記憶體啟動：系統記憶體被映射到啟動空間 (0x0000 0000)，但仍然能夠在它原有的位址 (互聯型產品原有位址為 0x1FFF B000，其他產品原有位址為 0x1FFF F000) 存取它。

（3） 從內建 SRAM 啟動：只能在 0x2000 0000 開始的位址區存取 SRAM。從內建 SRAM 啟動時，在應用程式的初始化程式中，必須使用 NVIC 的異常表和偏移暫存器，重新映射向量表到 SRAM 中。

（4） 內嵌的自舉程式：內嵌的自舉程式存放在系統儲存區，由 ST 公司在生產線上寫入，用於透過 USART1 序列介面對 Flash 進行重新程式設計。

1.6　STM32F103VET6 最小系統設計

STM32F103VET6 最小系統是指能夠讓 STM32F103VET6 正常執行的包含最少元元件的系統。STM32F103VET6 片內整合了電源管理模組 (包括濾波重置輸入、整合的通電重置 / 停電重置電路、可程式化電壓檢測電路)、8MHz 高速內部 RC 振盪器、40kHz 低速內部 RC 振盪器等元件，外部只需 7 個被動元件就可以讓 STM32F103VET6 工作。然而，為了使用方便，在最小系統中加入了 USB 轉 TTL 序列埠、發光二極體等功能模組。

STM32F103VET6 最小系統核心電路原理圖如圖 1-10 所示，其中包括了重置電路、晶體振盪電路和啟動設定電路等模組。

1. 重置電路

STM32F103VET6 的 NRST 接腳輸入中使用 CMOS 製程，它連接了一個不能斷開的上拉電阻，其典型值為 40kΩ，外部連接了一個上拉電阻 R4、按鍵 RST 及電容 C5，當按下 RST 時 NRST 接腳電位變為 0，透過這個方式實現手動重置。

2. 晶體振盪電路

STM32F103VET6 一共外接了兩個高振：一個 8MHz 的晶振 X1，提供給高速外部時鐘；一個 32.768kHz 的晶振 X2，提供給全低速外部時鐘。

3. 啟動設定電路

啟動設定電路由啟動設定接腳 BOOT1 和 BOOT0 組成，二者均透過 10kΩ 的電阻接地，從使用者 Flash 啟動。

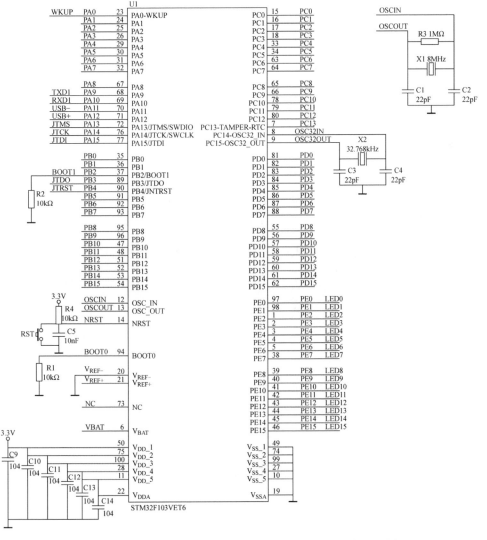

▲ 圖 1-10 STM32F103VET6 最小系統核心電路原理圖

4. JTAG 介面電路

為了方便系統採用 J-Link 模擬器進行下載和線上模擬，在最小系統中預留了 JTAG 介面電路用來實現 STM32F103VET6 與 J-Link 模擬器的連接。JTAG 介面電路如圖 1-11 所示。

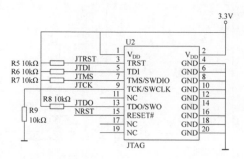

▲ 圖 1-11 JTAG 介面電路

5. 流水燈電路

最小系統板載 16 個 LED 流水燈，對應 STM32F103VET6 的 PE0 ～ PE15 接腳，電路原理如圖 1-12 所示。

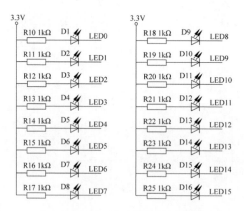

▲ 圖 1-12 流水燈電路原理

另外，還設計有 USB 轉 TTL 序列埠電路 (採用 CH340G)、獨立按鍵電路、ADC 擷取電路 (採用 10kΩ 電位器) 和 5V 轉 1.3V 電源電路 (採用 AMS1117-1.3V)，具體電路從略。

2

人機介面設計與
應用實例

本章介紹人機介面技術，包括獨立式鍵盤介面設計、矩陣式鍵盤介面設計、矩陣式鍵盤的介面實例、顯示技術的發展及其特點、LED 顯示器介面設計和觸控式螢幕技術。

2.1 獨立式鍵盤介面設計

在嵌入式控制系統中，為了實現人機對話或某種操作，需要一個人機介面 (Human Machine Interface，HMI)，透過設計一個過程執行操作臺(面板)來實現。由於生產過程各異，要求管理和控制的內容也不盡相同，所以操作臺(面板)一般由使用者根據製程要求自行設計。

操作臺 (面板) 的主要功能如下。

（1） 輸入和修改來源程式。

（2） 顯示和列印中間結果及擷取參數。

（3） 對某些參數進行聲光警告。

（4） 啟動和停止系統的執行。

（5） 選擇工作方式，如自動 / 手動 (A/M) 切換。

（6） 各種功能鍵的操作。

（7） 顯示生產工藝流程。

為了完成上述功能，操作臺 (面板) 一般由數字鍵、功能鍵、開關、顯示器和各種輸入 / 輸出裝置組成。

鍵盤是電腦控制系統中不可缺少的輸入裝置，它是人機對話的樞紐，能實現向電腦輸入資料、傳遞命令。

2.1.1 鍵盤的特點及按鍵確認

1. 鍵盤的特點

鍵盤實際上是一組按鍵開關的組合。一般來說按鍵所用開關為機械彈性開關，均利用了機械觸點的合、斷作用。一個按鍵開關透過機械觸點的斷開、閉合過程實現功能，按鍵抖動波形如圖 2-1 所示。由於機械觸點的彈性作用，一個按鍵開關在閉合時不會馬上穩定地接通，在斷開時也不會一下子斷開，因而在閉合與斷開的瞬間均伴隨著一連串的抖動，抖動時間的長短由按鍵的機械特性決定，一般為 5 ～ 10ms。

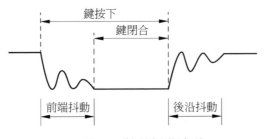

▲ 圖 2-1 按鍵抖動波形

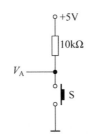

▲ 圖 2-2 按鍵電路

　　按鍵的穩定閉合期長短則是由操作人員的按鍵動作決定的，一般為零點幾秒到幾秒的時間。

2. 按鍵確認

　　一個按鍵的電路如圖 2-2 所示。當按鍵 S 按下時，$V_A=0$，為低電位；當按鍵 S 未按下時，$V_A=1$，為高電位。反之，當 $V_A=0$ 時，表示按鍵 S 按下；當 $V_A=1$ 時，表示按鍵 S 未按下。

　　按鍵的閉合與否，反映在電壓上就是呈現出高電位或低電位，如果高電位表示斷開，那麼低電位則表示閉合。所以，對透過電位高低狀態的檢測，就可確認按鍵是否被按下。

3. 消除按鍵的抖動

　　消除按鍵抖動的方法有兩種：硬體方法和軟體方法。

（1）　硬體方法：採用 RC 濾波消抖電路或 RS 雙穩態消抖電路。

（2）　軟體方法：如果按鍵較多，硬體消抖將無法勝任，因此常採用軟體方法進行消抖。第 1 次檢測到有按鍵按下時，執行一段 10ms 延遲時間的副程式後，再確認該按鍵電位是否仍保持在閉合狀態電位。如果是，則確認為真正有按鍵按下，從而消除了抖動的影響，但這種方法佔用 CPU 的時間。

2.1.2　獨立式按鍵擴充實例

獨立式按鍵就是各按鍵相互獨立，每個按鍵各接一根輸入線，一根輸入線上的按鍵工作狀態不會影響其他輸入線上的工作狀態。因此，透過檢測輸入線的電位狀態可以很容易判斷哪個按鍵被按下了。

獨立式按鍵電路設定靈活，軟體結構簡單。但每個按鍵佔用一根輸入線，當按鍵數量較多時，輸入通訊埠浪費大，電路結構顯得很複雜，因此這種鍵盤適用於按鍵較少或操作速度較高的場合。

採用 74HC245 三態緩衝器擴充獨立式按鍵的電路如圖 2-3 所示。

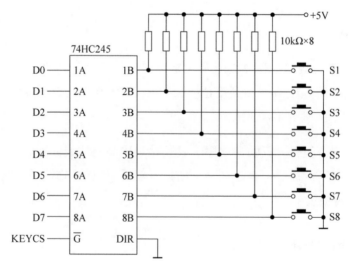

▲ 圖 2-3　採用 74HC245 三態緩衝器擴充獨立式按鍵

在圖 2-3 中，KEYCS 為讀取鍵值通訊埠位址。按鍵 S1 ～ S8 的鍵值為 00H ～ 07H，如果這 8 個按鍵均為功能鍵，為簡化程式設計，可採用散轉程式設計方法。

資料匯流排 D0 ～ D7 和 KEYCS 晶片選擇訊號接 STM32 的 GPIO 通訊埠。

2.2 矩陣式鍵盤介面設計

矩陣式鍵盤適用於按鍵數量較多的場合，它由行線和列線組成，按鍵位於行、列的交叉點上。如圖 2-4 所示，一個 4×4 的行、列結構可以組成一個含有 16 個按鍵的鍵盤。很明顯，在按鍵數量較多的場合，矩陣式鍵盤與獨立式按鍵鍵盤相比，要節省很多的 I/O 通訊埠。

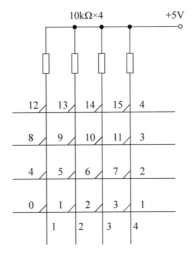

▲ 圖 2-4 矩陣式鍵盤結構

2.2.1 矩陣式鍵盤工作原理

按鍵設定在行、列線交點上，行、列線分別連接到按鍵開關的兩端，行線透過上拉電阻接到 +5V 上。無按鍵動作時，行線處於高電位狀態，而當有按鍵按下時，行線電位狀態將由與此行線相連的列線電位決定。列線電位如果為低，則行線電位為低；列線電位如果為高，則行線電位也為高。這一點是辨識矩陣式鍵盤按鍵是否被按下的關鍵所在。由於矩陣式鍵盤中行、列線為多鍵共用，各按鍵均影響該鍵所在行和列的電位，因此各按鍵彼此將相互產生影響，所以必須將行、列線訊號配合起來並作適當的處理，才能正確地確定閉合鍵的位置。

2.2.2 按鍵的辨識方法

矩陣式鍵盤按鍵的辨識分兩步進行。

（1）辨識鍵盤有無按鍵被按下；

（2）如果有按鍵被按下，辨識出具體的按鍵。

辨識鍵盤有無按鍵被按下的方法將所有行線均置為零電位，檢查各列線電位是否有變化，如果有變化，則說明有按鍵被按下，如果沒有變化，則說明無按鍵被按下。實際程式設計時應考慮按鍵抖動的影響，通常總是採用軟體方法進行消抖處理。

辨識具體按鍵的方法 (又稱為掃描法)：逐行置零電位，其餘各行置為高電位，檢查各列線電位的變化，若某列由高電位變為零電位，則可確定此行此列交叉點處的按鍵被按下。

2.2.3 鍵盤的編碼

對於獨立式鍵盤，由於按鍵的數目較少，可根據實際需要靈活編碼。對於矩陣式鍵盤，按鍵的位置由行號和列號唯一確定，所以分別對行號和列號進行

二進位編碼,然後將兩個值合成一個字元,高 4 位元為行號,低 4 位元為列號。

　　無論以何種方式編碼,均應以方便處理問題為原則。最基本的是按鍵所處的物理位置,即行號和列號,它是各種編碼之間相互轉換的基礎,編碼相互轉換可透過查表的方法實現。

2.3 矩陣式鍵盤的介面實例

2.3.1 4×4 矩陣式鍵盤的硬體設計

　　以 4×4 矩陣式鍵盤為例,該鍵盤具有 16 個按鍵,分佈在 4 行 4 列共 16 個交叉節點上,如圖 2-5 所示。其中,KEY0 ～ KEY3 為行,分別接 GPIO 的 PE8、PE10、PE12 和 PE14;KEY4 ～ KEY7 為列,分別接 GPIO 的 PE9、PE11、PE13 和 PE15。每個按鍵的兩個接腳分別與行和列相連。8 個電阻為上拉電阻,與 STM32 的 V_{cc} 相連,以確保行和列的所有通訊埠線預設狀態為高電位。當然,由於 STM32 具有可設定的 GPIO 通訊埠線,可以方便地將 4 根輸入線 (列線) 設定為上拉輸入 (即預設為高電位),而掃描輸出用的 4 根線 (行線) 的預設輸出狀態也可以很方便地設定為高電位,因此圖 2-5 中的上拉電阻均可以省略。

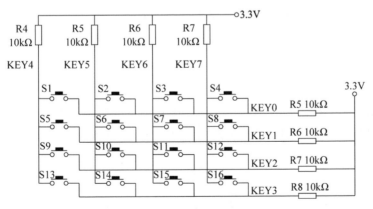

▲ 圖 2-5 4×4 矩陣式鍵盤原理圖

LED1、LED2 指示燈分別接 GPIO 的 PE5 和 PE6。

STM32F103 與鍵盤和 LED 指示燈的連接如圖 2-6 所示。

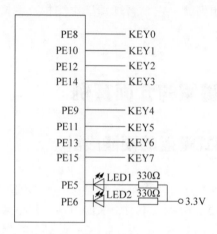

▲ 圖 2-6 STM32F103 與鍵盤和 LED 指示燈的連接

　　動態掃描的基本思想是每次 4 根行線中只有一根是低電位，此時透過巡查 4 根列線的電位狀態即可獲知該行上對應的 4 個按鍵的按下狀態，按下的那個按鍵對應的列線為低電位，而其餘均為高電位。

2.3.2　4×4 矩陣式鍵盤的軟體設計

1. 設計要求

　　捕捉並辨識 4×4 矩陣式鍵盤按鍵。16 個按鍵的標號如圖 2-5 所示，本例僅取部分按鍵作為演示按鍵，其餘按鍵沒有被賦予相應的功能。

（1）按鍵 S1 被按一次，則 LED1 亮。

（2）按鍵 S2 被按一次，則 LED2 亮。

（3）按鍵 S5 被按一次，則 LED1 滅。

（4） 按鍵 S6 被按一次，則 LED2 滅。

（5） 按鍵 S9 被按一次，則 LED1、LED2 亮。

（6） 按鍵 S13 被按一次，則 LED1、LED2 滅。

2. 4×4 矩陣式按鍵程式清單

4×4 矩陣式鍵盤掃描程式清單可參照本書數位資源中的程式碼。

2.4 顯示技術的發展及其特點

2.4.1 顯示技術的發展

20 世紀是資訊大爆炸的時代。1960—1990 年資訊的平均年增長率為 20%，到 2020 年已達到每兩個半月成長一倍的驚人速度。大量的資訊透過「資訊公路」傳輸著，要將這些資訊傳遞給人們，必然要有一個下載的工具，即介面的終端。研究表明，在人類經各種感覺器官從外界獲得的資訊中，視覺佔 60%，聽覺佔 20%，觸覺佔 15%，味覺佔 3%，嗅覺佔 2%。可見，近 2/3 的資訊是透過眼睛獲得的。所以，影像顯示成為資訊顯示中最重要的方式。

進入 20 世紀以來，顯示技術作為人機聯繫和資訊展示的視窗已應用於娛樂、工業、軍事、交通、教育、航空航太、衛星遙感和醫療等各個方面，顯示產業已經成為電子資訊工業的一大支柱產業。中國顯示技術及相關產業的產品佔資訊產業總產值的 45% 左右。

電子顯示器可分為主動發光型和非主動發光型兩大類。前者是利用資訊調變各像素的發光亮度和顏色，進行直接顯示；後者本身不發光，而是利用資訊調變外光源而使其達到顯示的目的。顯示元件的分類有多種方式，按顯示內容、形狀可分為數字、字元、軌跡、圖表、圖形和影像顯示器；按所用顯示材料可分為固體 (晶體和非晶體)、液體、氣體、電漿體和液晶顯示器。最常見的是按顯示原理分類，主要類型如下：

（1）發光二極體 (LED) 顯示。

（2）液晶顯示 (LCD)。

（3）陰極射線管 (CRT) 顯示。

（4）電漿顯示板 (PDP) 顯示。

（5）電致發光顯示 (ELD)。

（6）有機發光二極體 (OLED) 顯示。

（7）真空螢光管顯示 (VFD)。

（8）場發射顯示 (FED)。

其中，只有 LCD 是非主動發光顯示，其他皆為主動發光顯示。

2.4.2 顯示元件的主要參數

1. 亮度

亮度 (L) 的單位是坎德拉每平方公尺 (cd/m²)。對畫面亮度的要求與環境光強度有關。舉例來說，在電影院中，螢幕亮度有 30 ～ 45cd/m² 就可以了；在室內看電視，要求顯示器亮度應大於 70cd/m²；在室外觀看，則要求亮度達到 300cd/m²。所以，對高品質顯示器亮度的要求應為 300cd/m² 左右。

2. 對比度和灰度

對比度 (C) 是指畫面上最大亮度 (L_{max}) 和最小亮度 (L_{min}) 之比，即

$$C = \frac{L_{max}}{L_{min}}$$

好的影像顯示要求顯示器的對比度至少要大於 30，這是在普通觀察環境光下的資料。

灰度是指影像的黑白亮度層次，人眼所能分辨的亮度層次為

$$n \approx \frac{2.3}{\delta} \lg C$$

其中，δ 為人眼對亮度差的解析度，一般取 0.02 ～ 0.05；C 為對比度。

若取 δ=0.05，當 C=50 時，n=78。

3. 分辨力

分辨力是指能夠分辨出電視影像的最小細節的能力，是人眼觀察影像清晰程度的標識。通常用螢幕上能夠分辨出的明暗交替線條的總數表示分辨力，而對於用矩陣顯示的平板顯示器，常用電極線數目表示分辨力。

只有兼備高分辨力、高亮度和高對比的影像才可能是高清晰度的影像，所以上述 3 個指標是獲得高品質影像顯示必須要滿足的。

4. 回應時間和餘輝時間

回應時間是指從施加電壓到出現影像顯示的時間，又稱為上升時間。從切斷電源到影像消失的時間稱為下降時間，又稱為餘輝時間。

5. 顯示色

發光型顯示元件發光的顏色和非發光型顯示元件透射或反射光的顏色稱為顯示色。顯示色分為黑白、單色、多色和全色四大類。

6. 發光效率

發光效率是發光型顯示元件所發出的光通量與元件所消耗功率之比，單位為流明每瓦 (lm/W)。

7. 工作電壓與消耗電流

驅動顯示元件所施加的電壓稱為工作電壓 (單位為 V)，流過的電流稱為消耗電流 (單位為 A)。工作電壓與消耗電流的乘積就是顯示元件的消耗功率。外加電壓有交流電壓與直流電壓之分，如 LCD 必須用交流供電，而 OLED、LED 等則用直流供電。

在電腦控制系統中，常用的顯示器有發光二極體 (LED) 顯示器、液晶顯示器 (LCD)。根據不同的應用場合及需要，選擇不同的顯示器。

2.5 LED 顯示器介面設計

發光二極體 (LED) 是一種電 - 光轉換型元件，是 PN 結結構。在 PN 結上加正向電壓，產生少子注入，少子在傳輸過程中不斷擴散，不斷複合發光。改變所採用的半導體材料，就能得到不同波長的發光顏色。

Losev 於 1923 年發現了 SiC 中偶然形成的 PN 結中的發光現象。

早期開發的普通型 LED 是中、低亮度的紅、橙、黃、綠 LED，已獲廣泛使用。近期開發的新型 LED 是指藍光 LED 和高亮度、超高亮度 LED。

LED 產業重點產品一直在可見光範圍 (380 ～ 760nm)，約佔總產量的 90% 以上。

LED 的發光機制是電子、空穴附帶間躍遷複合發光。

LED 的主要優點如下。

（1）主動發光，一般產品亮度大於 $1cd/m^2$，高的可達 $10cd/m^2$。

（2）工作電壓低，約為 2V。

（3）由於是正向偏置工作，因此性能穩定，工作溫度範圍寬，壽命長 (可達 10^5h)。

（4）回應速度快。直接複合型材料為 16 ～ 160MHz；間接複合型材料為 10^5 ～ 10^6Hz。

（5）尺寸小。一般 LED 的 PN 結晶片面積為 $0.3mm^2$。

LED 的主要缺點是電流大、功耗大。

2.5.1 LED 顯示器的結構

LED 顯示器是由發光二極體組成的，分為共陰極和共陽極兩種，其結構如圖 2-7 所示。

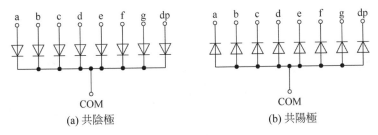

▲ 圖 2-7 LED 顯示器結構

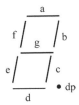

▲ 圖 2-8 LED 顯示器外形

LED 顯示器外形如圖 2-8 所示。

每個 LED 段與資料線的對應關係如下。

資料線：D7　　　D6　　　D5　　　D4　　　D3　　　D2　　　D1　　　D0

LED 段：dp　　　g　　　f　　　e　　　d　　　c　　　b　　　a

　　共陰極 LED 顯示器將所有發光二極體的陰極連在一起，作為公共端 COM，如果將 COM 端接低電位，當某個發光二極體的陽極為高電位時，對應 LED 段被點亮。同樣，共陽極 LED 顯示器將所有發光二極體的陽極連在一起，作為公共端 COM，如果 COM 端接高電位，當某個發光二極體的陰極為低電位時，對應 LED 段被點亮。a、b、c、d、e、f、g 為 7 段數字顯示，dp 為小數點顯示。LED 顯示器字模如表 2-1 所示。

▼ 表 2-1　LED 顯示器字模

顯示字元	共陽極	共陰極	顯示字元	共陽極	共陰極
0	C0H	3FH	b	83H	7CH
1	F9H	06H	c	C6H	39H
2	A4H	5BH	d	A1H5	EH
3	B0H	4FH	E	86H	79H
4	99H	66H	F	8EH	71H
5	92H	6DH	P	8CH	73H
6	82H	7DH	U	C1H	3EH
7	F8H	07H	Y	91H	31H
8	80H	7FH	H	89H	6EH
9	90H	6FH	L	C7H	76H
A	88H	77H	「滅」	FFH	00H

2.5.2 LED 顯示器的掃描方式

LED 顯示器為電流型元件，有兩種顯示掃描方式。

1. 靜態顯示掃描方式

1) 靜態顯示電路

每位元 LED 顯示器佔用一個控制電路，如圖 2-9 所示。

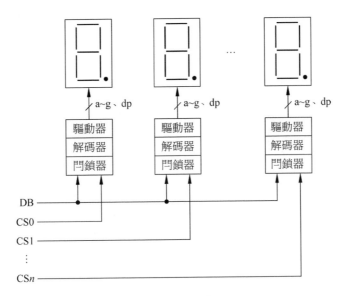

▲ 圖 2-9　靜態掃描顯示

在圖 2-9 中，每個控制電路包括閂鎖器、解碼器、驅動器，DB 為資料匯流排。當控制電路中包含解碼器時，通常只用 4 位元資料匯流排，由解碼器實現 BCD 碼到 7 段碼的解碼，但一般不包括小數點，小數點需要單獨的電路；當控制電路中不包含解碼器時，通常需要 8 位元資料匯流排，此時寫入的資料為對應字元或數字的字模，包括小數點。CS0，CS1，…，CSn 為晶片選擇訊號。

資料匯流排 DB 和 CS0，CS1，…，CSn 晶片選擇訊號接 STM32 的 GPIO 通訊埠。

2) 靜態顯示程式設計

被顯示的資料 (一位元 BCD 碼或字模) 寫入相應通訊埠位址 (CS0 ～ CSn)。

2. 動態顯示掃描方式

1) 動態顯示電路

所有 LED 顯示器共用 a ～ g、dp 段，如圖 2-10 所示。

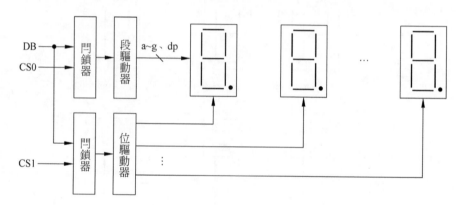

▲ 圖 2-10 動態掃描顯示

在圖 2-10 中，CS0 控制段驅動器，驅動電流一般為 5 ～ 10mA，對於大尺寸的 LED 顯示器，段驅動電流會大一些；CS1 控制位元驅動器，驅動電流至少是段驅動電流的 8 倍。根據 LED 是共陰極還是共陽極接法，改變驅動迴路。

資料匯流排 DB 和 CS0、CS1 晶片選擇訊號接 STM32 的 GPIO 通訊埠。

動態掃描顯示是利用人的視覺停留現象，20ms 內將所有 LED 顯示器掃描一遍。在某一時刻，只有一位元亮，位元顯示切換時先關顯示。

2) 動態顯示程式設計

以 6 位元 LED 顯示器為例，設計方法如下。

（1） 設定顯示緩衝區 DISPBF，被顯示的數字存放於對應單元，如圖 2-11 所示。

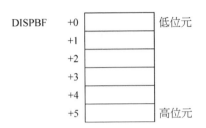

▲ 圖 2-11 顯示緩衝區

（2） 設定顯示位元數計數器 DISPCNT，表示現在顯示哪一位元。DISPCNT 初值為 00H，表示在最低位元。每更新一位數值加 1，當加到 06H 時，回到初值 00H。

（3） 設定位驅動計數器 DRVCNT。初值為 01H，對應最低位元。某位元為 0，禁止顯示；某位元為 1，允許顯示。

（4） 確定通訊埠位址，段驅動通訊埠位址為 CS0，位元驅動通訊埠位址為 CS1。

（5） 建立字模表。

（6） 顯示程式流程圖如圖 2-12 所示。

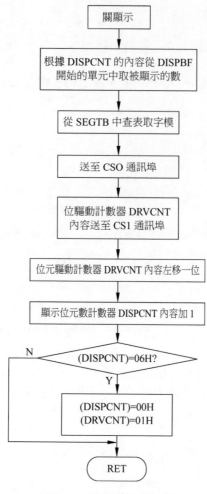

▲ 圖 2-12 顯示程式流程圖

數位管動態掃描顯示程式請參考 10.6 節「LED 數位管動態顯示程式設計」。

2.6 觸控式螢幕技術及其在專案中的應用

2.6.1 觸控式螢幕發展歷程

　　觸控式螢幕是一種與電腦互動最簡單、最直接的人機互動介面，誕生於 1970 年，是一項由 EloTouch Systems 公司首先推廣到市場的新技術。觸控式螢幕早期多應用於工控電腦、POS 機終端等工業或商用裝置中。20 世紀 70 年代，美國軍方首次將觸控式螢幕技術應用於軍事用途，此後該項技術逐漸向民用轉移。1971 年，美國 Sam Hurst 博士發明了世界上第 1 個觸控感測器，並在 1973 年被美國《工業研究》評選為年度 100 項最重要的新技術產品之一。隨著電腦技術和網路技術的發展，觸控式螢幕的應用範圍已越來越廣泛。

2.6.2 觸控式螢幕的工作原理

　　觸控式螢幕的基本工作原理是用手指或其他物體觸控安裝在顯示器前端的觸控式螢幕，所觸控的位置由觸控式螢幕控制器檢測，並透過介面 (如 RS-232 串列通訊埠) 送到 CPU，從而確定輸入的資訊。

　　觸控式螢幕系統一般包括觸控式螢幕控制器和觸控檢測裝置兩部分。其中，觸控檢測裝置一般安裝在顯示器的前端，主要作用是檢測使用者的觸控位置，並傳輸給觸控式螢幕控制器；觸控式螢幕控制器從觸控檢測裝置上接收觸控資訊，並將其轉為觸點座標傳輸給 CPU。它同時能接收 CPU 發來的命令並加以執行。

　　按照工作原理和傳輸資訊的媒體，觸控式螢幕可分為 4 類：電阻式觸控式螢幕、電容式觸控式螢幕、紅外線式觸控式螢幕和表面聲波式觸控式螢幕。

1. 電阻式觸控式螢幕

　　電阻式觸控式螢幕技術是觸控式螢幕技術中最古老的，也是目前成本最低、應用最廣泛的觸控式螢幕技術。儘管電阻式觸控式螢幕不非常耐用，透射性也不好，但它價格低，而且對螢幕上的殘留物具有免疫力，因而工業用觸控式螢幕大多為電阻式觸控式螢幕。

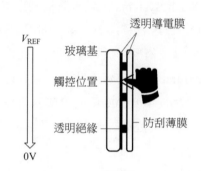

▲ 圖 2-13　電阻式觸控式螢幕結構

　　電阻式觸控式螢幕利用壓力感應進行控制，其主要部分是一塊與顯示器表面非常配合的電阻薄膜螢幕，這是一種多層的複合薄膜，它以一層玻璃或硬塑膠平板作為基層，表面塗有一層透明氧化金屬導電層，上面再蓋有一層外表面硬化處理、光滑防擦的塑膠層，其內表面也塗有一層塗層，在其之間有許多細小的 (小於 1/1000 英吋（1 英吋 =2.54 公分）) 的透明隔離點把兩層導電層隔開絕緣。電阻式觸控式螢幕結構如圖 2-13 所示。

　　當手指觸控到觸控式螢幕時，平時因不接觸而絕緣的透明導電膜在手指觸控的位置有一個接觸點，因其中一面導電層接通 Y 軸方向的 V_{RE} 均勻電壓場，使偵測層的電壓由零變為非零，這種接通狀態被控制器偵測到後，進行 A/D 轉換，並將得到的電壓值與 V_{REF} 相比，即可得到觸控點的 Y 軸座標，同理得出 X 軸的座標，這就是電阻式觸控式螢幕最基本的原理。其中 A/D 轉換器可以採用 ADI 公司的 AD7873，它是一款 12 位元逐次逼近型 ADC，具有同步序列介面以及用於驅動觸控式螢幕的低導通電阻開關，採用 2.2 ～ 5.25V 單電源供電。

2. 電容式觸控式螢幕

電容式觸控式螢幕是利用人體的電流感應進行工作的。使用者未觸控電容螢幕時，面板 4 個角因是同電位而沒有電流；當使用者觸控電容螢幕時，使用者手指和工作面形成一個耦合電容，由於工作面上接有高頻訊號，手指吸收走一個很小的電流。這個電流分別從觸控式螢幕 4 個角上的電極中流出，並且理論上流經這 4 個電極的電流與手指到四角的距離成比例，控制器透過對這 4 個電流比例的精密計算，得出觸控點的位置。

3. 紅外線式觸控式螢幕

紅外線式觸控式螢幕是在螢幕前接近分佈在 X、Y 方向的紅外線矩陣，透過不停地掃描判斷是否有紅外線被物體阻擋。當有觸控時，觸控式螢幕將被阻擋的紅外對管的位置報告給主機，經過計算判斷出觸控點在螢幕的位置。

4. 表面聲波式觸控式螢幕

表面聲波式觸控式螢幕的原理是基於觸控時在顯示器表面傳遞的聲波檢測觸控位置。聲波在觸控式螢幕表面傳播，當手指或其他能夠吸收表面聲波能量的物體觸控式螢幕幕時，接收波形中對應於手指擋住部位的訊號衰減了一個缺口，控制器由缺口位置判斷觸控位置的座標。

2.6.3 工業用觸控式螢幕產品介紹

工業用觸控式螢幕相對於一般用觸控式螢幕具有防火、防水、防靜電、防污染、防油脂、防刮傷、防閃爍、透光率高等優點。

目前工業中使用較廣泛的觸控式螢幕的生產廠商主要有西門子、施耐德、歐姆龍、三菱、威綸通等品牌，下面介紹兩款常用的觸控式螢幕。

1. 西門子 TP700

西門子 TP700 觸控式螢幕外形如圖 2-14 所示，其主要特點如下。

（1） 寬螢幕 TFT 顯示器，帶有歸檔、指令稿、PDF/Word/Excel 檢視器、Internet Explorer、Media Player 等。

（2） 具有許多通訊選購套件：內建 PROFIBUS 和 PROFINET 介面。

（3） 由於具有輸入 / 輸出欄位、圖形、趨勢曲線、柱狀圖、文字和點陣圖等功能，可以簡單、輕鬆地顯示過程值，帶有預設定螢幕物件的圖形函式庫可全球使用。

2. 威綸通 MT8101iE1

威綸通 MT8101iE1 觸控式螢幕外形如圖 2-15 所示，其主要特點如下。

（1） TFT 顯示器，對角尺寸為 10 英吋，解析度為 800×480，128MB Flash，128MB RAM。

（2） 內建 USB 介面、乙太網介面、序列介面 (包括 RS-232 和 RS-485)。

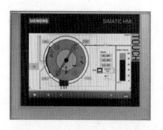

▲ 圖 2-14 西門子 TP700　　　▲ 圖 2-15 威綸通 MT8101iE1

（3） 主機板塗布保護處理，能防腐蝕。

2.6.4 觸控式螢幕在專案中的應用

　　觸控式螢幕在專案應用中，一般是與 PLC 連接。觸控式螢幕與 PLC 進行連接時，使用的是 PLC 的記憶體，觸控式螢幕也有少量記憶體，僅用於儲存系統資料，即介面、控制項等。觸控式螢幕與 PLC 的通訊一般是主從關係，即觸控式螢幕從 PLC 中讀取資料，進行判斷後再顯示。觸控式螢幕與 PLC 的通訊一般不需要單獨的通訊模組，PLC 上一般都整合了與觸控式螢幕通訊的通訊埠。

　　觸控式螢幕與 PLC 連接後，省略了按鈕、指示燈等硬體，PLC 不需要任何單獨的功能模組，只要在 PLC 控製程式中增加內部按鈕，並將觸控式螢幕上的設定觸控按鈕與其對應就可以了。

　　觸控式螢幕與 PLC 連接的系統結構如圖 2-16 所示。其中，觸控式螢幕採用西門子公司的 smartIE 系列，透過乙太網連接到西門子 S7-300 PLC。

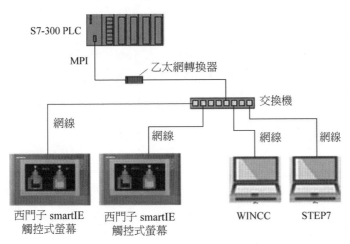

▲ 圖 2-16　觸控式螢幕與 PLC 連接的系統結構

MEMO

DGUS 彩色液晶顯示器應用實例

本章介紹 DGUS 彩色液晶顯示器的應用實例，包括螢幕儲存空間、硬體設定檔、DGUS 組態軟體安裝及使用說明、專案下載、DGUS 螢幕顯示變數設定方法及其指令詳解和透過 USB 對 DGUS 螢幕進行偵錯。

3.1 螢幕儲存空間

在一款呼吸機中，採用的是北京迪文科技有限公司生產的一款 DGUS 彩色液晶顯示器，型號是 DMT32240C035_06WN，該顯示器基於 T5 雙核心 CPU，GUI 和 OS 核心主頻均為 250MHz，功耗極低。外觀大小是 3.5 英吋，能顯示

的畫面大小為 320×240 像素，無觸控功能，5V 供電，使用 16 位元色票面板 (5R6G5B)，可顯示 65K 色，可進行 100 級亮度調節。

彩色液晶顯示器與外部的兩個介面分別為排線和 SD 卡槽，其中排線為 UART 串列通訊介面和電源 (共 4 根線，即 V_{DD}、TXD、RXD、V_{SS})，與呼吸機主機板相連，用來實現主機板向彩色液晶顯示器發送顯示命令；SD 卡槽用來下載用 DGUS 開發的顯示介面和顯示設定。

DGUS 彩色液晶顯示器透過 DGUS 開發軟體，可以非常方便地顯示中文字、數字、符號、圖形、圖片、曲線、儀表板等，特別易於今後的修改，徹底改變了液晶顯示器採用點陣顯示的開發方式，節省了大量的人力、物力。DGUS 不同於一般的液晶顯示器的開發方式，是一種全新的開發方式。微控制器透過 UART 串列通訊介面發送顯示的命令，每頁顯示的內容變化透過頁切換即可實現。

DGUS 彩色液晶顯示器的尺寸有不同規格，可以選擇附帶觸控或不附帶觸控功能。

3.1.1 資料變數空間

資料變數空間是一個最大 128KB 的雙通訊埠 RAM，兩個 CPU 核心透過資料變數空間交換資料，每個位址是 Word 類型，位址空間為 0x0000 ～ 0xFFFF。

DGUS 螢幕資料變數空間分區如表 3-1 所示。

▼ 表 3-1DGUS 螢幕資料變數空間分區

變數位址區間	區間大小 /Kwords	定義	說明
0x0000 ～ 0x03FF	1.0	系統變數介面	硬體、記憶體存取控制、資料交換。具體定義和硬體平臺有關
0x0400 ～ 0x07FF	1.0	系統保留	使用者不要使用

（續表）

變數位址區間	區間大小 /Kwords	定義	說明
0x0800 ～ 0x0BFF	1.0	系統保留	使用者不要使用
0x0C00 ～ 0x0FFF	1.0	語音播放寫入資料緩衝區	I2S 或 PWM 語音播放資料介面 (使用者透過 DWIN OS 控制)
0x1000 ～ 0xFFFF	60	使用者變數區	使用者變數、記憶體讀寫緩衝區等，使用者自行規劃

其中，0x0100 ～ 0x0FFF 變數記憶體空間被系統保留使用，包括 2KB 的系統變數介面、4KB 的系統保留、2KB 的語音播放寫入資料緩衝區；0x1000 ～ 0xFFFF 變數儲存空間使用者可以自由使用；另外，產品中會提供一些基本的函式庫，所以規劃了 0xA000 ～ 0xFFFF 空間被函式庫提前佔用，所以實際程式設計中應用程式可用的空間為 0x1000 ～ 0x9FFF，主要用於資料變數、文字變數、圖示變數、基本圖形變數的儲存。使用 0x82(寫入)0x83(讀取) 指令來存取，以字為單位。

3.1.2 字形檔 (圖示) 空間

DGUS 螢幕有 64MB Flash 作為字形檔 (圖示) 記憶體，其中後 32MB 為字形檔和音樂空間重複使用。前 32MB 劃分為 128 個大小為 256KB 的字形檔空間，對應的字形檔空間 ID 為 0 ～ 127，具體說明如表 3-2 所示。使用者只能使用 ID 為 24 ～ 127 的空間儲存字形檔檔案或圖示檔案，即在替字形檔檔案或圖示檔案命名時，開頭只能為 24 ～ 127 的數字。在儲存檔案時，要保證儲存空間大於檔案大小，若檔案的大小超過了 256KB，則佔用多一個 ID，下一個檔案命名時不能使用已被佔用的 ID。

▼ 表 3-2DGUS 螢幕字形檔空間分配

字形檔 ID	大小	說明	備註
0	3072KB	ASCII 字形檔	0_DWIN_ASC.HZK
13	256KB	觸控設定檔	13_ 觸控 .BIN
14	2048KB	變數設定檔 (最多 1024 頁，每頁最多 64 個變數)	14_ 變數 .BIN
24 ～ 127	26MB	字形檔、圖示庫 (其中 64 ～ 127 字形檔也可以作為使用者資料庫)	使用者自訂

3.1.3 圖片空間

DGUS 螢幕有 64MB Flash 專門用來儲存圖片，共可儲存 245 幅 320×240 解析度的圖片，這些圖片全部作為背景顯示介面。在命名時，全部以數字開頭表示其 ID，切換顯示介面時，只須切換相應的 ID。

3.1.4 暫存器

基於 T5 的 DWIN OS 一共有 2048 個暫存器，分為 8 分頁來存取，每分頁 256 個暫存器，對應 R0 ～ R255。

DGUS 螢幕暫存器頁面定義如表 3-3 所示。

▼ 表 3-3DGUS 螢幕暫存器頁面定義

暫存器頁面 *ID*	定義	說明
0x00 ～ 0x07	資料暫存器	每組 256 個，R0 ～ R255
0x0	8 介面暫存器	DR0 ～ DR255

其中，介面暫存器用於對硬體資源的快速存取，如表 3-4 所示。

▼ 表 3-4DGUS 螢幕介面暫存器

DR#	長度	R/W	定義	說明
0	1	R/W	REG_Page_Sel	OS 的 8 個暫存器分頁切換， DR0=0x00 ～ 0x07
1	1	R/W	SYS_STATUS	系統狀態暫存器，逐位元定義： .7 CY 進位標記； .6 DGUS 螢幕變數自動上傳功能控制， 1= 關閉，0= 開啟
2	14	-	系統保留	禁止存取
16	1	R	UART3_TTL_Status	序列埠接收幀逾時計時器狀態： 0x00= 接收逾時計時器溢位，其他 = 未溢位。 必須先用 RDXLEN 指令讀取接收長度，長度不為 0 再檢查逾時計時器狀態
17	1	R	UART4_TTL_Status	
18	1	R	UART5_TTL_Status	
19	1	R	UART6_TTL_Status	
20	1	R	UART7_TTL_Status	
21	1	-	保留	
22	1	R	UART3_TX_LEN	UART3 發送緩衝區使用深度 (位元組)，緩衝區大小為 256，使用者唯讀
23	1	R	UART4_TX_LEN	UART4 發送緩衝區使用深度 (位元組)，緩衝區大小為 256，使用者唯讀
24	1	R	UART5_TX_LEN	UART5 發送緩衝區使用深度 (位元組)，緩衝區大小為 256，使用者唯讀
25	1	R	UART6_TX_LEN	UART6 發送緩衝區使用深度 (位元組)，緩衝區大小為 256，使用者唯讀
26	1	R	UART7_TX_LEN	UART7 發送緩衝區使用深度 (位元組)，緩衝區大小為 256，使用者唯讀

（續表）

DR#	長度	R/W	定義	說明
27	1	-	保留	
28	1	R/W	UART3_TTL_SET	UART3 接收幀逾時計時器時間，單位為 0.5ms，0x01 ～ 0xFF，通電設定為 0x0A
29	1	R/W	UART4_TTL_SE	UART4 接收幀逾時計時器時間，單位為 0.5ms，0x01 ～ 0xFF，通電設定為 0x0A
30	1	R/W	UART5_TTL_SET	UART5 接收幀逾時計時器時間，單位為 0.5ms，0x01 ～ 0xFF，通電設定為 0x0A
31	1	R/W	UART6_TTL_SET	UART6 接收幀逾時計時器時間，單位為 0.5ms，0x01 ～ 0xFF，通電設定為 0x0A
32	1	R/W	UART7_TTL_SET	UART7 接收幀逾時計時器時間，單位為 0.5ms，0x01 ～ 0xFF，通電設定為為 0x0A
33	1	-	保留	
34	1	R/W	T0	8 位元使用者計時器 0，++ 計數，基準為 $10\mu s$
35	2	R/W	T1	16 位元使用者計時器 1，++ 計數，基準為 $10\mu s$
37	2	R/W	T2	16 位元使用者計時器 2，++ 計數，基準由使用者用 CONFIG 指令設定
39	2	R/W	T3	16 位元使用者計時器 3，++ 計數，基準由使用者用 CONFIG 指令設定

（續表）

DR#	長度	R/W	定義	說明
41	1	R/W	CNT0_Sel	相應位置 1 選擇對應 I/O 進行跳變計數，對應 IO7 ～ IO0
42	1	R/W	CNT1_Sel	相應位置 1 選擇對應 I/O 進行跳變計數，對應 IO7 ～ IO0
43	1	R/W	CNT2_Sel	相應位置 1 選擇對應 I/O 進行跳變計數，對應 IO15 ～ IO8
44	1	R/W	CNT3_Sel	相應位置 1 選擇對應 I/O 進行跳變計數，對應 IO15 ～ IO8
45	1	R/W	Int_Reg	中斷控制暫存器： .7= 中斷總開關，1= 啟動 (是否開啟取決於單獨中斷控制位元)，0= 禁止 .6= 中斷計時器 0 啟動，1= 中斷計時器 0 中斷開啟，0= 中斷計時器 0 中斷關閉 .5= 中斷計時器 1 啟動，1= 中斷計時器 1 中斷開啟，0= 中斷計時器 1 中斷關閉 .4= 中斷計時器 2 啟動，1= 中斷計時器 2 中斷開啟，0= 中斷計時器 2 中斷關閉
46	1	R/W	Timer INT0 Set	8 位元計時器中斷 0 設定值，中斷時間 =Timer_INT0_Set×10μs，0x00=256
47	1	R/W	Timer INT1 Set	8 位元計時器中斷 1 設定值，中斷時間 =Timer_INT1_Set×10μs，0x00=256
48	2	R/W	Timer INT2 Set	16 位元計時器中斷 2 設定值，中斷時間 =(Timer_INT2_Set+1)×10μs

（續表）

DR#	長度	R/W	定義	說明
50	10	R/W	Polling_Out0_Set	第 1 路 IO0～IO15 定時掃描輸出設定，每個設定 10B： D9(DR50)：0x5A= 掃描輸出使用，其他為不使用； D8：輸出資料的暫存器頁面，0x00～0x07； D7：輸出資料的起始位址，0x00～0xFF； D6：輸出資料的字長度，0x01～0x80，每個資料 2B，對應 IO15～IO0； D5～D4：IO15～IO0 輸出通道選擇，需要輸出的通道，相應位元設定為 1； D3～D2：單步輸出間隔 T，單位為 (T+1)×10μs； D1～D0：輸出週期計數設定，每完成一個週期輸出後減 1，減到 0 後輸出為 0
60	10	R/W	Polling_Out1_Set	第 2 路 IO0～IO15 定時掃描輸出設定
70	9	-	保留	
80	6	R/W	IO6 觸發時間	D5=0x5A 表示捕捉到一次 IO6 下跳沿觸發 D4:D3= 觸發時 IO15～IO0 的狀態 D2:D0= 捕捉的系統計時器時間，0x000000～0x00FFFF 迴圈，單位為 1/41.75μs

（續表）

DR#	長度	R/W	定義	說明
86	6	R/W	IO7 觸發時間	D5=0x5A 表示捕捉到一次 IO7 下跳沿觸發 D4:D3= 觸發時 IO15 ～ IO0 的狀態 D2:D0= 捕捉的系統計時器時間，0x000000 ～ 0x00FFFF 迴圈，單位為 1/41.75μs
92	37	-	保留	
129	3	R/W	IO_Status	IO17 ～ IO0 的即時狀態
132	2	R/W	CNT0	CNT0 跳變計數值，計到 0xFFFF 後重置到 0x0000
134	2	R/W	CNT1	CNT1 跳變計數值，計到 0xFFFF 後重置到 0x0000
136	2	R/W	CNT2	CNT2 跳變計數值，計到 0xFFFF 後重置到 0x0000
138	2	R/W	CNT3	CNT3 跳變計數值，計到 0xFFFF 後重置到 0x0000
140	2	-	保留	

3.2 硬體設定檔

DGUS II 中的 CFG 檔案與過去 DGUS 中的 CONFIG.txt 檔案不同，過去 DGUS 中的 CONFIG.txt 檔案由組態軟體直接生成到 DWIN_SET 資料夾中，DGUS II 中的 CFG 檔案由使用者撰寫，手動放入 DWIN_SET 資料夾中。兩者大體上功能是相同的，但是在 CFG 檔案中使用者能夠設定的內容更多，具體設定內容如表 3-5 所示。

▼ 表 3-5CFG 檔案設定內容

類別	位址	長度 /B	說明
辨識碼	0x00	4	根據所使用的產品的核心而定。舉例來說，使用 T5UID1 核心的辨識碼為 0x54 0x35 0x44 0x31；使用 T5UID3 核心的辨識碼為 0x54 0x35 0x44 0x33。使用前請確認好核心
Flash 格式化	0x04	2	如需啟動格式化，寫入 0x5AA5
系統時鐘校準	0x06	2	使用者無須額外校準，寫入 0x0000 即可
系統組態	0x08	1	.7：觸控變數改變自動上傳控制，0= 不自動上傳，1= 自動上傳； .6：顯示變數類型，0=64 變數 / 分頁，1=128 變數 / 分頁； .5：通電載入 22 號檔案初始化 SRAM，1= 載入，0= 不載入； .4：通電 SD 介面狀態，1= 開啟，0= 禁止； .3：通電觸控式螢幕伴音，1= 開啟，0= 關閉； .2：通電觸控式螢幕背光待機，1= 開啟，0= 關閉； .1 ～ .0：通電顯示方向，00=0°，01=90°，10=180°，11=270°
系統組態	0x09	2	設定 UART2 的串列傳輸速率。 設定值 =7833600/ 設定的串列傳輸速率，最大為 0x03E7
待機背光設定	0x0B	1	0x5A= 背光待機設定有效
	0x0C	4	0x0C= 正常亮度，0x0D= 待機亮度，0x0E:0F= 點亮時間，單位為 5ms，同時 0x0C 設定的正常亮度也是開機亮度值
顯示器設定	0x10 ～ 0x1F		出廠已經設定好，使用者無須設定

（續表）

類別	位址	長度 /B	說明
待機背光設定	0x20	1	寫入 0x5A 時，0x21 中設定值才有效
	0x21	2	通電時顯示的頁面 ID
	0x23	1	寫入 0x5A 時，0x24 中設定的開機音樂開有效
	0x24	3	0x24= 開機音樂 ID，0x25= 開機音樂段數，0x26= 開機音量
觸控式螢幕設定	0x27 ～ 0x28		出廠已經設定好，使用者無須設定
	0x29	1	觸控式螢幕靈敏度設定：0x00 ～ 0x1F，0x00 最低，0x1F 最高。出廠預設值為 0x14，靈敏度較高

注意事項如下。

（1） CFG 檔案暫時無法透過軟體直接生成，可複製 DGUS II 軟體生成的 22.BIN 檔案，在其中編輯，編輯完成後修改檔案名稱和副檔名稱即可。

（2） CFG 檔案的命名需要與使用的產品核心保持一致。舉例來說，如果呼吸機使用的 DMT32240C035_06WN 是 T5UID1 核心的產品，則 CFG 檔案的全名應為 T5UID1.CFG。

（3） 建議使用者可以從雲端硬碟的常式中複製一個 CFG 檔案進行修改。目前呼吸機專案中的 T5UID1.CFG 檔案內容如圖 3-1 所示。

▲ 圖 3-1 呼吸機專案中的 T5UID1.CFG 檔案內容

3.3 DGUS 組態軟體安裝

本節介紹的 DGUS 組態軟體為 DGUS_V730 版本。

（1） 將 DGUS_V730 壓縮檔解壓，解壓後的檔案如圖 3-2 所示。

（2） 在解壓後的資料夾中，找到 DGUS Tool V7.30.exe 檔案，複製捷徑到桌面，在桌面上形成軟體圖示，如圖 3-3 所示。

（3） 軟體安裝完成，使用時，按兩下桌面上的快捷圖示即可。

（4） 若軟體安裝後無法開啟，可能是沒有安裝軟體執行環境驅動 (軟體執行環境驅動是指公司在開發 DGUS 組態軟體時所必需的驅動，只有增加了該驅動軟體才能正常執行)。若安裝後軟體可以開啟，但 DGUS 設定工具無法使用，可能是沒有將安裝軟體的壓縮檔在軟體執行環境驅動所在的路徑解壓，因此最好將壓縮檔解壓至軟體執行環境驅動所在的路徑。

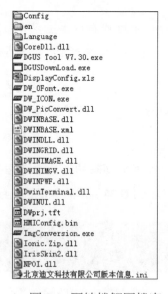

▲ 圖 3-2 壓縮檔解壓檔案

▲ 圖 3-3 DGUS 組態軟體桌面圖示

3.4 DGUS 組態軟體使用說明

3.4.1 介面介紹

(本軟體使用簡體中文介面，本節圖示為簡體中文介面)

啟動軟體，初始介面如圖 3-4 所示。

在「DGUS 設定工具」選項區域中：

（1） 「0 號字形檔生成工具」用於生成 0 號字形檔；

（2） 「圖片轉換」用於將非標準格式的圖片轉為標準的背景顯示圖片；

（3） 「DWIN ICO 生成工具」用於圖示檔案的生成；

（4） 「序列埠下載工具」沒有用到。

在「預先定義參數」選項區域中，勾選「資料自動上傳」核取方塊後，在接下來設定資料變數或文字變數時，預設的字型顏色、字形檔位置及字型大小與預先定義參數的字型設定相同；在「ICON 顯示模式」下拉清單中選擇圖示變數顯示模式，這裡為 Transparent。

功能表列和工具列各命令功能說明如表 3-6 所示。

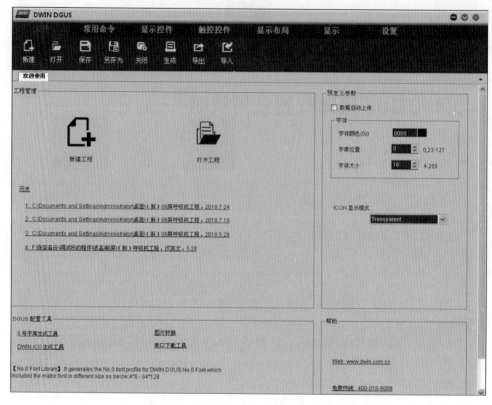

▲ 圖 3-4 DGUS 組態軟體初始介面

▼ 表 3-6 功能表列和工具列中各命令功能說明

命令	功能
新建	新建專案
開啟	開啟專案
儲存	儲存專案
另存	為將現有專案另存為另一個專案
關閉	關閉專案

（續表）

命令	功能
生成	生成設定檔，即在 DWIN_SET 專案資料夾中生成 13 觸控設定檔 .bin、14 變數設定檔 .bin 和 22_Config.bin 檔案
匯出	將所有顯示變數的位址匯出為 DisplayConfig.xls 檔案，所有觸控變數的位址匯出為 TouchConfig.xls 檔案
查看	在「顯示」選單中，查看所有頁面全部變數的位址設定
解析度設定	在「設定」選單中，查看並設定當前設定的螢幕尺寸
批次選擇	選擇批次操作的物件
批次修改	對當前頁面批次選擇的變數的屬性進行修改
變數圖示顯示	在「顯示控制項」選單中，介面設定上增加圖示變數
資料變數顯示	在「顯示控制項」選單中，介面設定上增加資料變數
文字顯示	在「顯示控制項」選單中，介面設定上增加文字變數
動態曲線顯示	在「顯示控制項」選單中，介面設定上增加曲線顯示
基本圖形顯示	在「顯示控制項」選單中，介面設定上增加基本圖形變數

　　在「專案管理」選項區域，按一下「新建專案」按鈕，可建立新的專案；按一下「開啟專案」按鈕可開啟已有的專案，如圖 3-5 所示。在專案資料夾中找到 DWprj.hmi 專案檔案，按一下「開啟」按鈕即可開啟專案；「歷史」表示曾經開啟的專案，序號 1 表示最新開啟的專案，將滑鼠放在哪一個專案上面，下面的方框中就顯示該專案所在路徑。

專案完成後，用「生成」「匯出」「設定」命令輸出相應檔案。

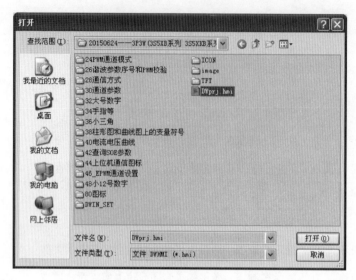

▲ 圖 3-5 「開啟」對話方塊

3.4.2 背景圖片製作方法

在 DGUS 螢幕上顯示的背景圖片需要符合以下條件。

（1）圖片格式：24 位元 BMP 格式。

（2）圖片大小：320×240 像素。

1. DGUS 螢幕標準圖片製作方法

（1）在電腦上按一下「開始」選單→「所有程式」→「附件」→「畫圖」，開啟「畫圖」工具，如圖 3-6 所示。

（2）執行「影像」→「屬性」選單命令，彈出「屬性」對話方塊，如圖 3-7 所示。

▲ 圖 3-6 Windows 系統「畫圖」軟體

▲ 圖 3-7 「屬性」對話方塊

（3） 製作標準圖片時，其屬性設定應與圖 3-7 中的設定相同。按一下「確定」按鈕後，出現一個 320×240 像素的畫布，如圖 3-8 所示。

▲ 圖 3-8 320×240 像素的畫布

（4）畫布建立好後，執行「檔案」→「另存為」選單命令，彈出「儲存為」
對話方塊，設定儲存路徑和檔案名稱，如圖 3-9 所示。注意將「儲存類型」選擇
為「24 位元點陣圖」，按一下「儲存」按鈕，一個底色為白色的標準背景圖就
製作好了。

▲ 圖 3-9 「儲存為」對話方塊

（5）如果要製作帶有文字或線條的背景圖片，按一下左側工具列中的「文
字」或「線條」按鈕，即可進行繪製；如果想改變背景顏色，按一下左側工具
列中「顏色填充」按鈕進行背景顏色填充。

2. 非標準圖片轉為標準顯示圖片的方法

啟動 DGUS 組態軟體，在初始介面按一下「圖片轉換」連結，彈出如圖 3-10 所示介面。

▲ 圖 3-10　圖片轉換

圖片轉換的目的是把不是尺寸為 320×240、24 位元 BMP 格式的圖片統一轉為 320×240、24 位元 BMP 格式，否則會造成顯示不正常。

圖片轉換過程共分為 3 步，步驟如下。

（1）在 Size 下拉清單中選擇 320×240。

（2）按一下 Add 按鈕增加要轉換的圖片。注意：該工具在增加圖片時，會將該圖片所在資料夾內所有圖片都增加進去，因此在轉換前，需要將所有要轉換的圖片都統一放在一個資料夾內。圖片轉換工具增加進圖片後，如圖 3-11 所示，左側列表中 Position 一欄為圖片的 ID。若圖片在命名時前面有數字，則 ID 就為該數字；若無數字，就按名稱首字母依次排序，該 ID 無任何意義。如果要刪除圖片，選中圖片後按一下 Delete 按鈕即可刪除。Up 和 Down 按鈕僅能改變圖片順序。

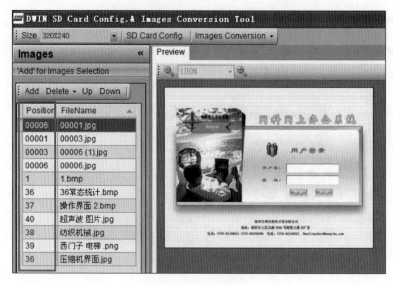

▲ 圖 3-11 增加圖片

（3） 在 SD Card Config 右側的下拉清單中選擇 Images Conversion，如圖 3-12 所示。彈出「瀏覽資料夾」對話方塊，如圖 3-13 所示。選擇好儲存路徑後，按一下「確定」按鈕，彈出如圖 3-14 所示的提示框，則表示圖片已被成功轉換。

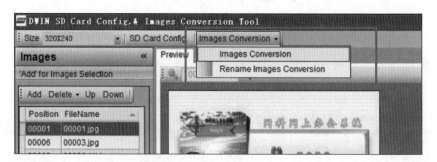

▲ 圖 3-12 選擇 Images Conversion

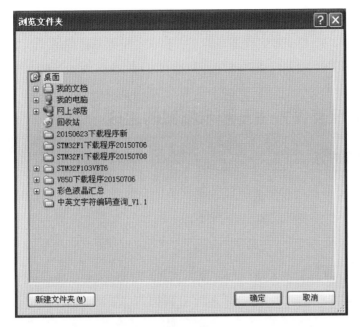

▲ 圖 3-13 「瀏覽資料夾」對話方塊

▲ 圖 3-14 轉換成功

3. 標準圖片命名規則

　　標準圖片名稱以數字開頭，表示該介面的 ID，後面加上對圖片的文字描述。舉例來說，2_MAIN_MENU 表示該圖片的 ID 為 2，用作主選單。呼吸機要顯示主選單時，顯示該圖片即可。

圖片前面的數字表示該圖片的 ID，後期操作時，只操作圖片的 ID 即可，所以每幅圖片前面的數字最好不要重複，若重複，系統會自動排序。使用的 DGUS 螢幕共可增加 245 幅圖片，所以圖片命名的 ID 範圍為 0 ～ 244。

3.4.3 圖示製作方法及圖示檔案的生成

1. 圖示製作方法

圖示的製作方法和圖片類似，圖示就是小圖片，為 24 位元 BMP 格式，不同之處在於圖示對圖片大小不作要求。下面以字元圖示為例，說明一般圖示的製作方法。

使用「畫圖」工具開啟一張有字元的圖片，按一下工具列中的「框選」按鈕，選擇要做成圖示的字元，按右鍵，在彈出的快顯功能表中選擇「複製到」，如圖 3-15 所示。彈出「複製到」對話方塊，設定檔案名稱和路徑，並將其儲存為 24 位元點陣圖，字元圖示製作完成，如圖 3-16 所示。

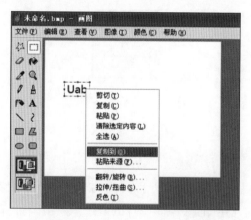

▲ 圖 3-15 從圖片上截取字元圖示

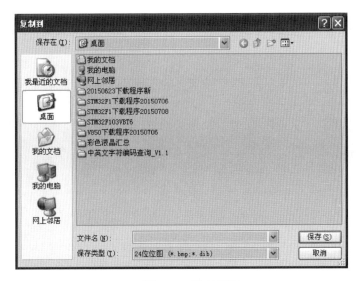

▲ 圖 3-16 儲存圖示

　　用於呼吸機顯示的圖示主要包括字元圖示和圖片圖示，字元圖示的製作已介紹過。圖片圖示是指將現有圖片直接做成圖示。在製作圖片圖示時，首先將圖片另存為標準 24 位元 BMP 格式，再根據實際所需圖示大小，將圖片進行縮放，最後儲存即可。

2. 圖示檔案 (ICO 檔案) 生成方法

　　啟動 DGUS 組態軟體，在初始介面中按一下「DWIN ICO 生工具」連結進入 DWIN ICO 檔案生成器，如圖 3-17 所示。

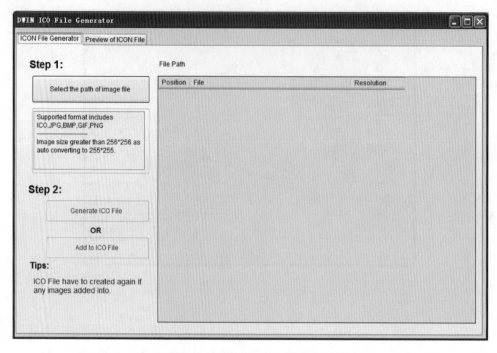

▲ 圖 3-17 DWIN ICO 檔案生成器

圖示檔案的製作共分兩步。

（1） 選擇圖示資料夾。注意圖示資料夾內的圖示檔案命名時須以數字開頭，從 0 開始排序，相連結的圖示的序號儘量相連，便於後期處理。開啟圖示資料夾，如圖 3-18 所示，清單中 Position 即為圖示序號，後期操作時，操作圖示序號即可。

（2） 開啟圖示資料夾後，若要將這些圖示生成在一個新的 ICO 檔案中，則按一下 Generate ICO File 按鈕，彈出 Build ICO 對話方塊，如圖 3-19 所示。按一下 Build ICO 按鈕，彈出「另存為」對話方塊，選擇儲存路徑，如圖 3-20 所示。待彈出如圖 3-21 所示的提示框，且 Build ICO 對話方塊中的進度指示器已滿，表示 ICO 檔案已生成好，如圖 3-22 所示。若要將這些圖示增加在已有的圖示檔案中，則按一下圖 3-18 中的 Add to ICO File 按鈕。注意新加的圖示序號不能與已有圖示檔案內的圖示序號重複，其餘步驟與生成新 ICO 檔案相同。

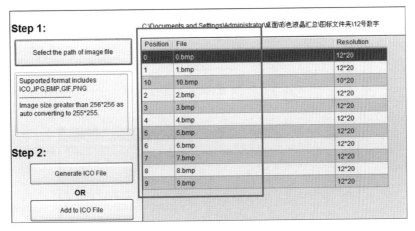

▲ 圖 3-18 圖示檔案製作開始介面

▲ 圖 3-19 Build ICO 對話方塊

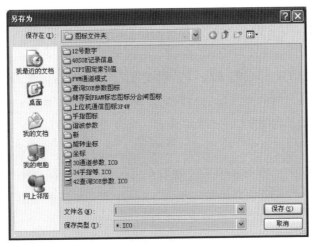

▲ 圖 3-20 選擇圖示檔案儲存路徑

▲ 圖 3-21 圖示檔案製作成功

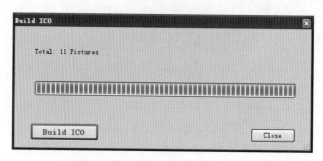

▲ 圖 3-22 圖示檔案製作完成標識

3. 圖示檔案的命名規則

圖示檔案在命名時必須以數字開頭，只能是 24 ～ 127 的數字，且不能與其他字形檔命名時前面的數字重複，若檔案的大小超過了 256KB，則多佔用一個 ID，下一個檔案命名時不能使用已被佔用的 ID，且要保證儲存空間大於檔案大小。數字後面跟著對此圖示檔案的文字說明。

3.4.4 新建一個專案並進行介面設定

（1）啟動 DGUS 軟體，按一下「新建專案」按鈕，或按一下工具列中的「新建」按鈕，彈出「螢幕屬性設定」對話方塊，如圖 3-23 所示。由於呼吸機使用的 DGUS 螢幕顯示尺寸為 320×240 像素，所以在「螢幕尺寸」下拉清單中選擇 320×240。選擇儲存路徑 (路徑的最底層最好是自己建立的空資料夾，這樣在建好專案後，自動生成的各種檔案才會放在自己新建的資料夾中，否則會造成檔案的混亂，難以找到哪些是生成的檔案)，按一下 OK 按鈕，專案建立完畢，進入工作介面，如圖 3-24 所示。

▲ 圖 3-23 「螢幕屬性設定」對話方塊

（2） 專案建好之後，按一下❶按鈕，開始增加圖片。所增加的圖片只能是適用於該 DGUS 螢幕的標準圖片，否則無法正常顯示。增加好圖片後，工作介面如圖 3-25 所示。

（3） 如果圖片的尺寸不標準，執行「設定」→「解析度設定」選單命令，將圖片的解析度修改為 320×240。

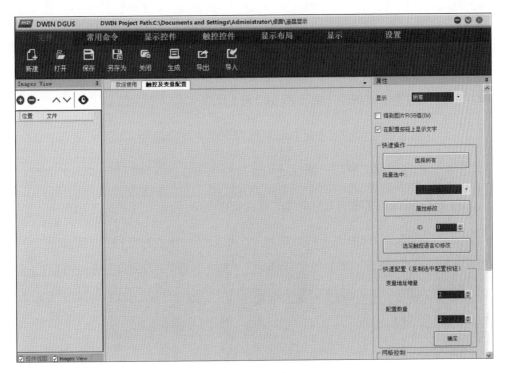

▲ 圖 3-24 專案建立完成

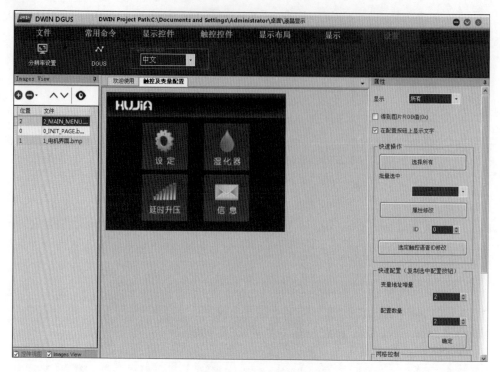

▲ 圖 3-25 增加背景圖片

（4） 如果要刪除圖片，則選中該圖片，按一下 ● 按鈕即可。如果想讓圖片的 ID 減 1，則選中該圖片，按一下 ∧ 按鈕；反之，按一下 ∨ 按鈕。

（5） 設定顯示變數 (各種顯示變數詳細設定方法參考 3.6 節)。

（6） 工作介面右側的「屬性」視窗中的各項內容說明如下。

① 「顯示」下拉清單：可選擇的項目如圖 3-26 所示，預設為「所有」。

② 「得到圖片 RGB 值」核取方塊：勾選後，系統會自動顯示出背景圖片上滑鼠所在位置處顏色的 RGB 值，如圖 3-27 所示。

③ 「在設定按鈕上顯示文字」核取方塊：勾選後，在設定的變數上面會顯示該變數的「名稱定義」，如圖 3-28 所示；反之，則不會顯示。

▲ 圖 3-26 「顯示」下拉清單

▲ 圖 3-27 RGB 顯示

▲ 圖 3-28 變數「名稱定義」顯示

④ 快速操作：與工具列中「批次選擇」和「批次修改」的功能相同。

⑤ 快速設定：選中一個變數，按一下「確定」按鈕後，在該頁面快速複製相同類型的變數。其中，「變數位址增量」表示複製後的變數位址與該變數的位址差；「設定數量」表示複製的變數個數。

⑥ 網格控制：勾選「網格控制」後，在原來的背景圖片上顯示網格，便於對變數進行設定，如圖 3-29 所示。

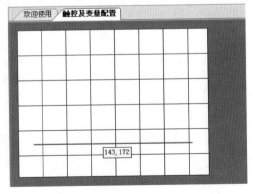

▲ 圖 3-29 顯示網格

（7） 變數設定完畢後，依次執行「儲存」「生成」「匯出」選單命令。其中，執行「儲存」選單命令後，將在介面上設定的顯示變數儲存起來；執行「生成」選單命令後，會在 DWIN_SET 資料夾中生成 13 觸控設定檔 .bin、14 變數設定檔 .bin 和 22_Config.bin 檔案；執行「匯出」選單命令後，會在專案資料夾中生成 DisplayConfig.xls 和 TouchConfig.xls 檔案。

3.4.5 專案檔案說明

1. 空資料夾

一個建好的空專案，內部包含的檔案如圖 3-30 所示。其中，在沒有對介面進行設定時，資料夾中所有內容都為空。

如圖 3-30 所示，ICON、image、TFT 資料夾以及 DWprj.tft 檔案在呼吸機顯示器的開發過程中均未使用。

DWIN_SET 資料夾是專案中最關鍵的部分，利用 SD 卡將該檔案下載到 DGUS 螢幕中。

DGUS 組態軟體透過開啟 DWprj.hmi 檔案開啟專案。

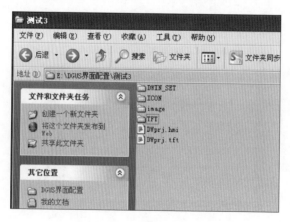

▲ 圖 3-30 空專案包含的檔案

▲ 圖 3-31 設定變數後的資料夾

2. 設定變數後的資料夾

執行「檔案」→「匯出」選單命令，專案中新增兩個檔案，如圖 3-31 所示。其中，TouchConfig.xls 檔案內為所有觸控變數，MINI DGUS 螢幕沒有觸控功能，所以不關心此檔案內容；DisplayConfig.xls 檔案內為所有顯示變數，根據此檔案，使用者可以快速查看所有設定的顯示變數。

開啟 DisplayConfig.xls 檔案，內容如圖 3-32 所示，具體說明如下。

（1）Image ID 表示背景圖片 ID，相應的變數就是此 ID 頁面上的顯示變數。

（2） Name 為顯示變數參數設定時的「名稱定義」。

（3） Var Pointer 表示顯示變數的位址。

（4） Desc Pointer 表示顯示變數的描述指標。

（5） Var type 和 Name 意義相同。

（6） description 表示該變數的類型。

因此，透過此檔案可迅速查看某一頁面上設定的所有變數位址，為變數位址分配提供了方便。

如果顯示圖示變數，則必須將相應的圖示檔案複製到DWIN_SET資料夾中，此時在專案中會自動生成與複製進去的圖示檔案名稱相同的資料夾，如圖 3-31 中的「34 手指等」資料夾，該資料夾中為圖示，無任何作用。

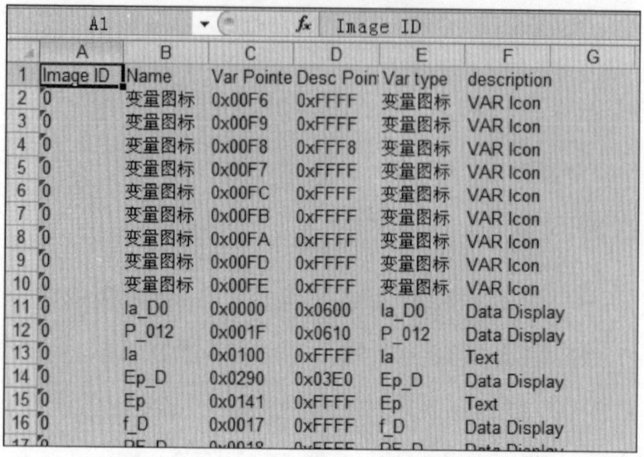

A1 Image ID

	A	B	C	D	E	F	G
1	Image ID	Name	Var Pointe	Desc Poin	Var type	description	
2	0	变量图标	0x00F6	0xFFFF	变量图标	VAR Icon	
3	0	变量图标	0x00F9	0xFFFF	变量图标	VAR Icon	
4	0	变量图标	0x00F8	0xFFF8	变量图标	VAR Icon	
5	0	变量图标	0x00F7	0xFFFF	变量图标	VAR Icon	
6	0	变量图标	0x00FC	0xFFFF	变量图标	VAR Icon	
7	0	变量图标	0x00FB	0xFFFF	变量图标	VAR Icon	
8	0	变量图标	0x00FA	0xFFFF	变量图标	VAR Icon	
9	0	变量图标	0x00FD	0xFFFF	变量图标	VAR Icon	
10	0	变量图标	0x00FE	0xFFFF	变量图标	VAR Icon	
11	0	la_D0	0x0000	0x0600	la_D0	Data Display	
12	0	P_012	0x001F	0x0610	P_012	Data Display	
13	0	la	0x0100	0xFFFF	la	Text	
14	0	Ep_D	0x0290	0x03E0	Ep_D	Data Display	
15	0	Ep	0x0141	0xFFFF	Ep	Text	
16	0	f_D	0x0017	0xFFFF	f_D	Data Display	

▲ 圖 3-32 DisplayConfig.xls 檔案

3.5 專案下載

DGUS 螢幕的所有參數和資料下載都透過 SD 卡介面完成，具體方法如下。

（1） 保證 SD 卡是 FAT32 系統，新的 SD 卡需要使用電腦進行格式化，方法是在命令提示符號中執行 format/q g:/fs:fat32/a:4096 命令。其中，g 是 SD 卡的碟號。需要注意的是，使用按右鍵快顯功能表命令的格式化是無效的；一般支援 SD 卡大小為 2 ～ 16GB。

（2） 開啟建好的專案，將 DWIN_SET 資料夾放到 SD 卡根目錄下。注意，迪文顯示器只會辨識 DWIN_SET 這個資料夾，其他命名的資料夾都不支援，我們可以將自己要備份的資料夾命名為其他的名稱，下載不受影響。每次通電，DGUS 螢幕會立即檢測一次 SD 介面，後續每隔 3s 檢測一次 SD 介面有沒有插卡。

（3） 在顯示器 SD 卡介面處插上 SD 卡，顯示器變藍，開始快速下載專案檔案，下載完成後顯示如圖 3-33 所示的介面。

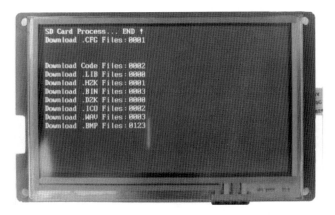

▲ 圖 3-33 專案下載完成介面

（4）下載完成後拔下 SD 卡。拔卡時先向前推送一下，會聽到「哖嗒」聲音，然後再撥；直接拔則無法拔出。將顯示器斷電，重新通電即可進入操作介面。

3.6 DGUS 螢幕顯示變數設定方法及其指令詳解

3.6.1 序列埠資料幀架構

DGUS 螢幕採用 UART 序列埠通訊，序列埠模式為 8n1，即每個資料傳輸採用 10 位元：1 個起始位元、8 個資料位元、1 個停止位元。

預設傳輸速率是 115200b/s，可在 CFG 檔案中修改。

序列埠的所有指令或資料都是十六進位 (HEX) 格式；對於字形資料，總是先傳輸高位元組，如傳輸 0x1234 時，先傳輸 0x12。

1. 資料幀結構

DGUS 螢幕的序列埠資料幀由 4 個資料區塊組成，如表 3-7 所示。

▼ 表 3-7 DGUS 螢幕的序列埠資料幀

資料區塊	1	2	3	4
定義	幀標頭	資料長度	指令	資料
資料長度 /B	2	1	1	N
說明	0x5AA5	包括指令、資料	0x80/0x81/0x82/0x83	
舉例	5A A5	04	83	00 10 04

2. 指令集

DGUS 螢幕共有 4 行指令。DGUS 指令集如表 3-8 所示。

▼ 表 3-8 DGUS 指令集

功能	指令	資料	說明
存取寄存器	0x80	下發：暫存器頁面 (0x00 ~ 0x08)+ 暫存器位址 (0x00 ~ 0xFF)+ 寫入資料	指定位址開始寫入資料串到暫存器
		應答：0x4F0x4B	寫入指令應答
	0x81	下發：暫存器頁面 (0x00 ~ 0x08)+ 暫存器位址 (0x00 ~ 0xFF)+ 讀取資料位元組長度 (0x01 ~ 0xFB)	指定位址開始讀取指定位元組的暫存器資料
		應答：暫存器頁面 (0x00 ~ 0x08)+ 暫存器位址 (0x00 ~ 0xFF)+ 資料長度 +	資料資料應答
存取變量空間	0x82	下發：變數空間啟始位址 (0x0000 ~ 0x0FFFF)+ 寫入的資料	指定變數位址開始寫入資料串 (字資料) 到變數空間。系統保留的空間不要寫入
		應答：0x4F0x4B	寫入指令應答
	0x83	下發：變數空間啟始位址 (0x0000 ~ 0x0FFFF)+ 讀取資料字長度 (0x01 ~ 0x7D)	從變數空間指定位址開始讀取指定長度字資料
		應答：變數空間啟始位址 + 變數資料字長度 + 讀取的變數資料	資料應答

3.6.2 資料變數

1. 資料變數設定方法

　　DGUS 螢幕要顯示資料變數，首先需要在專案中增加的背景圖片上設定資料變數，方法如圖 3-34 所示。

　　首先按一下工具列中的「資料變數顯示」按鈕123，接著在背景圖片上滑動滑鼠形成一個矩形框，就形成了資料變數顯示區域。

2. 資料變數參數設定

　　按一下資料變數顯示區域，參數設定如圖 3-35 所示。

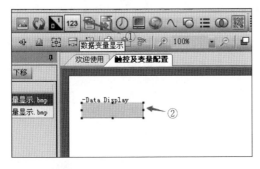

▲ 圖 3-34 資料變數設定

▲ 圖 3-35 資料變數參數設定

「資料變數顯示」設定介紹如下。

（1）X/Y/W/H：X 和 Y 為資料變數顯示區域左上角的座標，W 和 H 分別為資料變數顯示區域的寬和高，它們確定了資料變數的顯示位置和區域，可以在此直接修改，也可透過滑鼠滑動矩形框來確定。

（2）名稱定義：由於在一個專案中，使用者會用到很多的資料變數，為了查詢方便、易於管理，通常取一些通俗易懂的名稱標識這些變數，這個名稱不會在螢幕上顯示，只在設定時起標識作用。

（3）描述指標：如圖 3-35 所示，描述指標的位址為 0xFFFF，表示不使用描述指標。如果要使用描述指標，則需將此位址設定為 0x0000 ～ 0x07F0 的值，且其後最多 13 個位址都被佔用 (實際使用時為了避免出錯，以 16 個位址來算)，其他變數在設定位址時不可與其重合。假如將描述指標設為 0x0600，下一個可以使用的位址從 0x0610 開始。

使用描述指標後，可以透過發送指令修改變數設定，而不必在專案中修改。

資料變數的描述指標如表 3-9 所示，其中位址第 2 列表示偏移位址。

▼ 表 3-9 資料變數的描述指標

位址		定義	資料長度 /B	說明
0x00		0x5A10	2	
0x02		*SP	2	變數描述指標，0xFFFF 表示由設定檔載入
0x04		0x000D	2	
0x06	0x00	*VP	2	變數指標
0x08	0x01	X，Y	4	起始顯示位置，顯示字串左上角座標
0x0C	0x03	COLOR	2	顯示顏色
0x0E	0x04：H	Lib_ID	1	ASCII 字形檔位置

位址		定義	資料長度 /B	說明	
0x0F	0x04：L	字型大小	1	字元 X 方向點陣數	
0x10	0x05：H	對齊方式	1	0x00= 左對齊， 0x01= 右對齊，0x02= 置中	
0x11	0x05：L	整數數	1	顯示整數	整數數和小數位數之和不能超過 10
0x12	0x06：H	小數字數	1	顯示小數字	
0x13	0x06：L	變數資料型態	1	0x00= 整數 (2B)，-32768 ～ 32767 0x01= 長整數 (4B)，-214783648 ～ 214783647 0x02=*VP 高位元組，無號數，0 ～ 255 0x03=*VP 低位元組，無號數，0 ～ 255	
0x14	0x07：H	Len_unit	1	變數單位 (固定字串)，顯示長度，0x00 表示沒有單位顯示	
0x15	0x07：H	String_Uni	tMax11	單位字串，ASCII 碼	

參考表 3-9，假設資料變數顯示的描述指標設定為 0x0600，則控制座標的位址為 0x0601，控制顏色的位址為 0x0603。

發送指令：5A A5 05 82 0603 F800，將資料變數顯示顏色修改為紅色；

發送指令：5A A5 07 82 0601 0000 0000，改變資料變數顯示位置，資料框會出現在（0，0）。

描述指標使資料變數通電初始值顯示控制（仍假設資料變數顯示的描述指標設定為 0x0600）。

發送指令：5A A5 05 82 0600 FF00，資料變數無顯示值；

發送指令：5A A5 05 82 0600 0001.5A A5 05 82 0001 0009，資料變數從無顯示值到顯示 9。其中，0600 為描述指標；0001 為變數指標；0009 為顯示資料。

每個變數均需單獨發送指令，如果沒有改變描述指標的內容，不需要將變數指標寫入描述指標。

若要對資料變數的其他屬性 (包括 ASC 字形檔位置、字型大小、對齊方式、整數數、小數位數、變數資料型態、變數單位及單位字串) 進行修改，可參考上述修改顏色和座標的例子。

（4） 變數位址：佔用變數記憶體空間，範圍為 0x0000 ～ 0x07FF。如果資料型態是整數，則佔用一個位址；如果是長整數，則佔用兩個位址。

（5） 顯示顏色：文字最後顯示的顏色取決於「顏色顯示」，其值可任意修改。

（6） 字形檔位置：資料變數顯示使用的均是 ASC 字元，即 0 號字形檔，不作修改。

（7） 字型大小：字型的高所佔的像素個數。

（8） 對齊方式：當資料發生變化時，決定其顯示位置的變化方向。

（9） 變數類型：對於 MINI DGUS 螢幕，只有整數 (2 位元組) 和長整數 (4 位元組) 可選。整數的顯示範圍是 -32768(0x8000) ～ +32767(0x7FFF)；長整數的顯示範圍是 -2147483648(0x8000 0000) ～ +2147483647(0x7FFF FFFF)。若想顯示負數，負數表示為：負數 = ～ (對應的正數 -1)。

（10） 整數數：表示顯示值中整數的個數。給資料變數輸入的值都是整數，其值為實際要顯示的值去掉小數點後的值。如要顯示 12.34，則需要給變數輸入 1234，且整數數和小數位數都設定為 2。

（11） 小數位數：表示顯示值中小數的個數。

（12） 變數單位長度：資料變數單位字串中的字元個數。

（13） 顯示單位：資料變數的單位字串。

（14） 初始值：資料變數通電後的顯示值。

3. 資料顯示指令

假設變數位址為 0x0001，變數類型為整數 (2 位元組)，要顯示的值是 12.34，小數個數和整數個數都設定為 2，則資料顯示指令為 5A A5 05 82 0001 04D2。

其中，5A A5 表示幀標頭；05 為資料長度；82 為指令；0001 表示資料變數位址；04D2 為 1234 的十六進位值 (2B)。

若變數類型改為長整數 (4 位元組)，其餘條件不變，則資料顯示指令為 5A A5 07 82 0001 0000 04D2。

3.6.3 文字變數

1. 文字變數設定方法

DGUS 螢幕要顯示文字變數，需要在專案背景圖片上設定文字變數，方法如圖 3-36 所示。

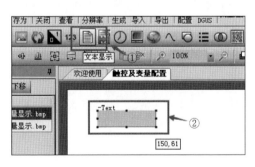

▲ 圖 3-36 文字變數設定

▲ 圖 3-37 文字顯示參數設定

按一下工具列中的「文字顯示」按鈕,接著在背景圖片目標位置處滑動滑鼠形成文字變數顯示區域。

2. 文字顯示參數設定

按一下文字變數顯示區域,參數設定如圖 3-37 所示。

「文字顯示」設定介紹如下。

(1) X/Y/W/H:含義與「資料變數顯示」相同。

(2) 名稱定義:含義與「資料變數顯示」相同。

（3） 描述指標：如圖 3-37 所示，描述指標的位址為 0xFFFF，表示不使用描述指標。若要使用描述指標，則需將此位址設定為：0x0000 ～ 0x07F0 的值，且其後的 13 個位址 (實際使用時為了避免出錯，以 16 個位址來算) 都被佔用，其他變數在設定位址時不可與其重合。假如將描述指標設為 0x0600，下一個可以使用的位址從 0x0610 開始。

使用描述指標，可以透過發送指令修改變數設定，而不必每次從專案中修改。

舉例來說，顯示中文字元時選用自己生成的字形檔，而顯示其他 ASC 字元時選用 0 號字形檔，可以透過給描述指標發送指令直接修改，而不需要設定不同的文字變數。

文字變數的描述指標如表 3-10 所示，其中位址第 2 列表示偏移位址，操作方法與資料變數相同。

▼ 表 3-10 文字變數的描述指標

位址		定義	資料長度	說明
0x00		0x5A11	2	
0x02		*SP	2	變數描述指標，0xFFFF 表示由設定檔載入
0x04		0x0000	2	
0x06	0x00	*VP	2	文字指標
0x08	0x01	X，Y	4	起始顯示位置，顯示字串左上角座標
0x0C		Color	2	顯示文字顏色
0x0E	0x04	Xs Ys Xs Ys	8	文字標籤
0x16	0x08	Text_length	2	顯示位元組數量，遇到 0xFFFF 資料或顯示到文字標籤尾將不再顯示

（續表）

位址		定義	資料長度	說明
0x18	0x09：H	Font0_ID	1	編碼方式 0x00、0x05，以及編碼方式 0x01 ～ 0x04 時 ASCII 字形檔位置
0x19	0x09：L	Font1_ID	1	0x01 ～ 0x04 的非 ASCII 字元使用的字形檔
0x1A	0x0A：H	Font_X_Dots	1	字型 X 方向點陣數 (0x01 ～ 0x04 模式，ASCII 字元 X 按照 X/2 計算)
0x1B	0x0A：L	Font_Y1_Dots		字型 Y 方向點陣數目
0x1C	0x0B：H	Encode_Mode	1	.7 ～ .0 定義了文字編碼方式： \0=8b 編碼 1=GB2312 內碼 2=GBK 3=BIG5 4=SJIS 5=UNICODE
0x1D	0x0B：L	HOR_Dis	1	字元水平間隔
0x1E	0x0C：H	VER_Dis	1	字元垂直間隔
0x1F	0x0C：L	未定義	1	寫入 0x00

舉例來說，在控制文字變數通電初始值顯示時，假設文字變數位址為 0x0001，文字長度為 2(可顯示一個中文字元或兩個 ASC 字元)，描述指標為 0x0500。

當切換到文字顯示時，輸入值為空格，發送指令 5A A5 05 82 0001 2020 (文字長度是幾就發送幾個空格)，隱藏初始值。

當用描述指標發送指令 5A A5 05 82 05 00 FF 00 時，文字變數無顯示值。

當用描述指標發送指令 5A A5 05 82 05 00 00 01.5A A5 05 82 00 01 CED2 時,文字變數從無顯示值變為顯示中文字元「我」。

(4) 變數位址:佔用變數記憶體空間,範圍為 0x0000 ～ 0x07FF。文字顯示的長度決定了其佔用位址的個數,佔用位址的個數是文字長度的一半。

(5) 顯示顏色:決定文字顯示顏色,可任意修改。

(6) 編碼方式:顯示中文字元時,選擇中文字字形檔,且編碼方式要與字形檔的編碼方式一致。顯示 ASC 字元時選擇 0 號字形檔,編碼方式選擇「8bit 編碼方式」。

(7) 文字長度:一個中文字元佔兩個長度,一個 ASC 字元佔一個長度,只能設定為偶數,且決定變數位址所佔個數。

(8) FONT0_ID:ASC 字形檔位置,寫為 0。

(9) FONT1_ID:中文字字形檔位置,DWIN_SET 資料夾內複製進去的其他字形檔的 ID 號。

(10) X 方向點陣數 /Y 方向點陣數:當顯示 0 號字形檔的 ASC 字元時,X 方向點陣數決定了字元的大小,可任意選取;顯示其他字形檔的非 ASC 字元時,該點陣數必須與非 ASC 字元所在字形檔生成時選取的點陣數一致,因此對非 ASC 字元而言是唯一確定的。

(11) 水平 / 垂直間隔:兩個字元之間的間隔,一般設定為 0,不修改。

(12) 初始值:文字變數通電顯示初值。

3. 文字顯示指令

假設變數位址為 0x0001,文字長度為 4,要顯示中文字元「我們」,編碼方式為 GBK,則文字顯示指令為 5A A5 07 82 0001 CED2 C3C7。

其中，5A A5 表示幀標頭；07 為資料長度；82 為指令；0001 表示文字變數位址；CED2 C3C7 為中文字元「我們」的 GBK 編碼。

假設變數位址為 0x0001，文字長度為 4，要顯示 ASC 字元 ABC，採用 8bit 編碼方式，則文字顯示指令為 5A A5 07 82 0001 41 42 43 00。

其中，5A A5 表示幀標頭；07 為資料長度；82 為指令；0001 表示文字變數位址；41 為字元 A 的 ASC 編碼；42 字元 B 的 ASC 編碼；43 字元 C 的 ASC 編碼；00：文字長度為偶數，透過在最後寫入 0 來湊夠。

3.6.4 圖示變數

1. 圖示變數設定方法

（1）將製作好的圖示檔案複製到 DWIN_SET 資料夾中。

（2）與資料變數的設定方法類似，按一下工具列中「圖示變數顯示」按鈕，在背景圖片目標位置處滑動滑鼠形成圖示顯示區域，如圖 3-38 所示。

2. 圖示變數參數設定

按一下圖示顯示區域，參數設定如圖 3-39 所示。

▲ 圖 3-38 圖示變數設定

▲ 圖 3-39 圖示變數參數設定

「圖示變數」設定介紹如下。

（1） X/Y/W/H：含義與「資料變數顯示」相同。

（2） 名稱定義：含義與「資料變數顯示」相同。

（3） 描述指標：用於呼吸機顯示器的圖示變數不使用描述指標。

（4） 變數位址：佔用變數記憶體空間，範圍為 0x0000 ～ 0x07FF。每個圖示變數佔 1B 位址。

▲ 圖 3-40 增加圖示檔案

（5） 圖示檔案：可選擇增加進 DWIN_SET 資料夾中的圖示檔案，如圖 3-40 所示。

（6） 變數下限 / 變數上限及其對應的圖示。

　　圖示變數只能顯示介於變數下限所對應的圖示和變數上限所對應的圖示之間的圖示。變數上限對應圖示的 ID 必須大於變數下限對應圖示的 ID。變數上限一般設為 0，為方便操作也可與對應圖示的 ID 一致。變數下限與變數上限的設定值和要顯示的變數個數相關，應滿足以下條件：

　　變數下限設定值 - 變數上限設定值 = 變數個數 -1

　　按一下「對應的圖示」右側按鈕，彈出「迪文 ICO 檔案預覽」對話方塊，顯示圖示資料夾中的圖示，如圖 3-41 所示。

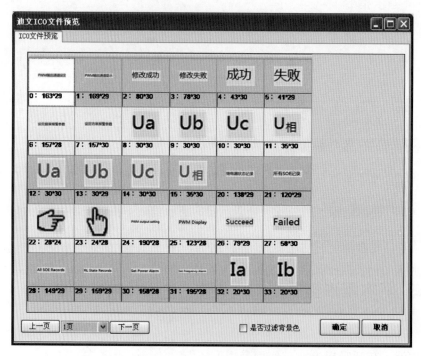

▲ 圖 3-41 「迪文 ICO 檔案預覽」對話方塊

（7）顯示模式：有「透明」和「顯示背景」兩種。「透明」表示將圖示以其左上角的顏色為基準，濾掉與其顏色相同的部分，不予顯示；「顯示背景」則反之。一般選擇「透明」模式。

（8）初始值：要顯示的初始圖示對應的值，該值是變數下限與變數上限之間的值。

（9）效果演示：設定好「延遲時間」之後，按一下「開始」按鈕，則依次瀏覽下限與上限之間的圖示。

3. 圖示顯示指令

假設變數位址為 0x0001，變數下限為 0，對應圖示 ID 為 12，即圖 3-41 中的 Ua 圖示；變數上限為 2，對應圖示 ID 為 14，即圖 3-41 中的 Uc 圖示。要顯示 ID 為 13 的 Ub 圖示，則發送的指令為 5A A5 05 82 0001 0001。

其中，5A A5 表示幀標頭；05 為資料長度；82 為指令；前一個 0001 表示圖示變數位址；後一個 0001 為 ID 為 13 的圖示對應的變數值。

若該變數不顯示任何圖示，則發送的指令為 5A A5 05 82 0001 FFFF。

其中，5A A5 表示幀標頭；05 為資料長度；82 為指令；0001 表示圖示變數位址；FFFF 為大於變數上限或小於變數下限的任意值。

3.6.5 基本圖形變數

DGUS 螢幕的基本圖形繪製可以實現置點、連線、矩形、矩形域填充和畫圓等功能。在呼吸機上，僅使用其矩形域填充功能，實現呼吸機壓力值的橫條圖顯示。

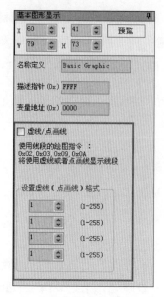

▲ 圖 3-42 基本圖形變數參數設定

1. 基本圖形變數設定方法

與資料變數的設定方法類似，在工具列中按一下「基本圖形顯示」按鈕，在背景圖片上滑動滑鼠形成圖形顯示區域，設定完成。

2. 基本圖形變數參數設定

基本圖形變數參數設定如圖 3-42 所示，其中下方框選部分在呼吸機顯示中用不到，保持預設值即可。

「基本圖形顯示」設定介紹如下。

（1） X/Y/W/H：含義與「資料變數顯示」相同。

（2） 名稱定義：含義與「資料變數顯示」相同。

（3） 描述指標：透過設定描述指標可以修改繪圖區域，在呼吸機上一般不使用此功能。

（4） 變數位址：佔用變數記憶體空間，佔用的位址長度由發送的資料長度決定。

3. 基本圖形顯示指令

以矩形域填充為例，下面介紹基本圖形顯示指令。

用於基本圖形顯示的資料包括 3 部分，如表 3-11 所示，分別為繪圖指令、最巨量資料封包數目及資料。資料封包會佔用變數儲存空間。

▼ 表 3-11 用於基本圖形顯示的資料

位址	定義	說明
VP	CMD	繪圖指令
VP+1	Data_Pack_Num_Max	最巨量資料封包數目，連線指令 (0x0002)，定義為連線線筆數目 (頂點數 -1)
VP+2	DATA_Pack	資料

繪圖指令有很多，下面僅對呼吸機用到的矩形域填充指令進行詳細說明。

矩形域填充指令為 0x0004，其中每個資料封包包括 5 個字，分別為矩形域左上角的 X/Y 座標、矩形域右下角的 X/Y 座標和填充顏色，如表 3-12 所示。

▼ 表 3-12 矩形域填充指令說明

指令	操作	繪圖資料封包格式說明 (相對位址和長度單位均為字)			
		相對位址	長度	定義	說明
0x0004	矩形域填充	0x0000	2	(x，y)s	矩形域左上角座標，X 座標高位元組為判斷條件
		0x0002	2	(x，y)e	矩形域右下角座標
		0x0004	1	Color	矩形域填充顏色

假設基本圖形變數的位址為 0x004E，顯示兩個矩形域填充，顯示指令為 5A A5 1B 82 004E 0004 0002 002E 005F 0038 00D9 0000 0046 0062 0050 00D9 0000。

其中，5A A5 表示幀標頭；1B 為資料長度；82 為指令；004E 表示基本圖形變數位址；0004 為矩形域填充指令；0002 為資料封包的個數，上述指令共有兩個資料封包，所以為 2；002E 005F 0038 00D9 0000 為資料封包 1；0046 0062 0050 00D9 0000 為資料封包 2。

由於資料會佔用變數儲存空間，如上述指令，資料封包的個數以及兩個資料封包的內容共佔用 11 個位址，即 0x0058 之後的位址才可以使用。實際呼吸機顯示器開發過程中，儘量留有足夠的位址空間，防止顯示出錯。

3.7 透過 USB 對 DGUS 螢幕進行偵錯

若要對下載好專案的 DGUS 螢幕進行偵錯，使用者可以透過如圖 3-43 所示的驅動模組將其連在電腦 USB 介面上，透過序列埠幫手發指令進行偵錯。

▲ 圖 3-43　驅動模組

DGUS 螢幕的偵錯步驟如下。

（1） 安裝 XR21V1410XR1410 晶片 USB 驅動。

（2）驅動安裝成功後，開啟序列埠偵錯幫手 sscom32.exe，如圖 3-44 所示。依次設定序列埠號 (連接 DGUS 螢幕 USB 的序列埠號)、串列傳輸速率 (設定成與 DGUS 螢幕一致的串列傳輸速率)，勾選「HEX 發送」核取方塊，最後輸入指令，按一下「發送」按鈕，即可將指令發送到 DGUS 螢幕上，從而進行偵錯工作。

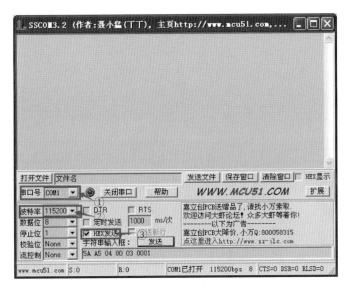

▲ 圖 3-44 序列埠偵錯幫手

摩托車儀表板智慧螢幕 UI 演示如圖 3-45 所示。智慧螢幕支援擋位、速度、儲能狀態和室外溫度顯示。這種介面透過 DGUS 軟體很容易開發出來，還可以開發更複雜的介面。

▲ 圖 3-45 摩托車儀表板智慧螢幕 UI 演示

　　DGUS 彩色液晶顯示器的有關操作程式清單可參考本書數位資源中的程式碼。

旋轉編碼器設計實例

本章將介紹旋轉編碼器設計實例,包括旋轉編碼器的介面設計、呼吸機按鍵與旋轉編碼器程式結構、按鍵掃描與旋轉編碼器中斷檢測程式和鍵值存取程式。

4.1 旋轉編碼器的介面設計

在設計儀器儀表、醫療器械、示波器、消費類電子等產品時,為了查看參數和操作方便,經常用到旋轉編碼器。

4.1.1 旋轉編碼器的工作原理

旋轉編碼器是一種將軸的機械轉角轉為數位或類比電訊號輸出的感測元件，按照工作原理可分為增量式和絕對式兩類。

下面以 ALPS 公司的 EC11J152540K 型旋轉編碼器為例介紹，其外形如圖 4-1 所示。

▲ 圖 4-1 EC11J152540K 型旋轉編碼器

該旋轉編碼器為雙路輸出的增量式旋轉編碼器，定位數為 30，脈衝數為 15，並且帶有按鈕開關。旋轉編碼器旋轉一周共有 30 個定位，每旋轉兩個定位將產生一個脈衝，旋轉時將輸出 A、B 兩相脈衝，根據 A、B 相間正交 90°的相位差 (順時鐘旋轉時 A 相落後於 B 相，逆時鐘旋轉時 A 相超前於 B 相)，可以判斷旋轉編碼器的旋轉方向。

另外，當旋轉編碼器的按開開關未按下時，它的接腳 4 和接腳 5 內部斷開；按下時，接腳 4 和接腳 5 內部接通。

4.1.2 旋轉編碼器的介面電路設計

透過對旋轉編碼器的輸出訊號進行相應的處理和檢測，可利用旋轉編碼器實現 KEY1、KEY2、KEY3 按鍵的功能，除其附帶的 KEY1 外，規定旋轉編碼器逆時鐘旋轉一個定位表示 KEY2 按鍵按下一次，順時鐘旋轉一個定位表示

KEY3 按鍵按下一次。利用旋轉編碼器實現按鍵功能具有結構緊湊和操作方便等優點。

旋轉編碼器與 STM32F103 的介面電路如圖 4-2 所示。

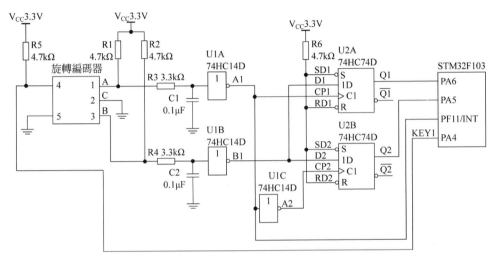

▲ 圖 4-2 旋轉編碼器與 STM32F103 的介面電路

如圖 4-2 所示，旋轉編碼器 A、B 兩相輸出，經過 RC 濾波消除抖動，由 74HC14D 施密特觸發反相器反相後，連接至 74HC74D 雙 D 型上昇緣觸發器。D 觸發器 U2A 的 Q1 輸出、U2B 的 Q2 輸出分別連接至 STM32F103 微控制器的 GPIO 通訊埠 PA6、PA5，作為旋轉編碼器鑑相訊號，透過檢測其電位狀態判斷旋轉編碼器的旋轉方向以及 KEY2、KEY3 按鍵的狀態。

旋轉編碼器 A 相脈衝反相後的訊號 A1 連接至控制器的外部中斷接腳 PF11，作為外部中斷觸發訊號，進行上昇緣和下降沿的中斷檢測。

旋轉編碼器接腳 4 接上拉電阻至 +3.3V，接至微控制器的 GPIO 通訊埠 PA4，透過檢測其電位狀態判斷 KEY1 按鍵的狀態。

4.1.3 旋轉編碼器的時序分析

　　旋轉編碼器旋轉時將輸出相位相差 90° 的 A、B 兩相脈衝,每旋轉一個定位,A、B 兩相都將輸出一個脈衝邊沿,下面分不同情況對旋轉編碼器的工作時序進行分析。

1. 旋轉編碼器順時鐘旋轉時的時序分析

　　當旋轉編碼器順時鐘旋轉時,A 相脈衝落後於 B 相,由於 Q1 與 Q2 的初始狀態不確定,以下分析中假定 Q1 初始狀態為低電位,Q2 初始狀態為高電位。

　　當旋轉編碼器順時鐘旋轉多個定位時,CP1、CP2 將交替出現上昇緣,因此 D 觸發器 U2A 輸出 Q1 與 U2B 輸出 Q2 會分別進行更新。多定位順時鐘旋轉時序如圖 4-3 所示。

　　如圖 4-3 所示,t_1 時刻 CP2 為上昇緣,D2 為低電位狀態,所以 D 觸發器 U2B 輸出 Q2 將更新為低電位;t_2 時刻 CP1 為上昇緣,D1 為高電位狀態,所以 D 觸發器 U2A 輸出 Q1 將更新為高電位;t_3 時刻 CP2 為上昇緣,D2 為低電位狀態,所以 D 觸發器 U2B 輸出 Q2 更新後仍為低電位。

　　所以,順時鐘旋轉多個定位時,在 CP1 的上昇緣 Q1 更新為高電位;在 CP2 的上昇緣 Q2 更新為低電位。

　　而順時鐘旋轉一個定位時,A 相僅輸出一個脈衝邊沿,若 A 相輸出上昇緣,則 CP1 為上昇緣,Q1 更新為高電位,而 Q2 電位狀態保持不變;若 A 相輸出下降沿,則 CP2 為上昇緣,Q2 更新為低電位,而 Q1 電位狀態保持不變。

2. 旋轉編碼器逆時鐘旋轉時的時序分析

　　當旋轉編碼器逆時鐘旋轉時,A 相脈衝超前於 B 相,由於 Q1 與 Q2 的初始狀態不確定,以下分析中假定 Q1 初始狀態為高電位,Q2 初始狀態為低電位。

　　當旋轉編碼器逆時鐘旋轉多個定位時，CP1、CP2 將交替出現上昇緣，因此 D 觸發器 U2A 輸出 Q1 與 U2B 輸出 Q2 會分別進行更新。多定位逆時鐘旋轉時序如圖 4-4 所示。

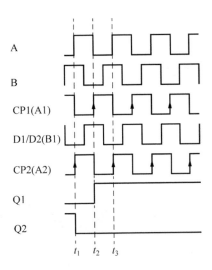

▲ 圖 4-3　多定位順時鐘旋轉時序

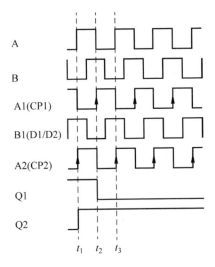

▲ 圖 4-4　多定位逆時鐘旋轉時序

如圖 4-4 所示，t_1 時刻 CP2 為上昇緣，D2 為高電位狀態，所以 D 觸發器 U2B 輸出 Q2 將更新為高電位；t_2 時刻 CP1 為上昇緣，D1 為低電位狀態，所以 D 觸發器 U2A 輸出 Q1 將更新為低電位；t_3 時刻 CP2 為上昇緣，D2 為高電位狀態，所以 D 觸發器 U2B 輸出 Q2 更新後仍為高電位。

所以，逆時鐘旋轉多個定位時，在 CP1 的上昇緣 Q1 更新為低電位；在 CP2 的上昇緣 Q2 更新為高電位。

而逆時鐘旋轉一個定位時，A 相僅輸出一個脈衝邊沿，若 A 相輸出上昇緣，則 CP1 為上昇緣，Q1 更新為低電位，而 Q2 電位狀態保持不變；若 A 相輸出下降沿，則 CP2 為上昇緣，Q2 更新為高電位，而 Q1 電位狀態保持不變。

4.2 呼吸機按鍵與旋轉編碼器程式結構

呼吸機按鍵與旋轉編碼器程式可以分為按鍵掃描與旋轉編碼器中斷檢測程式和鍵值存取程式，程式結構如圖 4-5 所示。

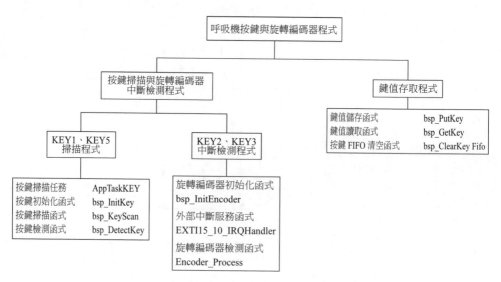

▲ 圖 4-5 呼吸機按鍵與旋轉編碼器程式結構

　　程式中實際用到 KEY1(旋轉編碼器按鈕開關)、KEY2(旋轉編碼器逆時鐘旋轉)、KEY3(旋轉編碼器順時鐘旋轉)、KEY5(獨立按鍵)4 個按鍵。其中，KEY1、KEY5 採用按鍵掃描的方式進行檢測；KEY2、KEY3 採用中斷方式進行檢測。

　　鍵值的存取採用環狀 FIFO 結構，透過對環狀鍵值緩衝區操作實現鍵值的儲存和讀取。

　　程式相關函式如表 4-1 所示。

▼ 表 4-1　程式相關函式

程式		函式	說明
按鍵掃描與旋轉編碼器中斷檢測程式	KEY1、KEY5掃描程式	AppTaskKEY	按鍵掃描任務
		bsp_InitKey	按鍵初始化函式
		bsp_KeyScan	按鍵掃描函式
		bsp_DetectKey	按鍵檢測函式
	KEY2、KEY3中斷檢測程式	bsp_InitEncoder	旋轉編碼器初始化函式
		EXTI15_10_IRQHandler	外部中斷服務函式
		Encoder_Process	旋轉編碼器檢測函式
鍵值存取程式		bsp_PutKey	鍵值儲存函式
		bsp_GetKey	鍵值讀取函式
		bsp_ClearKeyFifo	按鍵 FIFO 清空函式
		bsp_PutKey	鍵值儲存函式

程式相關資料型態及變數如表 4-2 所示。

▼ 表 4-2　程式相關資料型態及變數

程式		資料型態及變數	說明
按鍵掃描與旋轉編碼器中斷檢測程式	KEY1、KEY5 掃描程式	KEY_T	按鍵結構類型
		s_tBtn[KEY_COUNT]	按鍵結構陣列
	KEY2、KEY3 中斷檢測程式	dir	旋轉編碼器旋轉方向標識
		Encode_Count	旋轉編碼器計數值
鍵值存取程式		KEY_FIFO_T	鍵值緩衝區結構類型
		KEY_ENUM	按鍵鍵值列舉類型
		s_tKey	環狀鍵值緩衝區結構變數
		Buf[KEY_FIFO_SIZE]	環狀鍵值緩衝區陣列

系統開始執行後，按鍵掃描任務 AppTaskKEY 開始以 10ms 為週期，對 KEY1 和 KEY5 進行掃描；而 KEY2 與 KEY3 的按鍵動作將被外部中斷檢測到，並在外部中斷服務函式 EXTI15_10_IRQHandler 中進行處理。

當程式檢測到某個按鍵動作時，將呼叫 bsp_PutKey(鍵值儲存函式)，把相應的鍵值寫入按鍵 FIFO 緩衝區。

液晶顯示程式將以 125ms 為週期呼叫 bsp_GetKey(鍵值讀取函式)，讀取按鍵 FIFO 緩衝區中儲存的鍵值，從而進行參數的修改、顯示介面的更新與切換等相應的操作。

4.3　按鍵掃描與旋轉編碼器中斷檢測程式

KEY1、KEY5 採用按鍵掃描的方式進行檢測，KEY2、KEY3 採用中斷方式進行檢測，下面將按照檢測方式的不同分別介紹。

4.3.1 KEY1 與 KEY5 的按鍵掃描程式

1. KEY1 與 KEY5 的檢測原理

為實現對 KEY1 與 KEY5 的按鍵掃描，程式在 μC/OS-II 作業系統中建立了按鍵掃描任務 AppTaskKEY，每隔 10ms 對按鍵進行一次掃描，以檢測 KEY1 與 KEY5 的按鍵動作。

KEY1(旋轉編碼器按鈕開關) 連接在 STM32F407 微控制器的 PA4 接腳，KEY5(獨立按鍵) 連接在 STM32F407 微控制器的 PF12 接腳。程式透過判斷 PA4 與 PF12 接腳的電位狀態檢測 KEY1 與 KEY5 的按鍵動作。

2. 按鍵掃描檢測程式設計

按鍵掃描任務 AppTaskKEY 程式流程如圖 4-6 所示。

由圖 4-6 可知，按鍵掃描任務 AppTaskKEY 在完成相關初始化之後，每隔 10ms 呼叫一次按鍵掃描函式 bsp_KeyScan，對全部按鍵進行一次掃描。

按鍵掃描函式 bsp_KeyScan 程式流程如圖 4-7 所示。

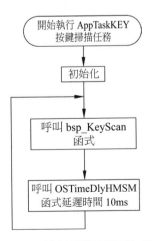

▲ 圖 4-6 按鍵掃描任務程式流程

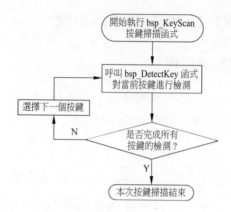

▲ 圖 4-7　按鍵掃描函式程式流程

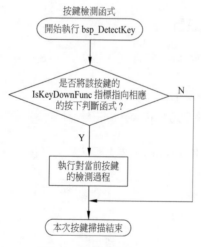

▲ 圖 4-8　按鍵檢測函式流程

由圖 4-7 可知，在每次的按鍵掃描過程中，程式透過依次對每個按鍵呼叫 bsp_DetectKey 函式完成對所有按鍵的檢測。

按鍵檢測函式 bsp_DetectKey 程式流程如圖 4-8 所示。

由圖 4-8 可知，在每次執行 bsp_DetectKey 函式的過程中，程式首先判斷是否將當前按鍵的 IsKeyDownFunc 指標指向了相應的按下判斷函式，如果指向了相應函式，則執行檢測過程，否則直接結束對該按鍵的檢測（程式中只對 KEY1

和 KEY5 兩個按鍵賦予了按下判斷函式 IsKeyDownFunc，所以實際上系統只對 KEY1 和 KEY5 進行了掃描檢測)。

對每個按鍵的具體檢測流程如圖 4-9 所示。

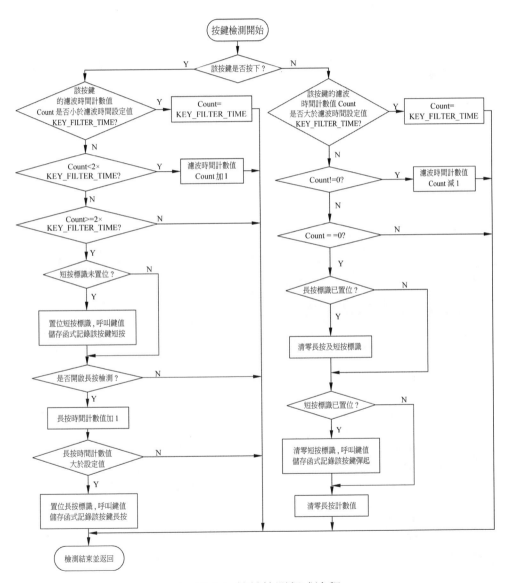

▲ 圖 4-9 按鍵檢測程式流程

圖 4-9 只是舉出了按鍵檢測程式的大致設計想法，說明了每次按鍵檢測過程所要完成的具體操作。在程式碼介紹部分將舉出按鍵掃描檢測的具體實現方法。

3. 按鍵掃描檢測程式碼

下面對按鍵掃描檢測程式碼實現進行具體介紹。

1) 相關接腳宣告

```
#define RCC_ALL_KEY        (RCC_AHB1Periph_GPIOA | RCC_AHB1Periph_GPIOF )

#define GPIO_PORT_K1       GPIOA
#define GPIO_PIN_K1        GPIO_Pin_4

#define GPIO_PORT_K5       GPIOF
#define GPIO_PIN_K5        GPIO_Pin_12
```

上述程式宣告 PA4 接腳為 K1，檢測 KEY1(旋轉編碼器按鈕開關)；宣告 PF12 接腳為 K5，檢測 KEY5(獨立按鍵)。

2) 按鍵結構類型及變數定義

程式中對按鍵結構類型的定義如下。

```
typedef struct
{
    uint8_t(*IsKeyDownFunc)(void);          // 按鍵按下判斷函式指標
    uint8_t Count;                          // 濾波時間計數值
    uint16_t LongCount;                     // 長按時間計數值
    uint16_t LongTime;                      // 長按時間設定值
    uint8_t  State;                         // 按鍵短按狀態標識
    uint8_t  StateLong;                     // 按鍵長按狀態標識
    uint8_t  RepeatSpeed;                   // 連續按鍵週期
    uint8_t  RepeatCount;                   // 連續按鍵計數器
}KEY_T;
```

其中，IsKeyDownFunc 為按鍵按下判斷函式指標，用於指向相應按鍵的按下判斷函式，利用函式的傳回值確定按鍵的當前狀態；Count 為濾波時間計數

值，由於對 KEY1 和 KEY5 的按鍵掃描是透過 μC/OS-II 作業系統中的應用任務完成的，按鍵檢測的延遲時間消抖不能透過普通的延遲時間函式來完成，Count 成員的設定正是為了實現按鍵的濾波消抖；LongCount 為長按時間計數值，LongTime 為長按時間設定值，程式透過比較兩者的大小判斷按鍵是否發生了長按動作，LongTime 為 0 表示不進行長按檢測；State 和 StateLong 分別為短按狀態標識和長按狀態標識，為 1 分別表示當前處於短按和長按狀態，為 0 分別表示當前不處於短按和長按狀態 (程式中並未使用到長按自動發送鍵值功能，對於按鍵結構的 RepeatSpeed 與 RepeatCount 兩個成員不再進行詳細介紹)。

程式中定義了按鍵結構陣列 s_tBtn，其中的每個元素分別與各按鍵相對應，即

```
static KEY_T s_tBtn[KEY_COUNT];
```

KEY_COUNT 的值為 5，但實際只用到 KEY1 和 KEY5 兩個按鍵，其餘可留給以後的功能擴充。

3) 相關初始化函式

```
/*******************************************************
函式名稱：bsp_InitKey
功能說明：初始化按鍵，該函式被 bsp_Init 函式呼叫
形參：無
傳回值：無
*******************************************************/
void bsp_InitKey(void)
{
    bsp_InitKeyVar();    // 相關按鍵變數初始化
    bsp_InitKeyHard();   // 相關接腳初始化
}
```

該函式在系統硬體初始化函式 bsp_Init 中被呼叫，用於對 KEY1 和 KEY5 按鍵掃描檢測的相關資源進行初始化，它包含兩部分：按鍵變數初始化和接腳初始化。

（1）按鍵變數初始化函式如下。

```
/*********************************************************
函式名稱：bsp_InitKeyVar
功能說明：初始化按鍵變數
形參：無
傳回值：無
*********************************************************/
static void bsp_InitKeyVar(void)
{
    uint8_t i;
    /* 對按鍵 FIFO 讀寫指標清零 */
    s_tKey.Read = 0;
    s_tKey.Write = 0;
    s_tKey.Read2 = 0;
    s_tKey.ReadMirror = 0;
    s_tKey.WriteMirror = 0;
    /* 給每個按鍵結構成員變數賦一組預設值 */
    for (i = 0; i < KEY_COUNT; i++)
    {
        /* 長按時間設定值 (0 為不檢測長按事件 )*/
        s_tBtn[i].LongTime = KEY_LONG_TIME;
        /* 濾波時間計數值設定為濾波時間的一半 */
        s_tBtn[i].Count = KEY_FILTER_TIME / 2;
        /* 按鍵預設狀態 (0 為未按下 )*/
        s_tBtn[i].State = 0;
    }
    s_tBtn[KID_K1].LongTime = 100;          /* 設定 KEY1 長按設定值 */
    s_tBtn[KID_K5].LongTime = 0;
    s_tBtn[0].IsKeyDownFunc = IsKeyDown1;   /* 按鍵按下判斷函式 */
    s_tBtn[4].IsKeyDownFunc = IsKeyDown5;
    ...
    }
```

bsp_InitKeyVar 函式首先對按鍵緩衝區結構的各成員進行了初始化，為鍵值的儲存和讀取做好準備工作。

接下來，依次對按鍵結構陣列 s_tBtn 的 5 個元素進行初始化，將長按時間設定值設為 KEY_LONG_TIME，將濾波時間計數值初始化為濾波時間的一半，按鍵狀態初始化為 0，表示未按下。

其中，對於 KEY_LONG_TIME 與 KEY_FILTER_TIME 的巨集定義如下。

```
#define KEY_LONG_TIME   100      // 當按鍵按下時間超過 100*10ms(1s) 才認為長按事件發生
#define KEY_FILTER_TIME 4        // 只有連續檢測到 4*10ms 按鍵狀態不變才認為按鍵彈起和短按
                                 // 事件有效，從而保證可靠地檢測到按鍵事件
```

接著，程式對 KEY1 和 KEY5 的按鍵結構進行單獨的初始化操作。其中，將 KEY5 的 LongTime 賦值為 0，表示程式不進行 KEY5 的長按檢測。然後，程式將 KEY1 和 KEY5 的按鍵按下判斷函式指標分別指向了 IsKeyDown1 和 IsKeyDown5 兩個函式；並將其他按鍵的指標賦為空，表示不進行其他按鍵的掃描檢測。

程式中對 IsKeyDown1 和 IsKeyDown5 兩個函式的定義如下。

```
/*****************************************************
函式名稱： IsKeyDownX
功能說明：判斷按鍵是否按下
形參：無
傳回值：傳回 1 表示按下，傳回 0 表示未按下
*****************************************************/
static uint8_t IsKeyDown1(void)
{if ((GPIO_PORT_K4->IDR & GPIO_PIN_K1) == 0) return 1;else return 0;}
static uint8_t IsKeyDown5(void)
{if ((GPIO_PORT_K4->IDR & GPIO_PIN_K5) == 0) return 1;else return 0;}
```

當 PA4 檢測為低電位時，IsKeyDown1 函式的傳回值為 1，表示 KEY1 按下；不然傳回 0 表示 KEY1 未按下。而當 PF12 檢測為低電位時，IsKeyDown5 函式的傳回值為 1，表示 KEY5 按下；不然傳回 0 表示 KEY5 未按下。程式中並未使用到長按自動發送鍵值功能，按鍵結構的 RepeatSpeed 成員均賦值為 0。

（2）接腳初始化函式如下。

```
/*******************************************************
函式名稱： bsp_InitKeyHard
功能説明：設定按鍵對應的 GPIO
形參：無
傳回值：無
*******************************************************/
static void bsp_InitKeyHard(void)
{
    GPIO_InitTypeDef GPIO_InitStructure;
    /* 第 1 步：開啟 GPIO 時鐘 */
    RCC_AHB1PeriphClockCmd(RCC_ALL_KEY, ENABLE);
    /* 第 2 步：設定所有按鍵 GPIO 為浮動輸入模式 ( 實際上 CPU 重置後就是輸入狀態 )*/
    GPIO_InitStructure.GPIO_Mode = GPIO_Mode_IN;            // 設為輸入口
    GPIO_InitStructure.GPIO_OType = GPIO_OType_PP;          // 設為推拉模式
    GPIO_InitStructure.GPIO_PuPd = GPIO_PuPd_NOPULL;        // 無需上下拉電阻
    GPIO_InitStructure.GPIO_Speed = GPIO_Speed_50MHz;       //IO 通訊埠最大速度

    GPIO_InitStructure.GPIO_Pin = GPIO_PIN_K1;
    GPIO_Init(GPIO_PORT_K1, &GPIO_InitStructure);
    GPIO_InitStructure.GPIO_Pin = GPIO_PIN_K5;
    GPIO_Init(GPIO_PORT_K5, &GPIO_InitStructure);
}
```

bsp_InitKeyHard 函式將 PA4 與 PF12 接腳設定成浮動輸入模式，分別用來檢測 KEY1 與 KEY5 的按鍵動作。

4) 按鍵掃描檢測相關函式

（1）按鍵掃描任務程式碼如下。

```
void AppTaskKEY(void *p_arg)
{
    (void)p_arg;
    bsp_KeyPostSetHook(App_KeyPostHook);           // 呼叫按鍵鉤子設定函式
    while（1）
    {
        bsp_KeyScan();                             // 呼叫按鍵掃描函式
```

```
        SoftWdtFed(KEY_TASK_SWDT_ID);              // 餵狗
        OSTimeDlyHMSM(0, 0, 0, 10);
    }
}
```

按鍵掃描任務開始執行後，首先呼叫按鍵鉤子設定函式 bsp_KeyPostSetHook，接著進入了 while（1）迴圈，在迴圈中每隔 10ms 呼叫一次按鍵掃描函式 bsp_Key Scan，對全部按鍵進行一次掃描並且進行「餵狗」。

按鍵鉤子設定函式 bsp_KeyPostSetHook 的定義如下。

```
void bsp_KeyPostSetHook(int (*hook)(uint8_t _KeyCode))
{
    bsp_KeyPostHook = hook;
}
```

bsp_KeyPostHook 為全域變數，定義如下。

```
static int (*bsp_KeyPostHook)(uint8_t _KeyCode);    // 按鍵鉤子函式指標
```

所以，bsp_KeyPostSetHook(App_KeyPostHook) 這行敘述的作用便是使按鍵鉤子函式指標 bsp_KeyPostHook 指向按鍵發送鉤子函式 App_KeyPostHook。

在鍵值儲存函式 bsp_PutKey 中，將透過按鍵鉤子函式指標 bsp_KeyPostHook 呼叫 App_KeyPostHook 函式，從而在每次存放鍵值時，透過呼叫按鍵發送 App_KeyPostHook 鉤子函式實現某些功能，以完成使用者功能的擴充。

App_KeyPostHook 函式的定義如下。

```
static int App_KeyPostHook(uint8_t _KeyCode)
{
    int ret = 0;
    // 當液晶背光關閉時，在按鍵按下後開啟背光
    if(lcd_bklight_status == 0)
    {
        if(_KeyCode == KEY_1_UP
            || _KeyCode == KEY_2_DOWN
```

```
            || _KeyCode == KEY_3_DOWN)
        {
            lcd_bklight_time = 0;            // 開啟背光
            diwen_set_bklight(255);
            lcd_bklight_status = 1;
        }
        // 鉤子函式傳回 -1，表示該鍵值不放入 FIFO，直接丟棄
        ret = -1;
    }
    else
    {
        lcd_bklight_time = 0;
    }
    /* 發送按鍵聲音 */
    if(_KeyCode == KEY_1_DOWN
        || _KeyCode == KEY_2_DOWN
        || _KeyCode == KEY_3_DOWN)
    {
        /* 按鍵音啟動且蜂鳴器無其他警告 */
        if(KeyRing_Enable==1&&BELL_Alarm_Start==0)
        {
            BELL_KeyRing_Start=1;            // 位元鍵音開始標識
        }
    }
    cnt20ms_LcdConvert = 0;                  // 自動傳回待機介面計時清零
    return ret;
}
```

按鍵發送鉤子函式 App_KeyPostHook 主要擴充了兩個功能：一是當檢測到 KEY1 彈起、KEY2 短按、KEY3 短按時，在液晶背光關閉的情況下開啟背光，並且不儲存此次鍵值，其作用為利用按鍵喚醒液晶背光；二是實現在 KEY1、KEY2 及 KEY3 短按時，透過蜂鳴器發出按鍵音。

（2） 按鍵掃描函式程式碼如下。

```
/*********************************************************
函式名稱：bsp_KeyScan
功能說明：掃描所有按鍵。非阻塞狀態，被 SysTick 中斷週期性呼叫
```

形參：無
傳回值：無
```
*****************************************************/
void bsp_KeyScan(void)
{
    uint8_t i;
    for (i = 0; i < KEY_COUNT; i++)
    {
        bsp_DetectKey(i);          // 呼叫按鍵檢測函式
    }
}
```

按鍵掃描函式 bsp_KeyScan 透過 for 迴圈 5 次 (KEY_COUNT 值為 5) 呼叫按鍵檢測函式 bsp_DetectKey，依次對全部按鍵進行檢測，從而完成一次按鍵掃描。

（3） 按鍵檢測函式程式碼如下。

```
/*****************************************************
函式名稱：bsp_DetectKey
功能說明：檢測一個按鍵。非阻塞狀態，必須被週期性呼叫
形參：按鍵結構變數指標
傳回值：無
*****************************************************/
static void bsp_DetectKey(uint8_t i)
{
    KEY_T *pBtn;
    /* 若未進行按鍵按下判斷函式的初始化，則直接傳回，不進行按鍵檢測 */
    if (s_tBtn[i].IsKeyDownFunc == 0)  return;
    pBtn = &s_tBtn[i];
    if (pBtn->IsKeyDownFunc())                    // 若檢測該按鍵按下
    {
        if (pBtn->Count < KEY_FILTER_TIME)        // 延遲時間消抖
        {
            pBtn->Count = KEY_FILTER_TIME;
        }
        else if(pBtn->Count < 2 * KEY_FILTER_TIME)
```

```
        {
            pBtn->Count++;
        }
        else
        {

            if (pBtn->State == 0)
            /* 若延遲時間消抖後仍檢測該按鍵按下且短按標識未置位 */
            {
                pBtn->State = 1;                         // 置位短按標識
                /* 呼叫鍵值儲存函式記錄按鍵短按 */
                bsp_PutKey((uint8_t)(4 * i + 1));
            }
            if (pBtn->LongTime > 0)
            {
                if (pBtn->LongCount < pBtn->LongTime)
                {
                    /* 若長按時間計數達到設定設定值 */
                    if (++pBtn->LongCount == pBtn->LongTime)
                    {
                        if(pBtn->StateLong == 0)         // 若長按標識未置位
                        {
                            pBtn->StateLong = 1;         // 置位長按標識
                            /* 呼叫鍵值儲存函式記錄按鍵長按 */
                            bsp_PutKey((uint8_t)(4 * i + 3));
                        }
                    }
                }
                ...
            }
        }
    }
    else// 若檢測該按鍵彈起
    {
        if(pBtn->Count > KEY_FILTER_TIME)                // 延遲時間消抖
        {
            pBtn->Count = KEY_FILTER_TIME;
        }
        else if(pBtn->Count != 0)
        {
```

```
            pBtn->Count--;
    }
    else
    {
        if(pBtn->StateLong == 1)
        /* 若延遲時間消抖後仍檢測該按鍵彈起且長按標識置位 */
        {
            pBtn->StateLong = 0;                    // 清零長按及短按標識
            pBtn->State = 0;
        }
        else
        {
            if (pBtn->State == 1)
            /* 若延遲時間消抖後仍檢測該按鍵彈起且只有短按標識置位 */
            {
                pBtn->State = 0;                    // 清零短按標識
                /* 呼叫鍵值儲存函式記錄按鍵彈起 */
                bsp_PutKey((uint8_t)(4 * i + 2));
            }
        }
    }
    pBtn->LongCount = 0;                            // 清零長按時間計數值
    …
    }
}
```

按鍵檢測函式 bsp_DetectKey 開始執行後，首先判斷是否將當前按鍵的 IsKeyDownFunc 指標指向了相應的按下判斷函式，如果指向了相應函式，則執行檢測過程，否則直接結束對該按鍵的檢測。

接下來，將要進行按鍵按下和彈起的濾波消抖操作。

按鍵濾波消抖程式流程如圖 4-10 所示。

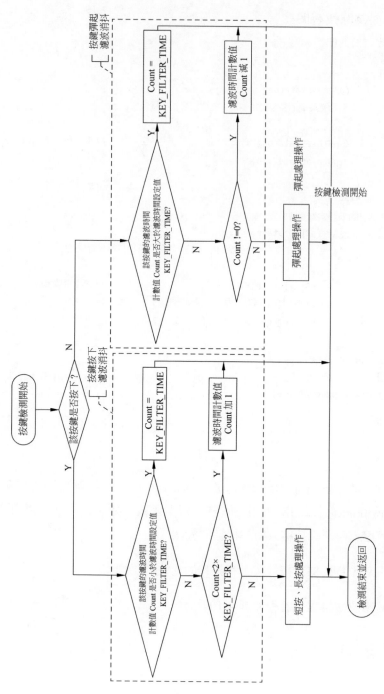

▲ 圖 4-10 按鍵濾波消抖程式流程

Count 為濾波時間計數值，KEY_FILTER_TIME 為濾波時間設定值，程式中對 KEY_FILTER_TIME 的巨集定義如下。

```
#define KEY_FILTER_TIME    4        // 只有連續檢測到 4*10ms 按鍵狀態不變才認為按鍵彈起和短
                                    // 按事件有效，從而保證可靠地檢測到按鍵事件
```

而在按鍵變數初始化函式 bsp_InitKeyVar 中，對 Count 進行了以下初始化。

```
for (i = 0; i < KEY_COUNT; i++)
{
    …
    /* 消抖計數器設定為濾波時間的一半 */
    s_tBtn[i].Count = KEY_FILTER_TIME / 2;
    …
}
```

所以，濾波時間計數值 Count 的初始值為濾波時間設定值 KEY_FILTER_TIME 的一半，而通電後，KEY1 和 KEY5 按鍵的初始狀態均為彈起狀態。下面透過分析 Count 計數值隨按鍵動作發生的變化介紹按鍵濾波過程。

Count 計數值與按鍵動作的關係如圖 4-11 所示。

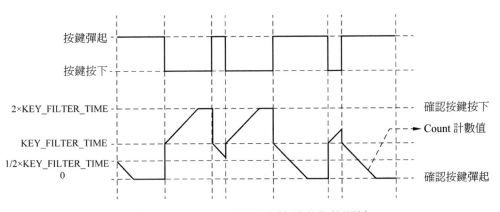

▲ 圖 4-11 Count 計數值與按鍵動作的關係

由圖 4-11 可知，Count 的初始值為 1/2×KEY_FILTER_TIME，而通電後，KEY1 和 KEY5 按鍵的初始狀態均為彈起狀態，結合按鍵濾波消抖的流程，由於 Count < KEY_FILTER_TIME，所以 Count 的值開始減小，直至為 0。

以後每當按鍵的彈起和按下狀態切換時，可以看到 Count 值都歸於 KEY_FILTER_TIME。若按鍵保持按下，則 Count 值逐漸增加，直到等於 2×KEY_FILTER_TIME，則確認按鍵按下；若按鍵保持彈起，則 Count 值逐漸減小，直到等於 0，則確認按鍵彈起。

從圖 4-11 中可以看到，小於濾波時間設定值 KEY_FILTER_TIME 的按鍵抖動都將被濾除，而不會影響程式對按鍵狀態的檢測。

在濾波消抖後，若確認按鍵按下，則在短按標識未位元情況下將其位元並將短按鍵值存入按鍵操作狀態 FIFO 緩衝區。然後，判斷是否要對該按鍵進行長按檢測，如果需要，則將長按時間計數值加 1，並在計數值大於設定設定值的情況下置位長按標識，並儲存長按鍵值，否則直接傳回。

若確認按鍵彈起，則在長按標識置位的情況下清零長按短按標識，在短按標識置位的情況下清零短按標識並儲存短按彈起鍵值，最後清零長按時間計數值，否則直接傳回。

4.3.2　KEY2 與 KEY3 的中斷檢測程式

1. 按鍵中斷檢測程式設計

按鍵中斷檢測程式流程如圖 4-12 所示。

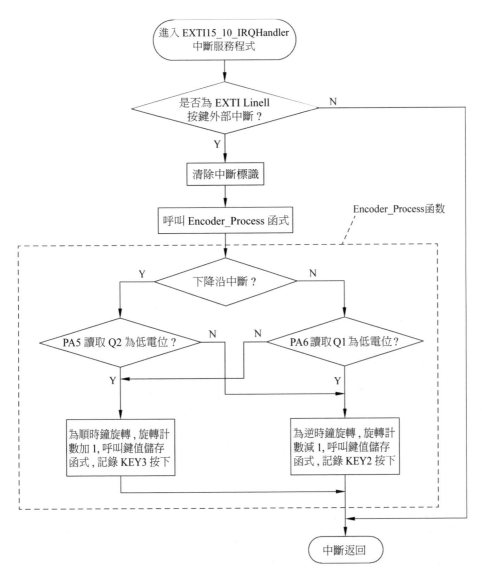

▲ 圖 4-12 按鍵中斷檢測程式流程

2. 按鍵中斷檢測程式碼

對於 KEY2 和 KEY3 中斷檢測的實現，主要在於硬體電路的設計，程式實現並不複雜。下面對其程式實現進行簡單介紹。

1) 按鍵中斷檢測相關接腳宣告

```
#define RCC_ENCODER_INT          RCC_AHB1Periph_GPIOF
#define RCC_ENCODER_OUT1         RCC_AHB1Periph_GPIOA
#define RCC_ENCODER_OUT2         RCC_AHB1Periph_GPIOA

#define PORT_ENCODER_INT         GPIOF
#define PORT_ENCODER_OUT1        GPIOA
#define PORT_ENCODER_OUT2        GPIOA

#define PIN_ENCODER_INT          GPIO_Pin_11
#define PIN_ENCODER_OUT1         GPIO_Pin_5
#define PIN_ENCODER_OUT2         GPIO_Pin_6
```

上述程式宣告中，PF11 為外部中斷接腳；PA5 為 ENCODER_OUT1，實際檢測 D 觸發器 U2B 的輸出 Q2；PA6 為 ENCODER_OUT2，實際檢測 D 觸發器 U2A 的輸出 Q1。

2) 按鍵中斷檢測相關初始化函式

```
void bsp_InitEncoder(void)
{
    bsp_InitEncoderGPIO();            // 接腳初始化
    bsp_InitEncoderEXTI();            // 外部中斷初始化
}
```

該函式在系統硬體初始化函式 bsp_Init 中被呼叫，用於對旋轉編碼器旋轉檢測的相關資源進行初始化，它包含兩部分：接腳初始化和外部中斷初始化。

bsp_InitEncoderGPIO 函式將 PA5、PA6 以及 PF11 設定成浮動輸入模式；bsp_InitEncoderEXTI 函式將 EXTI_Line11 與 PF11 連接，設定外部中斷對上昇緣和下降沿均進行檢測，而且先佔優先順序和亞優先順序均為 3，具體程式比較簡單，不再贅述。

3) 外部中斷服務程式

```
void EXTI15_10_IRQHandler(void)
{
    ...
    /*EXTI_Line11 的中斷服務程式部分 */
    if(EXTI_GetITStatus(EXTI_Line11) != RESET)
    {
        EXTI_ClearITPendingBit(EXTI_Line11);        // 清除中斷標識
        /* 呼叫旋轉編碼器旋轉檢測函式 */
        Encoder_Process();
    }
    ...
}
```

進入 EXTI15_10_IRQHandler 中斷服務程式後，先判斷是否為 EXTI_Line11 按鍵外部中斷，若是，則清除相應中斷標識，然後呼叫 Encoder_Process() 函式進行相關處理。

Encoder_Process() 函式的定義如下。

```
int Encoder_Process(void)
{
    uint8_t dir = 0;                //1 表示順時鐘旋轉，2 表示逆時鐘旋轉
    if(GPIO_ReadInputDataBit(GPIO_PORT_K5, GPIO_PIN_K5) == Bit_RESET)
    {
        bsp_PutKey(KEY_LONG_K3); // 在獨立按鍵 KEY5 按下的情況下，左旋或右旋編碼器
                                 // 作為 KEY_LONG_K3，用於在主頁面進入偵錯頁面
    }
    else if(GPIO_ReadInputDataBit(PORT_ENCODER_INT,PIN_ENCODER_INT)== Bit_RESET)
                                // 判斷是否為下降沿中斷
    {
        if(GPIO_ReadInputDataBit(PORT_ENCODER_OUT1, PIN_ENCODER_OUT1) == Bit_RESET)
                                // 若為下降沿中斷，則判斷 PA5(Q2) 是否為
低電位
        {
            dir = 1;                 // 低電位表示順時鐘旋轉
        }
```

```
        else
        {
            dir = 2;                              // 高電位表示逆時鐘旋轉
        }
    }
    else                                          // 若為上昇緣中斷
    {
        if(GPIO_ReadInputDataBit(PORT_ENCODER_OUT2, PIN_ENCODER_OUT2) == Bit_RESET)
                                                  // 若為上昇緣中斷，則判斷 PA6(Q1) 是否為低電位
        {
            dir = 2;                              // 低電位表示逆時鐘旋轉
        }
        else
        {
            dir = 1; // 高電位表示順時鐘旋轉
        }
    }
    switch(dir)
    {
        case 1:                                   // 順時鐘旋轉一個定位
            Encode_Count ++;                      // 旋轉編碼器計數值加 1
            bsp_PutKey(KEY_DOWN_K3);              // 記錄 KEY3 按下
            break;
        case 2:        // 逆時鐘旋轉一個定位
            Encode_Count --; // 旋轉編碼器計數值減 1
            bsp_PutKey(KEY_DOWN_K2); // 記錄 KEY2 按下
            break;
        default:
            break;
    }
    return(0);
}
```

　　相關接腳宣告、各初始化函式的定義以及 Encoder_Process 函式的定義均在 bsp_encoder.c 檔案中；中斷服務程式 EXTI15_10_IRQHandler 的定義在 stm32f4xx_it.c 檔案中。

4.4 鍵值存取程式

鍵值的存放和讀取都涉及一個環狀 FIFO 結構的鍵值緩衝區，對鍵值的處理操作實際上就是對這個環狀鍵值緩衝區操作，主要包括向緩衝區寫入鍵值、從緩衝區讀出鍵值、清空緩衝區、獲取緩衝區狀態等操作。

首先對環狀鍵值緩衝區的結構進行分析，然後再舉出相關函式的具體介紹。

4.4.1 環狀 FIFO 按鍵緩衝區

程式中對鍵值緩衝區結構類型的定義如下。

```
typedef struct
{
    uint8_t Buf[KEY_FIFO_SIZE];                 // 環狀鍵值緩衝區
    uint8_t Read;                               // 緩衝區讀取指標 1
    uint8_t Write;                              // 緩衝區寫入指標
    uint8_t Read2;                              // 緩衝區讀取指標 2
    uint8_t ReadMirror;
    uint8_t WriteMirror;
}KEY_FIFO_T;
```

其中，Read 為緩衝區讀取指標 1，指向下一次要從中讀取鍵值的緩衝區單元；Write 為緩衝區寫入指標，指向下一次要在其中寫入鍵值的緩衝區單元；Read2 為緩衝區讀取指標 2，目前程式中並未使用到，可用於將來的功能擴充。

鍵值緩衝區為首尾相連的環狀佇列，當寫入 (或讀取) 至緩衝區尾端後，下一次寫入 (或讀取) 操作將從頭開始。ReadMirror 和 WriteMirror 的設定值只有 0 和 1 兩種情況。每當寫入 (或讀取) 至緩衝區尾端將要從頭開始時，ReadMirror 和 WriteMirror 的設定值將進行翻轉，以作指示。

Buf[KEY_FIFO_SIZE] 為用來存放鍵值的環狀鍵值緩衝區，程式中對 KEY_FIFO_SIZE 的宣告如下。

```
#define KEY_FIFO_SIZE    10                // 緩衝區容量為 10
```

可以看到，環狀鍵值緩衝區最多可以存放 10 個鍵值。

程式中定義了環狀鍵值緩衝區結構變數 s_tKey，程式如下。

```
static KEY_FIFO_T s_tKey;                  // 存放緩衝區狀態及參數
```

環狀鍵值緩衝區結構如圖 4-13 所示。

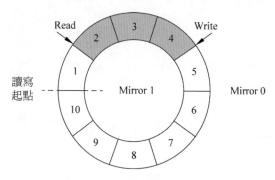

▲ 圖 4-13 環狀鍵值緩衝區結構

在圖 4-13 中，規定環狀鍵值緩衝區的外側為 Mirror 0，當寫入 (讀取) 指標由外側指向緩衝區單元時，表示 WriteMirror(ReadMirror) 的值為 0；緩衝區的內側為 Mirror 1，當寫入 (讀取) 指標由內側指向緩衝區單元時，表示 WriteMirror(ReadMirror) 的值為 1。

寫入 (讀取) 指標從讀寫起點 (即緩衝區的起始單元) 開始，每寫入 (讀取) 一個鍵值，將順時鐘移動一個單元，指向下一個將要寫入 (讀取) 的單元。

當重新寫入 (讀取) 至讀寫起點後，WriteMirror(ReadMirror) 的設定值將進行翻轉，寫入 (讀取) 指標將在 Mirror 0 和 Mirror 1(即環狀鍵值緩衝區的外側和內側) 之間進行切換。

以寫入指標在 Mirror 0 和 Mirror 1 之間的切換為例，其切換過程如圖 4-14 所示。

在圖 4-14 中，當寫入指標從外側指向緩衝區的尾端 10 號儲存單元時，寫入指標處於緩衝區的外側 (Mirror 0)，WriteMirror 的設定值為 0。

若此時再寫入一個鍵值，那麼寫入指標在順時鐘移動一個單元後將重新指向讀寫起點 (緩衝區的起始單元)，此時寫入指標將由緩衝區的外側 (Mirror 0) 進入緩衝區的內側 (Mirror 1)，表示 WriteMirror 的設定值由 0 變為 1。

接下來，每寫入一個鍵值，寫入指標將在緩衝區內側 (Mirror 1) 順時鐘移動一個單元，直到再次指向讀寫起點，將由緩衝區內側 (Mirror 1) 重新傳回到緩衝區外側 (Mirror 0)，即 WriteMirror 的設定值由 1 再變回 0，如此循環下去。

讀取指標在 Mirror 0 和 Mirror 1 之間的切換與寫入指標類似，不再贅述。

4.4.2 鍵值存取程式相關函式

在了解環狀鍵值緩衝區結構的基礎上，下面將對與環狀鍵值緩衝區操作相關的巨集定義、變數和函式進行具體介紹。

1. 環狀鍵值緩衝區儲存狀態相關定義

1) 緩衝區儲存狀態列舉類型

```
enum ringbuffer_state
{
    RINGBUFFER_EMPTY,                // 緩衝區空
    RINGBUFFER_FULL,                 // 緩衝區滿
```

```
RINGBUFFER_HALFFULL,              // 緩衝區不為空且未滿
};
```

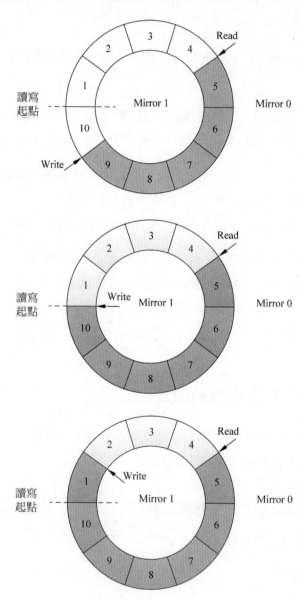

▲ 圖 4-14 寫入指標在 Mirror 0 和 Mirror 1 之間的切換

　　列舉變數 ringbuffer_state 用於指示緩衝區儲存鍵值的狀態。其中，RING-BUFFER_EMPTY 表示緩衝區為空，並未儲存鍵值；RINGBUFFER_FULL 表示緩衝區存滿 10 個鍵值；RINGBUFFER_HALFFULL 表示緩衝區中儲存鍵值數量為 1 ～ 9，既不為空，也未存滿。

2) 緩衝區儲存狀態判斷函式

　　緩衝區儲存狀態判斷函式 ringbuffer_status 用於傳回緩衝區的儲存狀態，定義如下。

```
enum ringbuffer_state  ringbuffer_status(KEY_FIFO_T *rb)
{
    if (rb->Read == rb->Write)
    {
        // 讀寫指標在同一次迴圈中且指向位址相同，表示緩衝區空
        if (rb->ReadMirror == rb->WriteMirror)
            return RINGBUFFER_EMPTY;
        // 讀寫指標不在同一次迴圈中且指向位址相同，表示緩衝區滿
        else
            return RINGBUFFER_FULL;
    }
    return RINGBUFFER_HALFFULL;             // 否則傳回緩衝區不可為空非滿狀態
}
```

　　透過圖形的方式可以很容易地理解上述程式，環狀鍵值緩衝區的不同儲存狀態如圖 4-15 所示。

　　當讀寫指標指向同一單元時，如果 Read 指標和 Write 指標處於同一 Mirror 中，則緩衝區空；若處於相反 Mirror 中，則緩衝區滿；不然緩衝區不可為空也非滿。

3) 緩衝區未讀鍵值數獲取函式

緩衝區未讀鍵值數獲取函式 ringbuffer_data_len 用於傳回緩衝區中尚未被讀取的鍵值數量,定義如下。

```c
uint16_t ringbuffer_data_len(KEY_FIFO_T *rb)
{
    switch (ringbuffer_status(rb))
    {
        case RINGBUFFER_EMPTY:              // 緩衝區鍵值為空,傳回 0
            return 0;
        case RINGBUFFER_FULL:               // 緩衝區未讀鍵值已滿,傳回緩衝區最大容量
            return KEY_FIFO_SIZE;
        case RINGBUFFER_HALFFULL:
        default:                            // 否則傳回緩衝區中未讀鍵值數
            if (rb->Write > rb->Read)
                return rb->Write - rb->Read;
            else
                return KEY_FIFO_SIZE - (rb->Read - rb->Write);
    };
}
```

當緩衝區儲存狀態為空時,表示其中鍵值均已讀取,所以傳回未讀鍵值數為 0;當緩衝區儲存狀態為滿時,表示未讀鍵值數與緩衝區容量相同,傳回 KEY_FIFO_SIZE(10)。當緩衝區不可為空非滿時,緩衝區的儲存狀態分為兩種情況,如圖 4-16 所示。

由圖 4-16 可知,在第 1 種狀態下,Read 指標小於 Write 指標時,未讀鍵值數為 Write-Read;而在第 2 種狀態下,Read 指標大於 Write 指標時,Read-Write 為緩衝區空餘單元數,所以未讀鍵值數為 KEY_FIFO_SIZE-(Read-Write),即用緩衝區的總容量減去空餘單元數。

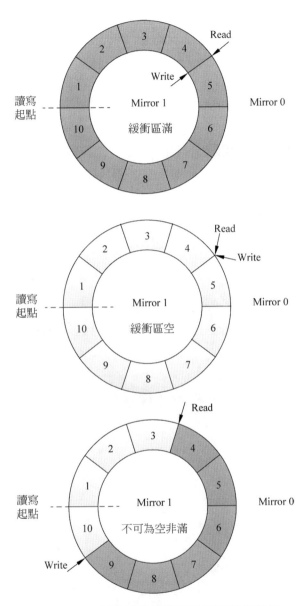

▲ 圖 4-15 環狀鍵值緩衝區的不同儲存狀態

程式中對鍵值緩衝區剩餘容量的宣告如下。

```
#define ringbuffer_space_len(rb)(KEY_FIFO_SIZE - ringbuffer_data_len(rb))
```

即用緩衝區總容量減去未讀鍵值數，便是空餘單元數。

2. 環狀鍵值緩衝區操作相關定義

1) 按鍵鍵值列舉類型定義

程式中對按鍵鍵值列舉類型 KEY_ENUM 的定義如下。

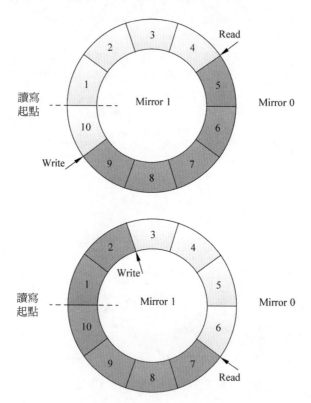

▲ 圖 4-16 環狀鍵值緩衝區的兩種不可為空非滿狀態

```
typedef enum
{
    KEY_NONE = 0,
    KEY_1_DOWN,              //KEY1 按下
    KEY_1_UP,                //KEY1 彈起
    KEY_1_LONG,              //KEY1 長按
    KEY_1_LONG_UP,           //KEY1 長按彈起

    KEY_2_DOWN,
    KEY_2_UP,
    KEY_2_LONG,
    KEY_2_LONG_UP,

    KEY_3_DOWN,
    KEY_3_UP,
    KEY_3_LONG,
    KEY_3_LONG_UP,
    …
}KEY_ENUM;
```

如此定義按鍵鍵值列舉類型後，KEY1 短按對應數字 1，KEY1 彈起對應數字 2，依此類推，KEY(i+1) 的按下、彈起、長按、長按彈起鍵值分別為 4i+1、4i+2、4i+3、4i+4。

2) 鍵值儲存函式

鍵值儲存函式的定義如下。

```
/****************************************************
函式名稱：bsp_PutKey
功能說明：將一個鍵值存入按鍵 FIFO 緩衝區，可用於模擬一個按鍵
形參：_KeyCode，按鍵程式
傳回值：無
****************************************************/
void bsp_PutKey(uint8_t _KeyCode)
{
    uint16_t size;
    int hoot_ret = 0;
```

```
/* 按鍵鉤子函式 */
if(bsp_KeyPostHook != NULL)
{
    hoot_ret = bsp_KeyPostHook(_KeyCode);
}

/*如果有鉤子函式，傳回 -1 表示該鍵值不放入 FIFO，直接丟棄 */
if(hoot_ret == 0)
{
    /* 判斷鍵值緩衝區是否還有存放空間 */
    size = ringbuffer_space_len(&s_tKey);
    /*若緩衝區未讀鍵值已滿，則傳回 */
    if (size == 0)    return;
    if (KEY_FIFO_SIZE - s_tKey.Write > 1)
    {
        s_tKey.Buf[s_tKey.Write] = _KeyCode; // 存放鍵值
        /* 緩衝區寫入指標加 1*/
        s_tKey.Write += 1;
        return;
    }
    if(KEY_FIFO_SIZE - s_tKey.Write > 0)
        s_tKey.Buf[s_tKey.Write] = _KeyCode;
    else
        s_tKey.Buf[0] = _KeyCode;
        /* 鍵值緩衝區為頭尾相連的環狀佇列，寫入至緩衝區尾端後從頭開始寫入 */
        s_tKey.WriteMirror = ~ s_tKey.WriteMirror;    // WriteMirror 翻轉，標識緩衝
區迴圈
        s_tKey.Write = 1 - (KEY_FIFO_SIZE - s_tKey.Write);
        /* 當緩衝區寫入至剩餘一個單位時，寫入指標清零，表示下次從頭寫入 */
} return;
}
```

判斷是否有按鍵鉤子函式，如果有，鉤子函式傳回 -1 表示該鍵值不放入 FIFO，直接丟棄；如果沒有鉤子函式，判斷鍵值緩衝區的存放空間。

當緩衝區存滿鍵值時，不再寫入鍵值；當緩衝區未存滿鍵值時，進行鍵值儲存。

　　當未寫入至最後一個單元，即 KEY_FIFO_SIZE-s_tKey.Write>1 時，寫入指標加 1 後直接傳回；當寫入至最後一個單元，即 KEY_FIFO_SIZE-s_tKey. Write=1 時 (也就是程式中的 KEY_FIFO_SIZE-s_tKey.Write > 條件判斷)，在寫入鍵值後將 WriteMirror 翻轉，標誌著重新寫入至讀寫起點，Write 指標將在 Mirror 0 和 Mirror 1 之間進行切換，在將寫入指標清零後，函式傳回。

　　而由於在 KEY_FIFO_SIZE-s_tKey.Write = 1 時，儲存鍵值後進行了寫入指標清零，所以不會存在 KEY_FIFO_SIZE-s_tKey.Write=0 的情況，即程式中最後的 else 判斷不會進入 (該程式結構引用自其他框架，所以出現了最後的 else 判斷，沒有用到的情況，不過這一點不會影響程式的正常執行)。

3) 鍵值讀取函式

鍵值讀取函式的定義如下。

```
/***************************************************
函式名稱：bsp_GetKey
功能說明：從按鍵 FIFO 緩衝區讀取一個鍵值
形參：無
傳回值：按鍵程式
***************************************************/
uint8_t bsp_GetKey(void)
{
    uint8_t ret;
    uint16_t size;
    /* 判斷鍵值緩衝區中未讀鍵值數 */
    size = ringbuffer_data_len(&s_tKey);
    /* 若緩衝區中無未讀鍵值，傳回 0*/
    if (size == 0)
        return 0;
    if (KEY_FIFO_SIZE - s_tKey.Read > 1)
    {
        ret = s_tKey.Buf[s_tKey.Read];          // 否則將鍵值賦予傳回變數
        /* 讀取指標加 1*/
        s_tKey.Read += 1;
        return ret;
```

```
    }
    if (KEY_FIFO_SIZE - s_tKey.Read > 0)
        ret = s_tKey.Buf[s_tKey.Read];
    else
        ret = s_tKey.Buf[0];
    /* 鍵值緩衝區為頭尾相連的環狀佇列，讀取至緩衝區尾端後從頭開始讀取鍵值 */
    s_tKey.ReadMirror = ～ s_tKey.ReadMirror;
    s_tKey.Read = 1 - (KEY_FIFO_SIZE - s_tKey.Read);
    /* 當緩衝區讀取至剩餘 1 個單位時，讀取指標清零，表示下次從頭讀取 */
    return ret;
}
```

當緩衝區儲存狀態為空時，不再讀取鍵值；當緩衝區不為空時，則進行鍵值讀取。

當未讀至最後一個單元，即 KEY_FIFO_SIZE-s_tKey.Read>1 時，讀取指標加 1 後直接傳回；當讀取至最後一個單元，即 KEY_FIFO_SIZE-s_tKey.Read=1 時 (也就是程式中的 KEY_FIFO_SIZE - s_tKey.Read>0 條件判斷)，在讀取鍵值後將 ReadMirror 翻轉，標誌著重新讀取至讀寫起點，Read 指標將在 Mirror 0 和 Mirror 1 之間進行切換，在將讀取指標清零後，函式傳回。

而由於在 KEY_FIFO_SIZE - s_tKey. Read = 1 時，讀取鍵值後進行了讀取指標清零，所以不會存在 KEY_FIFO_SIZE-s_tKey.Read=0 的情況，即程式中最後的 else 判斷不會進入。

4) 按鍵 FIFO 清空函式

按鍵 FIFO 清空函式的定義如下。

```
/****************************************************
函式名稱：bsp_ClearKeyFifo
功能説明：清空按鍵 FIFO
形參：無
傳回值：0
****************************************************/
uint8_t bsp_ClearKeyFifo(void)
```

```
{
    OS_CPU_SR   cpu_sr;
    OS_ENTER_CRITICAL();

    /* 對環狀鍵值緩衝區的清空，要求進行原子操作 */
    /* 將環狀鍵值緩衝區讀寫指標及讀寫 Mirror 標識清零 */
    s_tKey.Read = 0;
    s_tKey.Write = 0;
    s_tKey.Read2 = 0;
    s_tKey.ReadMirror = 0;
    s_tKey.WriteMirror = 0;

    OS_EXIT_CRITICAL();

    return 0;
}
```

清零環狀鍵值緩衝區的讀寫指標以及讀寫 Mirror 標識後，接下來將對緩衝區的讀寫入操作重新重置，相當於清空了鍵值緩衝區。

旋轉編碼器的程式清單可參考本書數位資源中的程式碼。

MEMO

5

PWM 輸出與看門狗計時器應用實例

本章將介紹 PWM 輸出與看門狗計時器應用實例，包括 STM32F103 計時器概述、STM32 通用計時器、STM32 PWM 輸出應用實例和看門狗計時器。

▍5.1 STM32F103 計時器概述

從本質上講，計時器就是「數位電路」課程中學過的計數器 (Counter)，它像鬧鈴一樣忠實地為處理器完成定時或計數任務，幾乎是現代微處理器必備的一種片上外接裝置。很多讀者在初次接觸計時器時都會提出這樣一個問題：既然 Arm 核心每行指令的執行時間都是固定的，且大多數是相等的，那麼我們可以用軟體的方法實現定時嗎？舉例來說，在 72MHz 系統時鐘下要實現 $1\mu s$ 的定時，

完全可以透過執行 72 行不影響狀態的「無關指令」實現。既然這樣，STM32 中為什麼還要有定時 / 計數器這樣一個完成定時工作的硬體結構呢？其實，讀者的看法一點也沒有錯，確實可以透過插入若干筆不產生影響的「無關指令」實現固定時間的定時。但這會帶來兩個問題：其一，在這段時間中，STM32 不能做其他任何事情，否則定時將不再準確；其二，這些「無關指令」會佔據大量程式空間。而當嵌入式處理器中整合了硬體的定時結構以後，它就可以在核心執行執行其他任務的同時完成精確的定時，並在定時結束後透過中斷、事件等方法通知核心或相關外接裝置。簡單地說，計時器最重要的作用就是將核心從簡單、重複的延遲時間工作中解放出來。

當然，計時器的核心電路結構是計數器。當它對 STM32 內部固定頻率的訊號進行計數時，只要指定計數器的計數值，也就相當於固定了從計時器啟動到溢位之間的時間長度。這種對內部已知頻率計數的工作方式稱為「定時方式」。計時器還可以對外部管腳輸入的未知頻率訊號進行計數，此時由於外部輸入時鐘頻率可能改變，從計時器啟動到溢位之間的時間長度是無法預測的，軟體所能判斷的僅是外部脈衝的個數。因此，這種計數時鐘來自外部的工作方式只能稱為「計數方式」。在這兩種基本工作方式的基礎上，STM32 的計時器又衍生出了輸入捕捉、輸出比較、PWM、脈衝計數、編碼器介面等多種工作模式。

定時與計數的應用十分廣泛。在實際生產過程中，許多場合都需要定時或計數操作，如產生精確的時間、對管線上的產品進行計數等。因此，定時 / 計數器在嵌入式微控制器應用系統中十分重要。定時和計數可以透過以下方式實現。

1. 軟體延遲時間

微控制器是在一定時鐘下執行的，可以根據程式所需的時鐘週期完成延遲時間操作。軟體延遲時間會導致 CPU 使用率低，因此主要用於短時間延遲時間，如高速 A/D 轉換器。

2. 可程式化定時 / 計數器

　　微控制器中的可程式化定時 / 計數器可以實現定時和計數操作,定時 / 計數器功能由程式靈活設定,重複利用。設定好後由硬體與 CPU 並行工作,不佔用 CPU 時間,這樣在軟體的控制下,可以實現多個精密定時 / 計數。嵌入式處理器為了適應多種應用,通常整合多個高性能的定時 / 計數器。

　　微控制器中的計時器本質上是一個計數器,可以對內部脈衝或外部輸入進行計數,不僅具有基本的延遲時間 / 計數功能,還具有輸入捕捉、輸出比較和 PWM 波形輸出等高級功能。在嵌入式開發中,充分利用計時器的強大功能,可以顯著提高外接裝置驅動的程式設計效率和 CPU 使用率,增強系統的即時性。

　　STM32 內部整合了多個定時 / 計數器。根據型號不同,STM32 系列晶片最多包含 8 個定時 / 計數器。其中,TIM6 和 TIM7 為基本計時器;TIM2 ～ TIM5 為通用計時器;TIM1 和 TIM8 為高級控制計時器,功能最強。3 種計時器的功能如表 5-1 所示。此外,在 STM32 中還有兩個看門狗計時器和一個系統滴答計時器。

▼ 表 5-1　STM32 計時器的功能

主要功能	高級控制計時器	通用計時器	基本計時器
內部時鐘源 (8MHz)	✓	✓	✓
附帶 16 位元分頻的計數單元	✓	✓	✓
更新中斷和 DMA	✓	✓	
計數方向	向上、向下、雙向	向上、向下、雙向	向上
外部事件計數	✓	✓	✕
其他計時器觸發或串聯	✓	✓	✕
4 個獨立輸入捕捉、輸出比較通道	✓	✓	✕

主要功能	高級控制計時器	通用計時器	基本計時器
單脈衝輸出方式	✓	✓	✕
正交編碼器輸入	✓	✓	✕
霍爾感測器輸入	✓	✓	✕
輸出比較訊號死區產生	✓	✕	✕
煞車訊號輸入	✓	✕	✕

STM32F103 計時器相比於傳統的 51 微控制器要完善和複雜得多，它是專為工業控制應用量身定做的。計時器有很多用途，包括基本定時功能、生成輸出波形 (比較輸出、PWM 和附帶死區插入的互補 PWM) 和測量輸入訊號的脈衝寬度 (輸入捕捉) 等。

5.2 STM32 通用計時器

5.2.1 通用計時器簡介

通用計時器 (TIM2 ～ TIM5) 由一個透過可程式化預分頻器驅動的 16 位元自動加載計數器組成。它適用於多種場合，包括測量輸入訊號的脈衝長度 (輸入捕捉) 或產生輸出波形 (輸出比較和 PWM)。使用計時器預分頻器和 RCC 時鐘控制器預分頻器，脈衝長度和波形週期可以在幾微秒到幾毫秒間調整。每個計時器都是完全獨立的，沒有互相共用任何資源，它們可以同步操作。

5.2.2 通用計時器的主要功能

通用計時器的主要功能如下。

（1） 16 位元向上、向下、向上 / 向下自動加載計數器。

（2） 16 位元可程式化 (可以即時修改) 預分頻器，計數器時鐘頻率的分頻係數為 1 ～ 65536 的任意數值。

（3） 4 個獨立通道： 輸入捕捉、輸出比較、PWM 生成 (邊緣或中間對齊模式)、單脈衝模式輸出。

（4） 使用外部訊號控制計時器和計時器互連的同步電路。

（5） 以下事件發生時產生中斷 /DMA：

① 更新、計數器向上溢位 / 向下溢位、計數器初始化 (透過軟體或內部 / 外部觸發)；

② 觸發事件 (計數器啟動、停止、初始化或由內部 / 外部觸發計數)；

③ 輸入捕捉；

④ 輸出比較。

（6） 支援針對定位的增量 (正交) 編碼器和霍爾感測器電路。

（7） 觸發輸入作為外部時鐘或按週期的電流管理。

5.2.3 通用計時器的功能描述

通用計時器內部結構如圖 5-1 所示，相比於基本計時器，其內部結構要複雜得多，其中最顯著的區別就是增加了 4 個捕捉 / 比較暫存器 TIMx_CCR，這也是通用計時器擁有如此多強大功能的原因。

1. 時基單元

可程式化通用計時器的主要部分是一個 16 位元數目器和與其相關的自動加載暫存器。這個計數器可以向上計數、向下計數或向上 / 向下雙向計數。計數器時鐘由預分頻器分頻得到。計數器、自動加載暫存器和預分頻器暫存器可以由軟體讀寫，在計數器執行時期仍可以讀寫。時基單元包含計數器暫存器 (TIMx_CNT)、預分頻器暫存器 (TIMx_PSC) 和自動加載暫存器 (TIMx_ARR)。

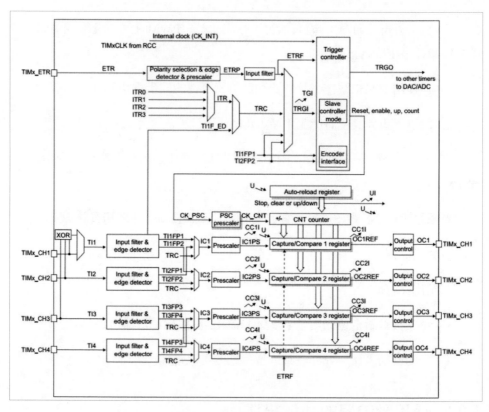

▲ 圖 5-1 通用計時器內部結構

　　預分頻器可以將計數器的時鐘頻率按 1 ～ 65536 的任意值分頻。它是基於一個 (在 TIMx_PSC 暫存器中的)16 位元暫存器控制的 16 位元數目器。這個控制暫存器帶有緩衝器，它能夠在工作時被改變。新的預分頻器參數在下一次更新事件到來時被採用。

2. 計數模式

1) 向上計數模式

　　向上計數模式的工作過程與基本計時器向上計數模式相同，工作過程如圖 5-2 所示。在向上計數模式中，計數器在時鐘 CK_CNT 的驅動下從 0 計數到自動重加載暫存器 TIMx_ARR 的預設值，然後重新從 0 開始計數，並產生一個計數器溢位事件，可觸發中斷或 DMA 請求。當發生一個更新事件時，所有暫存器都被更新，硬體同時設定更新標識位元。

　　對於一個工作在向上計數模式的通用計時器，自動重加載暫存器 T1Mx_ARR 的值為 0x0036，內部預分頻係數為 4(預分頻暫存器 TIMx_PSC 的值為 3)，計數器時序圖如圖 5-3 所示。

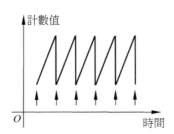

▲ 圖 5-2 向上計數模式

2) 向下計數模式

通用計時器向下計數模式工作過程如圖 5-4 所示。在向下計數模式中，計數器在時鐘 CK_CNT 的驅動下從自動重加載暫存器 TIMx_ARR 的預設值開始向下計數到 0，然後從自動重加載暫存器 TIMx_ARR 的預設值重新開始計數，並產生一個計數器溢位事件，可觸發中斷或 DMA 請求。當發生一個更新事件時，所有暫存器都被更新，硬體同時設定更新標識位元。

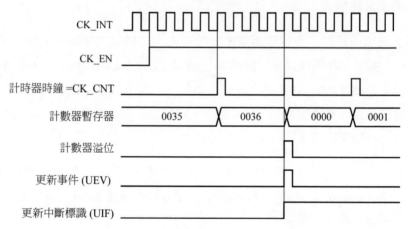

▲ 圖 5-3 計數器時序圖 (內部預分頻係數為 4)

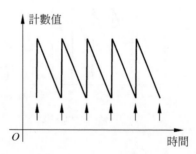

▲ 圖 5-4 向下計數模式

對於一個工作在向下計數模式的通用計時器，自動重加載暫存器 TIMx_ARR 的值為 0x0036，內部預分頻係數為 2(預分頻暫存器 TIMx_PSC 的值為 1)，計數器時序圖如圖 5-5 所示。

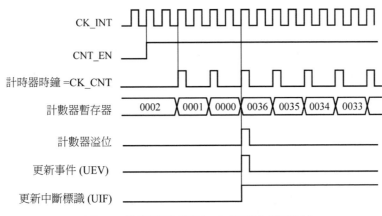

▲ 圖 5-5 計數器時序圖 (內部預分頻係數為 2)

3) 向上 / 向下計數模式

向上 / 向下計數模式又稱為中央對齊模式或雙向計數模式，其工作過程如圖 5-6 所示。計數器從 0 開始計數到自動重加載暫存器 TIMx_ARR 的值 -1，產生一個計數器溢位事件，向下計數到 1 並且產生一個計數器下溢事件；然後再從 0 開始重新計數。在這個模式下，不能寫入 TIMx_CR1 中的 DIR 方向位元，它由硬體更新並指示當前的計數方向。可以在每次計數上溢和每次計數下溢時產生更新事件，觸發中斷或 DMA 請求。

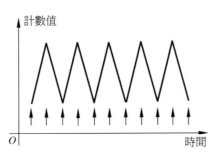

▲ 圖 5-6 向上 / 向下計數模式

對於一個工作在向上 / 向下計數模式的通用計時器，自動重加載暫存器 TIMx_ARR 的值為 0x06，內部預分頻係數為 1(預分頻暫存器 TIMx_PSC 的值為 0)，計數器時序圖如圖 5-7 所示。

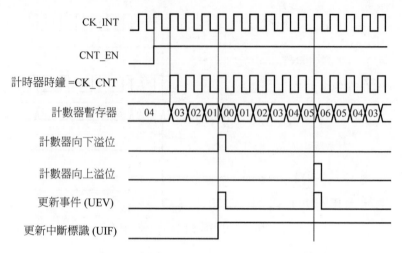

▲ 圖 5-7 計數器時序圖 (內部預分頻係數為 1)

3. 時鐘選擇

相比於基本計時器單一的內部時鐘源，STM32F103 通用計時器的 16 位元數目器的時鐘源有多種選擇，可由以下時鐘源提供。

1) 內部時鐘 (CK_INT)

內部時鐘 CK_INT 來自 RCC 的 TIMxCLK，根據 STM32F103 時鐘樹，通用計時器 TIM2 ～ TIM5 內部時鐘 CK_INT 的來源 TIM_CLK 與基本計時器相同，都是來自 APB1 預分頻器的輸出。通常情況下，時鐘頻率為 72MHz。

2) 外部輸入捕捉接腳 TIx(外部時鐘模式 1)

外部輸入捕捉接腳 TIx(外部時鐘模式 1) 來自外部輸入捕捉接腳上的邊沿訊號。計數器可以在選定的輸入端 (接腳 1：TI1FP1 或 TI1F_ED，接腳 2：TI2FP2) 的每個上昇緣或下降沿計數。

3) 外部觸發輸入接腳 ETR(外部時鐘模式 2)

外部觸發輸入接腳 ETR(外部時鐘模式 2) 來自外部接腳 ETR。計數器能在外部觸發輸入 ETR 的每個上昇緣或下降沿計數。

4) 內部觸發器輸入 ITRx

內部觸發輸入 ITRx 來自晶片內部其他計時器的觸發輸入,使用一個計時器作為另一個計時器的預分頻器。舉例來說,可以設定 TIM1 作為 TIM2 的預分頻器。

4. 捕捉 / 比較通道

每個捕捉 / 比較通道都圍繞一個捕捉 / 比較暫存器 (包含影子暫存器),包括捕捉的輸入部分 (數位濾波、多工和預分頻器) 和輸出部分 (比較器和輸出控制)。輸入部分對相應的 TIx 輸入訊號採樣,並產生一個濾波後的訊號 TIxF。然後,一個附帶極性選擇的邊緣檢測器產生一個訊號 (TIxFPx),它可以作為從模式控制器的輸入觸發或作為捕捉控制。該訊號透過預分頻器進入捕捉暫存器 (ICxPS)。輸出部分產生一個中間波形 OCxRef(高有效) 作為基準,鏈的末端決定最終輸出訊號的極性。

5.2.4 通用計時器的工作模式

1. 輸入捕捉模式

在輸入捕捉模式下,檢測到 ICx 訊號上相應的邊沿後,計數器的當前值被鎖存到捕捉 / 比較暫存器 (TIMx_CCRx) 中。當捕捉事件發生時,相應的 CCxIF 標識 (TIMx_SR 暫存器) 被置為 1,如果啟動了中斷或 DMA 操作,則將產生中斷或 DMA 操作。如果捕捉事件發生時 CCxIF 標識已經為高,那麼重複捕捉標識 CCxOF(TIMx_SR 暫存器) 被置為 1。寫入 CCxIF = 0 可清除 CCxIF,或讀取儲存在 TIMx_CCRx 暫存器中的捕捉資料也可清除 CCxIF;寫入 CCxOF = 0 可清除 CCxOF。

2. PWM 輸入模式

PWM 輸入模式是輸入捕捉模式的特例，除以下區別外，操作與輸入捕捉模式相同。

（1）兩個 ICx 訊號被映射至同一個 TIx 輸入。

（2）這兩個 ICx 訊號為邊沿有效，但是極性相反。

（3）其中一個 TIxFP 訊號被作為觸發輸入訊號，而從模式控制器被設定成重置模式。舉例來說，需要測量輸入 TI1 的 PWM 訊號的長度 (TIMx_CCR1 暫存器) 和工作週期比 (TIMx_CCR2 暫存器)，具體步驟以下 (取決於 CK_INT 的頻率和預分頻器的值)。

① 選擇 TIMx_CCR1 的有效輸入：置 TIMx_CCMR1 暫存器的 CC1S = 01(選擇 TI1)。

② 選擇 TI1FP1 的有效極性 (捕捉資料到 TIMx_CCR1 中，清除計數器)：置 CC1P = 0(上昇緣有效)。

③ 選擇 TIMx_CCR2 的有效輸入：置 TIMx_CCMR1 暫存器的 CC2S = 10(選擇 14478)。

④ 選擇 T11FP2 的有效極性 (捕捉資料到 TIMx_CCR2)：置 CC2P = 1(下降沿有效)。

⑤ 選擇有效的觸發輸入訊號：置 TIMx_SMCR 暫存器中的 TS = 101(選擇 TI1FP1)。

⑥ 設定從模式控制器為重置模式：置 TIMx_SMCR 中的 SMS = 100。

⑦ 啟動捕捉：置 TIMx_CCER 暫存器中 CC1E = 1 且 CC2E = 1。

3. 強置輸出模式

在輸出模式 (TIMx_CCMRx 暫存器中 CCxS = 00) 下，輸出比較訊號 (OCxREF 和相應的 OCx) 能夠直接由軟體強置為有效或無效狀態，而不相依於輸出比較暫存器和計數器間的比較結果。置 TIMx_CCMRx 暫存器中相應的 OCxM = 101，即可強置輸出比較訊號 (OCxREF/OCx) 為有效狀態。這樣 OCxREF 被強置為高電位 (OCxREF 始終為高電位有效)，同時 OCx 得到 CCxP 極性位相反的值。

舉例來說，CCxP = 0(OCx 高電位有效)，則 OCx 被強置為高電位。置 TIMx_CCMRx 暫存器中的 OCxM = 100，可強置 OCxREF 訊號為低電位。該模式下，TIMx_CCRx 影子暫存器和計數器之間的比較仍然在進行，相應的標識也會被修改，因此仍然會產生相應的中斷和 DMA 請求。

4. 輸出比較模式

輸出比較模式用於控制一個輸出波形，或指示一段給定的時間已經到時。

當計數器與捕捉 / 比較暫存器的內容相同時，輸出比較功能進行以下操作。

（1） 將輸出比較模式 (TIMx_CCMRx 暫存器中的 OCxM 位元) 和輸出極性 (TIMx_CCER 暫存器中的 CCxP 位元) 定義的值輸出到對應的接腳上。在比較匹配時，輸出接腳可以保持它的電位 (OCxM = 000)、被設定成有效電位 (OCxM = 001)、被設定成無效電位 OCxM = 010) 或進行翻轉 (OCxM = 011)。

（2） 設定中斷狀態暫存器中的標識位元 (TIMx_SR 暫存器中的 CCxIF 位元)。

（3） 若設定了相應的中斷遮罩 (TIMx_DIER 暫存器中的 CCxIE 位元)，則產生一個中斷。

（4） 若設定了相應的啟動位元 (TIMx_DIER 暫存器中的 CCxDE 位元，TIMx_CR2 暫存器中的 CCDS 位元選擇 DMA 請求功能)，則產生一個 DMA 請求。

輸出比較模式的設定步驟如下。

（1） 選擇計數器時鐘 (內部、外部、預分頻器)。

（2） 將相應的資料寫入 TIMx_ARR 和 TIMx_CCRx 暫存器中。

（3） 如果要產生一個中斷要求和 / 或一個 DMA 請求，設定 CCxIE 位元和 / 或 CCxDE 位元。

（4） 選擇輸出模式。舉例來說，當計數器 CNT 與 CCRx 匹配時翻轉 OCx 的輸出接腳，CCRx 預先安裝載未用，開啟 OCx 輸出且高電位有效，則必須設定 OCxM = 011、OCxPE = 0、CCxP = 0 和 CCxE = 1。

（5） 設定 TIMx_CR1 暫存器的 CEN 位元啟動計數器。

TIMx_CCRx 暫存器能夠在任何時候透過軟體進行更新以控制輸出波形，條件是未使用預先安裝載暫存器 (OCxPE = 0)，否則 TIMx_CCRx 影子暫存器只能在發生下一次更新事件時被更新。

5. PWM 輸出模式

PWM 輸出模式是一種特殊的輸出模式，在電力、電子和電機控制領域得到廣泛應用。

1) PWM 簡介

PWM 是 Pulse Width Modulation 的縮寫，中文意思就是脈衝寬度調變，簡稱脈寬調變。它是利用微處理器的數位輸出對類比電路進行控制的一種非常有效的技術，因控制簡單、靈活和動態回應好等優點而成為電力、電子技術中應用最廣泛的控制方式。PWM 應用領域包括測量、通訊、功率控制與變換、電動機控制、伺服控制、調光、開關電源，甚至某些音訊放大器。因此，研究基於

PWM 技術的正負脈寬數控調變訊號發生器具有十分重要的現實意義。PWM 是一種對類比訊號電位進行數位編碼的方法，透過高解析度計數器的使用，調變方波的工作週期比對一個具體類比訊號的電位進行編碼。PWM 訊號仍然是數字的，因為在替定的任何時刻，滿強度的直流供電不是完全有 (ON)，就是完全無 (OFF)，電壓或電流源是以一種通 (ON) 或斷 (OFF) 的重複脈衝序列被載入到類比負載上的。通時即是直流供電被加到負載上，斷時即是供電被斷開。只要頻寬足夠，任何類比值都可以使用 PWM 進行編碼。

2) PWM 實現

目前在運動控制系統或電動機控制系統中實現 PWM 的方法主要有傳統的數位電路、微控制器普通 I/O 類比和微控制器的 PWM 直接輸出等。

（1） 傳統的數位電路方式：用傳統的數位電路實現 PWM(如 555 計時器)，電路設計較複雜，體積大，抗干擾能力差，系統的研發週期較長。

（2） 微控制器普通 I/O 類比方式：對於微控制器中無 PWM 輸出功能的情況 (如 51 微控制器)，可以透過 CPU 操控普通 I/O 介面實現 PWM 輸出。但這樣實現 PWM 將消耗大量的時間，大大降低 CPU 的效率，而且得到的 PWM 訊號的精度不太高。

（3） 微控制器的 PWM 直接輸出方式：對於具有 PWM 輸出功能的微控制器，在進行簡單的設定後即可在微控制器的指定接腳上輸出 PWM 脈衝。這也是目前使用最多的 PWM 實現方式。

STM32F103 就是一款具有 PWM 輸出功能的微控制器，除了基本計時器 TIM6 和 TIM7 外，其他的計時器都可以用來產生 PWM 輸出。其中，高級控制計時器 TIM1 和 TIM8 可以同時產生多達 7 路的 PWM 輸出；通用計時器也能同時產生多達 4 路的 PWM 輸出；STM32 最多可以同時產生 30 路 PWM 輸出。

3) PWM 輸出模式的工作過程

STM32F103 微控制器脈衝寬度調變模式可以產生一個由 TIMx_ARR 暫存器確定頻率、由 TIMx_CCRx 暫存器確定工作週期比的訊號，其產生原理如圖 5-8 所示。

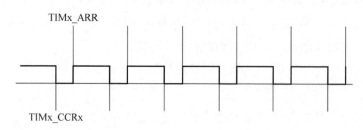

▲ 圖 5-8 STM32F103 微控制器 PWM 產生原理

通用計時器 PWM 輸出模式的工作過程如下。

（1）若設定脈衝計數器 TIMx_CNT 為向上計數模式，自動重加載暫存器 TIMx_ARR 的預設值為 N，則脈衝計數器 TIMx_CNT 的當前計數值 X 在時鐘 CK_CNT 的驅動下從 0 開始不斷累加計數。

（2）在脈衝計數器 TIMx_CNT 隨著時鐘 CK_CNT 觸發進行累加計數的同時，脈衝計數 M_CNT 的當前計數值 X 與捕捉 / 比較暫存器 TIMx_CCR 的預設值 A 進行比較。如果 $X < A$，輸出高電位 (或低電位)；如果 $X \geq A$，輸出低電位 (或高電位)。

（3）當脈衝計數器 TIMx_CNT 的計數值 X 大於自動重加載暫存器 TIMx_ARR 的預設值 N 時，脈衝計數器 TIMx_CNT 的計數值清零並重新開始計數。如此循環往復，得到的 PWM 輸出訊號週期為 (N+1)TCK_CNT，其中 N 為自動重加載暫存器 TIMx_ARR 的預設值，TCK_CNT 為時鐘 CK_CNT 的週期。PWM 輸出訊號脈衝寬度為 $A \times$ TCK_CNT，其中 A 為捕捉 / 比較暫存器 TIMx_CCR 的預設值，TCK_CNT 為時鐘 CK_CNT 的週期。PWM 輸出訊號的工作週期比為 $A/(N+1)$。

　　下面舉例具體說明，當通用計時器被設定為向上計數模式，自動重加載暫存器 TIMx_ARR 的預設值為 8，4 個捕捉 / 比較暫存器 TIMx_CCRx 分別設為 0、4、8 和大於 8 時，透過用計時器的 4 個 PWM 通道的輸出時序 OCxREF 和觸發中斷時序 CCxIF，如圖 5-9 所示。舉例來說，在 TIMx_CCR = 4 的情況下，當 TIMx_CNT < 4 時，OCxREF 輸出高電位；當 TIMx_CNT≥4 時，OCxREF 輸出低電位，並在比較結果改變時觸發 CCxIF 中斷標識。此 PWM 輸出訊號的工作週期比為 4/(8+1)。

　　需要注意的是，在 PWM 輸出模式下，脈衝計數器 TIMx_CNT 的計數模式有向上計數、向下計數和向上 / 向下計數 (中央對齊)3 種。以上僅介紹向上計數方式，讀者在掌握了通用計時器向上計數模式的 PWM 輸出原理後，其他兩種計數模式的 PWM 輸出也就容易推出了。

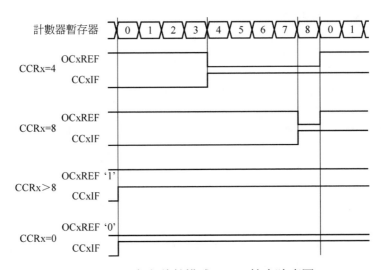

▲ 圖 5-9 向上計數模式 PWM 輸出時序圖

5.3 STM32 PWM 輸出應用實例

本節實現透過設定 STM32 的重映射功能，把計時器 TIM3 通道 2 重映射到接腳 PB5 上，由 TIM3_CH2 輸出 PWM 控制 DS0 的亮度。下面介紹透過函式庫設定該功能的步驟。

PWM 相關的函式設定在函式庫檔案 stm32f10x_tim.h 和 stm32f10x_tim.c 中。

（1）開啟 TIM3 時鐘以及重複使用功能時鐘，設定接腳 PB5 為重複使用輸出。

要使用 TIM3，必須先開啟 TIM3 的時鐘。這裡還要設定接腳 PB5 為重複使用輸出，這是因為 TIM3 通道 2 將重映射到接腳 PB5 上，此時接腳 PB5 屬於重複使用功能輸出。函式庫啟動 TIM3 時鐘的方法是

```
RCC_APB1PeriphClockCmd(RCC_APB1Periph_TIM3，ENABLE)；        // 啟動 TIM3 時鐘
```

函式庫設定 AFIO 時鐘的方法是

```
RCC_APB2PeriphClockCmd(RCC_APB2Periph_AFIO，ENABLE)；        // 重複使用時鐘啟動
```

這裡簡單列出 GPIO 初始化的一行程式：

```
GPIO_InitStructure.GPI0_Mode = GPIO_Mode_AF_PP；        // 重複使用推拉輸出
```

（2）設定 TIM3 通道 2 TIM3_CH2 重映射到接腳 PB5 上。

因為 TIM3_CH2 預設是接在接腳 PA7 上的，所以需要設定 TIM3_REMAP 為部分重映射 (透過 AFIO_MAPR 設定)，讓 TIM3_CH2 重映射到接腳 PB5 上。設定重映射的函式庫是

```
void GPIO_PinRemapConf ig(uint32_t GPIO_Remap，FunctionalState NewState)；
```

STM32 只能重映射到特定的通訊埠。第 1 個引用參數可以視為設定重映射的類型，如 TIM3 部分重映射引用參數為 GPIO_PartialRemap_TIM3。所以，TIM3 部分重映射的函式庫實現方法是

```
GPIO_PinRemapConf ig(GPIO_PartialRemap_TIM3,ENABLE);
```

（3）初始化 TIM3，設定 TIM3 的 ARR 和 PSC。

開啟了 TIM3 的時鐘之後，就要設定 ARR 和 PSC 兩個暫存器的值用於控制輸出 PWM 的週期。當 PWM 週期太慢 (低於 50Hz) 時，我們就會明顯感覺到閃爍了。

因此，PWM 週期在這裡不宜設定得太小，透過 TIM_TimeBaseInit() 函式實現，呼叫格式為

```
TIM_TimeBaseStructure.TIM_Period=arr;              // 設定自動重加載值
TIM_TimeBaseStructure.TIM_Prescaler=psc;           // 設定預分頻值
TIM_TimeBaseStructure.TIM_ClockDivision=0;         // 設定時鐘分割 ,TDTS=Tck_tim
TIM_TimeBaseStructure. TIM_CounterMode = TIM_CounterMode_Up;       // 向上計數模式
TIM_TimeBaseInit(TIM3,& TIM_TimeBaseStructure);  // 根據指定的參數初始化 TIMx
```

（4）設定 TIM3_CH2 的 PWM 模式，啟動 TIM3 的通道 2 輸出。

接下來要設定 TIM3_CH2 為 PWM 模式 (預設是凍結的)，因為 DS0 是低電位亮，而我們希望當 CCR2 值小時 DS0 就暗，CCR2 值大時 DS0 就亮，所以要透過設定 TIM3_CCMR1 的相關位元控制 TIM3_CH2 的模式。PWM 通道是透過函式庫 TIM_OC1Init ～ TIM_OC4Init 設定的，不同通道的設定函式不一樣，這裡使用的是通道 2，所以使用的函式是 TIM_OC2Init。

```
void TIM_OC2Init(TIM_TypeDef * TIMx, TIM_OCInitTypeDef * TIM_oCInitStruct);
```

TIM_OCInitTypeDef 結構的定義如下。

```
typedef struct
{
    uint16_t TIM_OCMode;
    uint16_t TIM_OutputState;
    uint16_t TIM_OutputNState;
    uint16_t TIM_Pulse;
    uint16_t TIM_OCPolarity;
    uint16_t TIM_OCNPolarity;
    uint16_t TIM_OCIdleState;
    uint16_t TIM_OCNIdleState;
} TIM_OCInitTypeDef;
```

相關的幾個成員變數介紹如下。

參數 TIM_OCMode 設定是 PWM 模式還是輸出比較模式，這裡是 PWM 模式。

參數 TIM OutputState 設定比較輸出啟動，也就是啟動 PWM 輸出到通訊埠。

參數 TIM_OCPolarity 設定極性是高還是低。

其他參數(TIM_OutputNState、TIM_OCNPolarity、TIM_OCIdleState 和 TIM_OCIdleState) 是高級控制計時器 TIM1 和 TIM8 才用到的。

要實現上面提到的場景，方法如下。

```
TIM_OCInitTypeDef TIM_OCInitStructure;
TIM_OCInitStructure.TIM_OCMode = TIM_OCMode_PWM2;            // 選擇 PWM 模式 2
TIM_OCInitStructure.OutputState=TIM_OutputState_Enable;     // 比較輸出啟動
TIM_OCInitStructure.TIM_OCPolarity= TIM_OCPolarity_High;    // 輸出極性高
TIM_OC2Init(TIM3 , & TIM_OCInitStructure);                  // 初始化 TIM3 OC2
```

（5） 在完成以上設定之後，需要啟動 TIM3。

```
TIM_Cmd(TIM3 , ENABLE);            // 啟動 TIM3
```

（6）修改 TIM3_CCR2 控制工作週期比。

經過以上設定之後，PWM 其實已經開始輸出了，只是其工作週期比和頻率都是固定的，透過修改 TIM3_CCR2 可以控制 CH2 的輸出工作週期比，繼而控制 DSO 的亮度。

修改 TIM3_CCR2 工作週期比的函式庫是

```
void TIM_SetCompare2(TIM_TypeDef*TIMx，uint16_t Compare2)；
```

當然，其他通道分別有一個函式名稱，為 TIM_SetComparex(x=1，2，3，4)。

透過以上 6 個步驟，我們就可以控制 TIM3 的通道 2 輸出 PWM 波形了。

5.3.1 PWM 輸出硬體設計

本實例用到的硬體資源有指示燈 DS0 和計時器 TIM3。這裡用到了 TIM3 的部分重映射功能，把 TIM3_CH2 直接映射到了接腳 PB5 上，接腳 PB5 和 DS0 是直接連接的。

5.3.2 PWM 輸出軟體設計

1. time.h 標頭檔

```
#ifndef __TIMER_H
#define __TIMER_H
#include "sys.h"
void TIM3_PWM_Init(u16 arr,u16 psc);
#endif
```

2. time.c 函式

```
#include "timer.h"
#include "led.h"
```

```
#include "usart.h"
//TIM3 PWM 部分初始化
//PWM 輸出初始化
//arr：自動重裝值
//psc：時鐘預分頻數
void TIM3_PWM_Init(u16 arr,u16 psc)
{
    GPIO_InitTypeDef GPIO_InitStructure;
    TIM_TimeBaseInitTypeDef  TIM_TimeBaseStructure;
    TIM_OCInitTypeDef  TIM_OCInitStructure;
    RCC_APB1PeriphClockCmd(RCC_APB1Periph_TIM3, ENABLE);    // 啟動 TIM3 時鐘
    // 啟動 GPIO 外接裝置和 AFIO 重複使用功能模組時鐘
    RCC_APB2PeriphClockCmd(RCC_APB2Periph_GPIOB | RCC_APB2Periph_AFIO, ENABLE);

    GPIO_PinRemapConfig(GPIO_PartialRemap_TIM3, ENABLE);    //TIM3 部分重映射   TIM3_CH2-
>PB5

    // 設定該接腳為重複使用輸出功能，輸出 TIM3_CH2 的 PWM 脈衝波形
    GPIO_InitStructure.GPIO_Pin = GPIO_Pin_5;              //TIM3_CH2
    GPIO_InitStructure.GPIO_Mode = GPIO_Mode_AF_PP;        // 重複使用推拉輸出
    GPIO_InitStructure.GPIO_Speed = GPIO_Speed_50MHz;
    GPIO_Init(GPIOB, &GPIO_InitStructure);                 // 初始化 GPIO

    // 初始化 TIM3
    TIM_TimeBaseStructure.TIM_Period = arr;        // 設定在下一個更新事件載入活動的自動
                                                   // 重加載暫存器週期的值
    TIM_TimeBaseStructure.TIM_Prescaler =psc;      // 作為 TIMx 時鐘頻率除數的預分頻值
    TIM_TimeBaseStructure.TIM_ClockDivision = 0;   // 設定時鐘分割，TDTS = Tck_tim
    TIM_TimeBaseStructure.TIM_CounterMode = TIM_CounterMode_Up;//TIM 向上計數模式
    TIM_TimeBaseInit(TIM3, &TIM_TimeBaseStructure);// 根據 TIM_TimeBaseInitStruct 中指定的
                                                   // 參數初始化 TIMx 的時間基數單位

    // 初始化 TIM3_CH2 的 PWM 模式
    TIM_OCInitStructure.TIM_OCMode = TIM_OCMode_PWM2;        // 選擇計時器模式
    TIM_OCInitStructure.TIM_OutputState = TIM_OutputState_Enable;  // 比較輸出啟動
    TIM_OCInitStructure.TIM_OCPolarity = TIM_OCPolarity_High;// 輸出極性，TIM 輸出比較極
性高
    TIM_OC2Init(TIM3, &TIM_OCInitStructure);                // 根據指定的參數初始化外接裝
置 TIM3 OC2
```

```
    TIM_OC2PreloadConfig(TIM3, TIM_OCPreload_Enable);          // 啟動 TIM3 在 CCR2 上的預先安
裝載暫存器

    TIM_Cmd(TIM3, ENABLE);                                     // 啟動 TIM3
}
```

3. main.c 函式

```
#include "led.h"
#include "delay.h"
#include "key.h"
#include "sys.h"
#include "usart.h"
#include "timer.h"
int main(void)
{
    u16 led0pwmval=0;
    u8 dir=1;
    delay_init();                          // 延遲時間函式初始化
    NVIC_PriorityGroupConfig(NVIC_PriorityGroup_2);          // 設定 NVIC 中斷分組 2: 兩位元
先佔式優
                                                             // 先級, 兩位元回應優先順序
    uart_init(115200);              // 序列埠初始化為 115200
    LED_Init();                     //LED 通訊埠初始化
    TIM3_PWM_Init(899,0);           // 不分頻, PWM 頻率 =72000000/900=80kHz
    while(1)
    {
        delay_ms(10);
        if(dir) led0pwmval++;
        else led0pwmval--;

        if(led0pwmval>300) dir=0;
        if(led0pwmval==0) dir=1;
        TIM_SetCompare2(TIM3,led0pwmval);
    }
}
```

從無窮迴圈函式可以看出，將 led0pwmval 的值設定為 PWM 比較值，也就是透過 led0pwmval 控制 PWM 的工作週期比，然後控制 led0pwmval 的值從 0 變到 300，再從 300 變到 0，如此循環。因此，DS0 的亮度也會跟著從暗變到亮，然後又從亮變到暗。這裡取 300 是因為 PWM 的輸出工作週期比達到這個值時，LED 亮度變化就不大了 (雖然最大值可以設定到 899)，因此設計過大的值是沒有必要的。至此，軟體設計就完成了。

在完成軟體設計之後，將編譯好的檔案下載到戰艦 STM32 開發板上，觀看其執行結果是否與我們撰寫的一致。如果沒有錯誤，則看到 DS0 不停地由暗變到亮，然後又從亮變到暗。每個過程持續時間大概為 3s。

PWM 輸出的開發專案可參照本書數位資源中的程式碼。

5.4 看門狗計時器

5.4.1 看門狗應用介紹

微控制器系統的工作常常會受到來自外界的干擾 (如電磁場)，有時會出現程式跑飛的現象，甚至讓整個系統陷入無窮迴圈。當出現這種現象時，微控制器系統中的看門狗模組或微控制器系統外的看門狗晶片就會強制對整個系統進行重置，使程式恢復到正常執行狀態。看門狗實際上是一個計時器，因此也稱為看門狗計時器，一般有一個輸入操作，叫作「餵狗」。微控制器正常執行時，每隔一段時間輸出一個訊號到「餵狗端」，給看門狗計時器清零，如果超過規定的時間不餵狗 (一般在程式跑飛時)，看門狗計時器就會逾時溢位，強制對微控制器進行重置，這樣就可以防止微控制器死機。看門狗計時器的作用就是防止程式發生死循環，或說在程式跑飛時能夠進行重置操作。STM32 微控制器系統附帶了兩個看門狗，分別是獨立看門狗 (IWDG) 和視窗看門狗 (WWDG)。

STM32F10xxx 內建的兩個看門狗提供了更高的安全性、時間的精確性和使用的靈活性。兩個看門狗可用來檢測和解決由軟體錯誤引起的故障；當計數器達到給定的逾時值時，觸發一個中斷 (僅適用於視窗看門狗) 或產生系統重置。

獨立看門狗 (IWDG) 由專用的低速時鐘 (LSI) 驅動，即使主時鐘發生故障，它也仍然有效。

視窗看門狗 (WWDG) 由從 APB1 時鐘分頻後得到的時鐘驅動，透過可設定的時間視窗檢測應用程式非正常的過遲或過早的操作。

IWDG 適用於那些需要看門狗作為一個在主程式之外能夠完全獨立工作，並且對時間精度要求較低的場合。

WWDG 適用於那些要求看門狗在精確計時視窗起作用的應用程式。

5.4.2 獨立看門狗

獨立看門狗 (IWDG) 主要性能如下。

（1） 自由執行的遞減計數器。

（2） 時鐘由獨立的 RC 振盪器提供 (可在停止和待機模式下工作)。

（3） 看門狗被啟動後，則在計數器計數至 0x000 時產生重置。

獨立看門狗模組如圖 5-10 所示。

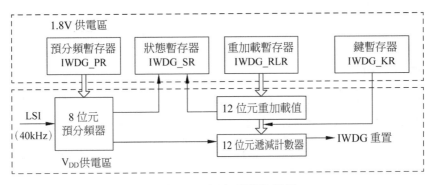

▲ 圖 5-10 獨立看門狗模組

1. 獨立看門狗時鐘

獨立看門狗由專用的低速時鐘 (LSI 時鐘) 驅動，即使主時鐘發生故障，它也仍然有效。LSI 時鐘的額定頻率為 40kHz，但是由於 LSI 時鐘由內部 RC 電路產生，因此 LSI 時鐘的頻率約為 30 ～ 60kHz，所以 STM32 內部獨立看門狗只適用於對時間精度要求比較低的場合，如果系統對時間精度要求高，建議使用外接獨立看門狗晶片。

2. 獨立看門狗預分頻器

預分頻器對 LSI 時鐘進行分頻之後，作為 12 位元遞減計數器的時鐘輸入。預分頻係數由預分頻暫存器 (IWDG_PR) 的 PR 決定，預分頻係數可以設定值 0、1、2、3、4、5、6 和 7，對應的預分頻值分別為 4、8、16、32、64、128、256 和 512。

3. 12 位元遞減計數器

12 位元遞減計數器對預分頻器的輸出時鐘進行計數，從重置值遞減計算，當計數到 0 時，會產生一個重置訊號。下面透過一個具體的例子對計數器的工作過程進行講解。假如寫入 IWDG_RLR 的值為 624，啟動獨立看門狗，即向鍵暫存器 (IWDG_KR) 中寫入 0xCCCC，則計數器從重置值 624 開始遞減計數，當計數到 0 時會產生一個重置訊號。因此，為了避免產生看門狗重置，即避免計數器遞減計數到 0，就需要向 IWDG_KR 的 KEY[15:0] 寫入 0xAAAA，則 IWDG_RLR 的值會被載入到 12 位元遞減計數器，計數器就又從重置值 624 開始遞減計數。

4. 狀態暫存器

獨立看門狗的狀態暫存器 (IWDG_SR) 有兩個狀態位元，分別是獨立看門狗計數器重加載值更新狀態位元 RVU 和獨立看門狗預分頻值更新狀態位元 PVU。

RVU 由硬體置為 1，用來指示重加載值的更新正在進行中，當 V_{DD} 域中的重加載更新結束後，該位元由硬體清零 (最多需要 5 個 40kHz 的時鐘週期)，重加載值只有在 RVU 被清零後才可以更新。

5. 鍵暫存器

IWDG_PR 和 IWDG_RLR 都具有防寫功能，要修改這兩個暫存器的值，必須先向 IWDG_KR 的 KEY[15:0] 寫入 0x5555。以不同的值寫入 KEY[15:0] 將打亂操作順序，暫存器將重新被保護。

除了可以向 KEY[15:0] 寫入 0x5555 允許存取 IWDG_PR 和 IWDG_RLR，也可以向 KEY[15:0] 寫入 0xAAAA 使計數器從重置值開始重新遞減計數；還可以向 KEY[15:0] 寫入 0xCCCC，啟動獨立看門狗工作。

5.4.3 視窗看門狗

視窗看門狗 (WWDG) 通常被用來監測由外部干擾或不可預見的邏輯條件造成的應用程式背離正常的執行序列而產生的軟體故障。除非遞減計數器的值在 T6 位元變為 0 前被刷新，看門狗電路在達到預置的時間週期時，會產生一個 MCU 重置。在遞減計數器達到視窗暫存器數值之前，如果 7 位元的遞減計數器數值 (在控制暫存器中) 被刷新，那麼也將產生一個 MCU 重置。這表明遞減計數器需要在一個有限的時間視窗中被刷新。

1. WWDG 主要特性

WWDG 主要特性如下。

（1）可程式化的自由執行遞減計數器。

（2）條件重置：當遞減計數器的值小於 0x40 時，則產生重置 (若看門狗被啟動)；當遞減計數器在視窗外被重新加載時，則產生重置 (若看門狗被啟動)。

（3） 如果啟動了看門狗並且允許中斷，當遞減計數器等於 0x40 時產生早期喚醒中斷 (EWI)，它可以被用於重加載計數器以避免 WWDG 重置。

2. WWDG 功能描述

如果看門狗被啟動 (WWDG_CR 暫存器中的 WDGA 位元被置 1)，並且當 7 位元 (T[6:0]) 遞減計數器從 0x40 翻轉到 0x3F(T6 位元清零) 時，則產生一個重置。如果軟體在計數器值大於視窗暫存器中的數值時重新加載計數器，將產生一個重置。視窗看門狗模組如圖 5-11 所示。

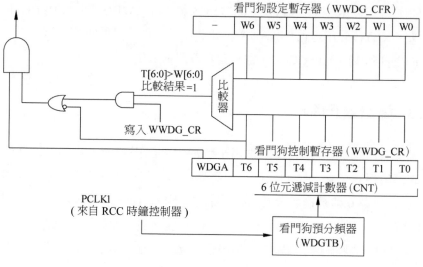

▲ 圖 5-11 視窗看門狗模組

應用程式在正常執行過程中必須定期地寫入 WWDG_CR 暫存器以防止 MCU 發生重置。只有當計數器值小於視窗暫存器的值時，才能進行寫入操作。儲存在 WWDG_CR 暫存器中的數值必須在 0xC0 與 0xFF 之間。

（1） 啟動看門狗。在系統重置後，看門狗總是處於關閉狀態，設定 WWDG_CR 暫存器的 WDGA 位能夠開啟看門狗，隨後它不能再被關閉，除非發生重置。

（2） 控制遞減計數器處於自由執行狀態，即使看門狗被禁止，遞減計數器仍繼續遞減計數。當看門狗被啟用時，T6 位元必須被設定，以防止立即產生一個重置。

T[5:0] 位元包含了看門狗產生重置之前的計時數目；重置前的延遲時間在一個最小值和一個最大值之間變化，這是因為寫入 WWDG_CR 暫存器時，預分頻值是未知的。

設定暫存器 (WWDG_CFR) 中包含視窗的上限值，要避免產生重置，遞減計數器必須在其值小於視窗暫存器的數值並且大於 0x3F 時被重新加載。

另一個重加載計數器的方法是利用早期喚醒中斷 (EWI)。設定 WWDG_CFR 暫存器中的 EWI 位元開啟該中斷。當遞減計數器到達 0x40 時，則產生此中斷，相應的中斷服務程式 (ISR) 可以用來載入計數器以防止 WWDG 重置。在 WWDG_SR 暫存器中寫入 0 可以清除該中斷。

注意：可以用 T6 位元產生一個軟體重置 (設定 WDGA 位元為 1，T6 位元為 0)。

5.4.4 看門狗操作相關的函式庫

1. 獨立看門狗操作相關的函式庫

```
void IWDG_Write AccessCmd(uintIWDG_WriteAccess);
```

功能描述：用預設參數初始化獨立看門狗設定。

```
void IWDG_SetPrescal (wint8_t IWDG_Prescaler);
```

功能描述：設定獨立看門狗的預置值。

```
void IWDG_SetReload(wint16_t Reload);
```

功能描述：設定 IWDG 的重新加載值。

```
void IWDG_ReloadCounter(void);
```

功能描述：重新加載設定的計數值。

```
void IWDG_Enable(void);
```

功能描述：啟動 IWDG。

```
FlagStatus IWDG_GetFlagStatus(uint16_tIWDG_FLAG);
```

功能描述：檢測獨立看門狗電路的狀態。

2. 視窗看門狗操作相關函式庫

```
void WWDG_Delnit(void);
```

功能描述：用預設參數初始化視窗看門狗設定。

```
void WWDG_SetPrescaler(uint32_tWWDG_Prescaler);
```

功能描述：設定視窗看門狗的預置值。

```
void WWDG_Set Window Value(uint8_t WindowValue);
```

功能描述：設定視窗看門狗的值。

```
void WWDG_EnablelT(void);
```

功能描述：設定視窗看門狗的提前喚醒中斷。

```
void WWDG_SetCounter(uint8_t Counter);
```

功能描述：設定視窗看門狗的計數值。

```
void WWDG_Enable(uint8_t Counter);
```

功能描述：啟動視窗看門狗並加載計數值。

```
FlagStatus WWDG_GetFlagStatus(void);
```

功能描述：檢測視窗看門狗提前喚醒中斷的標識狀態。

```
void WWDG_ClearFlag(void);
```

功能描述：清除 EWI 的中斷標識。

5.4.5 獨立看門狗程式設計

1. wdg.h 標頭檔

```
#ifndef __WDG_H
#define __WDG_H
#include "sys.h"
void IWDG_Init(u8 prer,u16 rlr);
void IWDG_Feed(void);

#endif
```

2. wdg.c 檔案

```
#include "wdg.h"
// 初始化獨立看門狗
//prer: 分頻數，0 ～ 7( 只有低 3 位元有效 )
// 分頻因數 =4*2^prer，但最大值只能是 256
//rlr: 重加載暫存器值，低 11 位元有效
// 時間計算 ( 大概 ):Tout=((4*2^prer)*rlr)/40ms
void IWDG_Init(u8 prer,u16 rlr)
{
```

```
    IWDG_WriteAccessCmd(IWDG_WriteAccess_Enable); // 啟動對 IWDG_PR 和 IWDG_RLR 暫存器的寫
入操作
    IWDG_SetPrescaler(prer);                      // 設定 IWDG 預分頻值
    IWDG_SetReload(rlr);                          // 設定 IWDG 重加載值
    IWDG_ReloadCounter();                         // 按照 IWDG 重加載的值重加載 IWDG 計數器

    IWDG_Enable();                                // 啟動 IWDG
}
// 餵獨立看門狗
void IWDG_Feed(void)
{
    IWDG_ReloadCounter();                         // 重加載
}
```

程式中只有兩個函式，IWDG_Init 是獨立看門狗初始化函式，該函式有兩個參數，分別用來設定預分頻數與重裝暫存器的值。透過這兩個參數就可以大概知道看門狗重置的時間週期為多少了。IWDG_Feed 函式用來餵狗，因為 STM32 的餵狗只需要向鍵值暫存器寫入 0xAAAA 即可，也就是呼叫 IWDG_ReloadCounter 函式，所以這個函式也很簡單。

3. main.c 函式

接下來看看主函式的程式。在主程式中先初始化系統程式，然後啟動按鍵輸入和看門狗，在看門狗開啟後馬上點亮 LED0(DS0)，並進入無窮迴圈等待按鍵的輸入。一旦 WK_UP 有按鍵，則餵狗，否則等待 IWDG 重置的到來。

```
#include  "led.h"
#include  "delay.h"
#include  "key.h"
#include  "sys.h"
#include  "usart.h"
#include  "wdg.h"
int main(void)
{
    delay_init();                                // 延遲時間函式初始化
```

```
   NVIC_PriorityGroupConfig(NVIC_PriorityGroup_2);      // 設定 NVIC 中斷分組 2: 兩位元
先佔式優先順序,

                                                        // 兩位元回應優先順序
uart_init(115200);                                      // 序列埠初始化為 115200
LED_Init();                                             // 初始化與 LED 連接的硬體介面
KEY_Init();                                             // 按鍵初始化
delay_ms(500);                                          // 視覺延遲時間
IWDG_Init(4,625);                                       // 預分頻數為 4,多載值為 625,
溢位時間為 1s
LED0=0;                                                 // 點亮 LED0
while (1)
{
    if(KEY_Scan(0)==WKUP_PRES)
    {
     IWDG_Feed();                                       // 如果 WK_UP 按下,則餵狗
    }
    delay_ms (10);
 };
}
```

獨立看門狗的開發專案請參照本書數位資源中的程式碼。

5.4.6 視窗看門狗程式設計

1. wdg.h 標頭檔

```
#ifndef __WDG_H
#define __WDG_H
#include "sys.h"
void IWDG_Init(u8 prer,u16 rlr);
void IWDG_Feed(void);

void WWDG_Init(u8 tr,u8 wr,u32 fprer);    // 初始化 WWDG
void WWDG_Set_Counter(u8 cnt);            // 設定 WWDG 的計數器
void WWDG_NVIC_Init(void);
#endif
```

2. wdg.c 檔案

```c
#include "wdg.h"
#include "led.h"
// 儲存 WWDG 計數器的設定值，預設為最大
u8 WWDG_CNT=0x7f;
// 初始化視窗看門狗
//tr：T[6:0]，計數器值
//wr：W[6:0]，視窗值
//fprer：分頻係數 (WDGTB)，僅最低兩位元有效
//Fwwdg=PCLK1/(4096*2^fprer)

void WWDG_Init(u8 tr,u8 wr,u32 fprer)
{
    RCC_APB1PeriphClockCmd(RCC_APB1Periph_WWDG, ENABLE);   //WWDG 時鐘啟動
    WWDG_CNT=tr&WWDG_CNT;                                  // 初始化 WWDG_CNT
    WWDG_SetPrescaler(fprer);                              // 設定 IWDG 預分頻值
    WWDG_SetWindowValue(wr);                               // 設定視窗值
    WWDG_Enable(WWDG_CNT);                                 // 啟動看門狗，設定計數器
    WWDG_ClearFlag();                                      // 清除提前喚醒中斷標識位元
    WWDG_NVIC_Init();                                      // 初始化視窗看門狗 NVIC
    WWDG_EnableIT();                                       // 開啟視窗看門狗中斷
}
// 重設定 WWDG 計數器的值
void WWDG_Set_Counter(u8 cnt)
{
    WWDG_Enable(cnt);                                      // 啟動看門狗，設定計數器
}
// 視窗看門狗中斷服務程式
void WWDG_NVIC_Init()
{
    NVIC_InitTypeDef NVIC_InitStructure;
    NVIC_InitStructure.NVIC_IRQChannel = WWDG_IRQn;        //WWDG 中斷
    NVIC_InitStructure.NVIC_IRQChannelPreemptionPriority = 2; // 先佔式優先順序 2
    NVIC_InitStructure.NVIC_IRQChannelSubPriority = 3;     // 回應優先順序
    NVIC_InitStructure.NVIC_IRQChannelCmd=ENABLE;
    NVIC_Init(&NVIC_InitStructure);    //NVIC 初始化
}
```

```
void WWDG_IRQHandler(void)
{
    WWDG_SetCounter(WWDG_CNT);                          // 當註釋此句後，視窗看門狗將

// 產生重置
    WWDG_ClearFlag();                                   // 清除提前喚醒中斷標識位元
    LED1=!LED1;                                         //LED 狀態翻轉
}
```

新增的這 4 個函式都比較簡單，WWDG_Init 函式用來設定 WWDG 的初始化值，包括看門狗計數器的值和看門狗比較值等。注意到這裡有一個全域變數 WWDG_CNT，用來儲存最初設定 WWDG_CR 計數器的值，在後續的中斷服務函式裡面，又把該數值放回到 WWDG_CR 上。

WWDG_Set_Counter 函式比較簡單，用來重設視窗看門狗的計數器值，然後是中斷分組函式。在中斷服務函式中先重設視窗看門狗的計數器值，然後清除提前喚醒中斷標識。最後對 LED1(DS1) 反轉，從而監測中斷服務函式的執行狀況。把這幾個函式加入標頭檔，以方便其他檔案呼叫。

3. main.c 函式

```
#include "led.h"
#include "delay.h"
#include "key.h"
#include "sys.h"
#include "usart.h"
#include "wdg.h"
int main(void)
{
    delay_init();                                      // 延遲時間函式初始化
    NVIC_PriorityGroupConfig(NVIC_PriorityGroup_2);    // 設定中斷優先順序分組為組 2：
兩位元搶
                                                       // 佔式優先順序，兩位元回應優
先順序
    uart_init(115200);                                 // 序列埠初始化為 115200
    LED_Init();
```

```
    KEY_Init();                                    // 按鍵初始化
    LED0=0;
    delay_ms(300);
    WWDG_Init(0x7F,0x5F,WWDG_Prescaler_8);         // 計數器值為 7F, 視窗暫存器為 5F, 分頻數
為 8
    while (1)
    {
    LED0=1;
    }
}
```

　　該函式透過 LED0(DS0) 指示是否正在初始化，透過 LED1(DS1) 指示是否發生了中斷。先讓 LED0 亮 300ms 然後關閉，從而判斷是否有重置發生了。初始化 WWDG 之後回到無窮迴圈，關閉 LED1，並等待看門狗中斷的觸發 / 重置。

　　視窗看門狗的開發專案可參照本書數位資源中的程式碼。

USART 與 Modbus 通訊協定應用實例

本章將介紹 USART 與 Modbus 通訊協定應用實例，包括串列通訊基礎、STM32 的 USART 工作原理、STM32 的 USART 串列通訊應用實例、外部匯流排、Modbus 通訊協定和 PMM2000 電力網路儀表 Modbus-RTU 通訊協定。

6.1 串列通訊基礎

在串列通訊中，參與通訊的兩台或多台裝置通常共用一筆物理通路。發送者依次逐位元發送一串資料訊號，按一定的約定規則被接收者接收。由於序列埠通常只是規定了物理層的介面規範，所以為確保每次傳送的資料封包能準確

到達目的地,使每個接收者能夠接收到所有發來的資料,必須在通訊連接上採取相應的措施。

由於借助序列埠所連接的裝置在功能、型號上往往互不相同,大多數裝置除了等待接收資料之外還會有其他任務。舉例來說,一個資料獲取單元需要週期性地收集和儲存資料;一個控制器需要負責控制計算或向其他裝置發送封包;一台裝置可能會在接收方正在進行其他任務時向它發送資訊。必須有能應對多種不同工作狀態的一系列規則保證通訊的有效性。這裡所講的保證串列通訊有效性的方法包括:使用輪詢或中斷檢測、接收資訊;設定通訊幀的起始、停止位元;建立連接握手;實行對接收資料的確認、資料快取以及錯誤檢查等。

6.1.1 串列非同步通訊資料格式

無論是 RS-232 還是 RS-485,均可採用串列非同步收發資料格式。

在序列埠的非同步傳輸中,接收方一般事先並不知道資料會在什麼時候到達。在它檢測到資料並作出回應之前,第 1 個資料位元就已經過去了。因此,每次非同步傳輸都應該在發送的資料之前設定至少一個起始位元,以通知接收方有資料到達,給接收方一個接收資料、快取資料和作出其他回應所需要的準備時間。而在傳輸過程結束時,則應由一個停止位元通知接收方本次傳輸已終止,以便接收方正常終止本次通訊而轉入其他工作程式。

串列非同步收發通訊的資料格式如圖 6-1 所示。

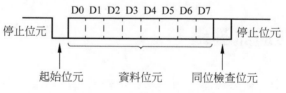

▲ 圖 6-1 串列非同步收發通訊的資料格式

若通訊線上無數據發送，該線路應處於邏輯 1 狀態 (高電位)。當電腦向外發送一個字元資料時，應先送出起始位元 (邏輯 0，低電位)，隨後緊接資料位元，這些資料組成要發送的字元資訊。有效資料位元的個數可以規定為 5、6、7 或 8。同位檢查位元視需要設定，緊接其後的是停止位元 (邏輯 1，高電位)，其位數可為 1、1.5 或 2。

6.1.2 連接握手

通訊幀的起始位元可以引起接收方的注意，但發送方並不知道，也不能確認接收方是否已經做好了接收資料的準備。利用連接握手可以使收發雙方確認已經建立了連接關係，接收方已經做好準備，可以進入資料收發狀態。

連接握手過程是指發送方在發送一個資料區塊之前使用一個特定的握手訊號引起接收方的注意，表明要發送資料，接收方則透過握手訊號回應發送方，說明已經做好了接收資料的準備。

連接握手可以透過軟體，也可以透過硬體來實現。在軟體連接握手中，發送方透過發送一個位元組表明想要發送資料。接收方看到這個位元組時，也發送一個編碼宣告自己可以接收資料，當發送方看到這個資訊時，便知道可以發送資料了。接收方還可以透過另一個編碼告訴發送方停止發送。

在普通的硬體握手方式中，接收方在準備好接收資料時將相應的導線置為高電位，然後開始全神貫注地監視它的串列輸入通訊埠的允許發送端。這個允許發送端與接收方的已準備好接收資料的訊號端相連，發送方在發送資料之前一直在等待這個訊號的變化。一旦得到訊號，說明接收方已處於準備好接收資料的狀態，便開始發送資料。接收方可以在任何時候將這根導線帶入低電位，即使是在接收一個資料區塊的過程中也可以把這根導線帶入低電位。當發送方檢測到這個低電位訊號時，就應該停止發送。而在完成本次傳輸之前，發送方還會繼續等待這根導線再次回到高電位，以繼續被中止的資料傳輸。

6.1.3 確認

接收方為表明資料已經收到而向發送方回覆資訊的過程稱為確認。有的傳輸過程可能會收到封包而不需要向相關節點回覆確認資訊。但是，在許多情況下，需要透過確認告知發送方資料已經收到。有的發送方需要根據是否收到確認資訊採取相應的措施，因而確認對某些通訊過程是必需的和有用的。即使接收方沒有其他資訊要告訴發送方，也要為此單獨發送一個確認資料已經收到的資訊。

確認封包可以是一個特別定義過的位元組，如一個標識接收方的數值。發送方收到確認封包就可以認為資料傳輸過程正常結束。如果發送方沒有收到所希望回覆的確認封包，就認為通訊出現了問題，然後將採取重發或其他行動。

6.1.4 中斷

中斷是一個訊號，它通知 CPU 有需要立即回應的任務。每個中斷要求對應一個連接到中斷來源和中斷控制器的訊號。透過自動檢測通訊埠事件發現中斷並轉入中斷處理。

許多序列埠採用硬體中斷。當序列埠發生硬體中斷，或一個軟體快取的計數器到達一個觸發值時，表明某個事件已經發生，需要執行相應的中斷回應程式，並對該事件作出及時的回應。這個過程也稱為事件驅動。

採用硬體中斷就應該提供中斷服務程式，以便在中斷發生時讓它執行所期望的操作。很多微控制器為滿足這種應用需求而設定了硬體中斷。一個事件發生時，應用程式會自動對通訊埠的變化作出回應，跳躍到中斷服務程式，如發送資料、接收資料、握手訊號變化、接收到錯誤封包等，都可能成為序列埠的不同工作狀態，或稱為通訊中發生了不同事件，需要根據狀態變化停止執行現行程式而轉向與狀態變化相適應的應用程式。

外部事件驅動可以在任何時間插入並且使程式轉向執行一個專門的應用程式。

6.1.5 輪詢

透過週期性地獲取特徵或訊號讀取資料或發現是否有事件發生的工作過程稱為輪詢。需要足夠頻繁地輪詢通訊埠，以便不遺失任何資料或事件。輪詢的頻率取決於對事件快速反應的需求以及快取區的大小。

輪詢通常用於電腦與 I/O 通訊埠之間較短資料或字元組的傳輸。由於輪詢通訊埠不需要硬體中斷，因此可以在一個沒有分配中斷的通訊埠執行此類程式。很多輪詢使用系統計時器確定週期性讀取通訊埠的操作時間。

6.2 STM32 的 USART 工作原理

6.2.1 USART 介紹

通用同步 / 非同步接收發送裝置 (USART) 可以說是嵌入式系統中除了 GPIO 外最常用的一種外接裝置。USART 常用的原因不在於其性能超強，而是因為其簡單、通用。自 Intel 公司 20 世紀 70 年代發明 USART 以來，上至伺服器、PC 之類的高性能電腦，下到 4 位元或 8 位元的微控制器幾乎都設定了 USART 通訊埠，透過 USART，嵌入式系統可以和所有電腦系統進行簡單的資料交換。USART 通訊埠的物理連接也很簡單，只要 2 ～ 3 根線即可實現通訊。

與 PC 軟體開發不同，很多嵌入式系統沒有完備的顯示系統，開發者在軟 / 硬體開發和偵錯過程中很難即時地了解系統的執行狀態。一般開發者會選擇用 USART 作為偵錯手段：首先完成 USART 的偵錯，在後續功能的偵錯中就透過 USART 向 PC 發送嵌入式系統執行狀態的提示訊息，以便定位軟 / 硬體錯誤，加快偵錯進度。

USART 通訊的另一個優勢是可以適應不同的物理層。舉例來說，使用 RS-232 或 RS-485 可以明顯提升 USART 通訊的距離，無線頻移鍵控 (Frequency Shift Keying，FSK) 調變可以降低佈線施工的難度。所以，USART 通訊埠在工控領域也有著廣泛的應用，是序列介面的工業標準。

USART 提供了一種靈活的方法與使用工業標準 NRZ 非同步串列資料格式的外部設備之間進行全雙工資料交換。USART 利用分數串列傳輸速率發生器提供寬範圍的串列傳輸速率選擇。它支援同步單向通訊和半雙工單線通訊，也支援局部網際網路 (Local Interconnect Network，LIN)、智慧卡協定和紅外線資料協會 (Infrared Data Association,IrDA)SIR ENDEC 規範，以及數據機 (CTS/RTS) 操作。它還允許多處理器通訊。使用多緩衝器設定的 DMA 方式，可以實現高速資料通信。

SM32F103 微控制器的小容量產品有兩個 USART 通訊埠，中等容量產品有 3 個 USART 通訊埠，大容量產品有 3 個 USART+ 兩個 UART 通訊埠。

6.2.2 USART 主要特性

USART 主要特性如下。

（1） 全雙工，非同步通訊。

（2） NRZ 標準格式。

（3） 分數串列傳輸速率發生器系統。發送和接收共用的可程式化串列傳輸速率最高達 4.5Mb/s。

（4） 可程式化資料字長度 (8 位元或 9 位元)。

（5） 可設定的停止位元——支援 1 或 2 個停止位元。

（6） LIN 主發送同步斷開符號的能力以及 LIN 從檢測斷開符號的能力。當 USART 硬體規格為 LIN 時，生成 13 位元斷開符號；檢測 10/11 位元斷開符號。

（7） 發送方為同步傳輸提供時鐘。

（8） IrDA SIR 編碼器 / 解碼器。在正常模式下支援 3/16 位元的持續時間。

（9） 智慧卡片模擬功能。智慧卡介面支援 ISO 7816-3 標準中定義的非同步智慧卡協定；智慧卡用到 0.5 或 1.5 個停止位元。

（10） 單線半雙工通訊。

（11） 可設定的使用 DMA 的多緩衝器通訊。在 SRAM 中利用集中式 DMA 緩衝接收 / 傳送的位元組。

（12） 單獨的發送器和接收器啟動位元。

（13） 檢測標識：接收緩衝器滿、發送緩衝器空、傳輸結束標識。

（14） 驗證控制：發送驗證位元、對接收資料進行驗證。

（15） 4 個錯誤檢測標識：溢位錯誤、雜訊錯誤、幀錯誤、驗證錯誤。

（16） 10 個附帶標識的中斷來源：CTS 改變、LIN 斷開符號檢測、發送資料暫存器空、發送完成、接收資料暫存器滿、檢測到匯流排為空閒、溢位錯誤、幀錯誤、雜訊錯誤、驗證錯誤。

（17） 多處理器通訊。如果位址不匹配，則進入靜默模式。

（18） 從靜默模式中喚醒。透過空閒匯流排檢測或位址標識檢測。

（19） 兩種喚醒接收器的方式：位址位元 (MSB，第 9 位元)、匯流排空閒。

6.2.3 USART 功能概述

STM32F103 微控制器 USART 通訊埠透過 3 個接腳與其他裝置連接在一起，其內部結構如圖 6-2 所示。

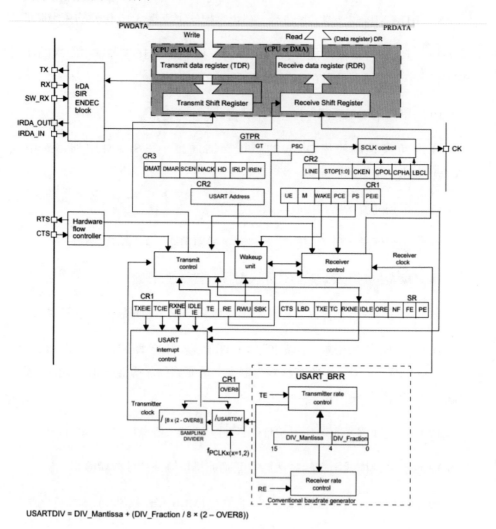

USARTDIV = DIV_Mantissa + (DIV_Fraction / 8 × (2 − OVER8))

▲ 圖 6-2 USART 內部結構

任何 USART 雙向通訊至少需要兩個接腳：接收資料登錄 (RX) 和發送資料輸出 (TX)。

RX 為接收資料串列輸入，透過過採樣技術區別資料和雜訊，從而恢復資料。

TX 為發送資料串行輸出。當發送器被禁止時，輸出接腳恢復到它的 I/O 通訊埠設定。當發送器被啟動，並且不發送資料時，TX 接腳處於高電位。在單線和智慧卡模式下，此 I/O 被同時用於資料的發送和接收。

（1） 匯流排在發送或接收前應處於空閒狀態。

（2） 一個起始位元。

（3） 一個資料字 (8 位元或 9 位元)，最低有效位元在前。

（4） 0.5、1.5、2 個的停止位元，由此表明資料幀的結束。

（5） 使用分數串列傳輸速率發生器——12 位整數和 4 位小數的表示方法。

（6） 一個狀態暫存器 (USART_SR)。

（7） 資料暫存器 (USART_DR)。

（8） 一個串列傳輸速率暫存器(USART_BRR)——12 位的整數和 4 位小數。

（9） 一個智慧卡模式下的保護時間暫存器 (USART_GTPR)。

在同步模式中需要 CK 接腳，即發送器時鐘輸出。此接腳輸出用於同步傳輸的時鐘，可以用來控制帶有移位暫存器的外部設備 (如 LCD 驅動器)。時鐘相位和極性都是軟體可程式化的。在智慧卡模式下，CK 接腳可以為智慧卡提供時鐘。

在 IrDA 模式下需要以下接腳。

（1） IrDA_RDI：IrDA 模式下的資料登錄。

（2） IrDA_TDO：IrDA 模式下的資料輸出。

在硬體流量控制模式下需要以下接腳。

（1） nCTS：清除發送，若是高電位，在當前資料傳輸結束時阻斷下一次的資料發送。

（2） nRTS：發送請求，若是低電位，表明 USART 準備好接收資料。

6.2.4 USART 通訊時序

可以透過程式設計 USART_CR1 暫存器中的 M 位元選擇位元組長度 (8 位元或 9 位元)，如圖 6-3 所示。

在起始位元期間，TX 接腳處於低電位，在停止位元期間處於高電位。空閒符號被視為一個完全由 1 組成的完整的資料幀，後面跟著包含了資料的下一幀的開始位元。斷開符號被視為在一個幀週期內全部收到 0。在斷開幀結束時，發送器再插入 1 或 2 個停止位元（1）用於應答起始位元。發送和接收由一個共用的串列傳輸速率發生器驅動，當發送器和接收器的啟動位元分別置位時，分別為其產生時鐘。

圖 6-3 中的 LBCL 為控制暫存器 2(USART_CR2) 的位元 8。在同步模式下，該位元用於控制是否在 CK 接腳上輸出最後發送的那個資料位元 (最高位元) 對應的時鐘脈衝，0 表示最後一位元資料的時鐘脈衝不從 CK 輸出；1 表示最後一位元資料的時鐘脈衝會從 CK 輸出。

注意：

（1） 最後一個資料位元就是第 8 個或第 9 個發送的位元 (根據 USART_CR1 暫存器中的 M 位元所定義的 8 位元或 9 位元資料框架格式確定)。

（2） UART4 和 UART5 上不存在這一位元。

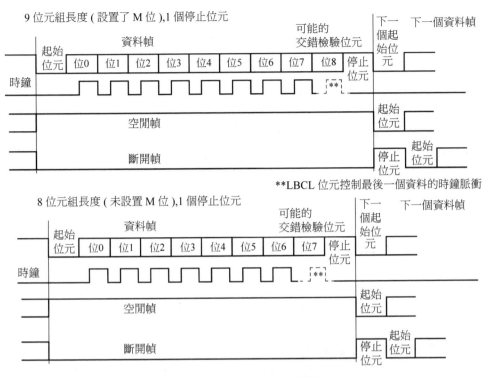

▲ 圖 6-3 USART 通訊時序

6.2.5 USART 中斷

STM32F103 系列微控制器的 USART 主要有以下中斷事件。

（1） 發送期間的中斷事件包括發送完成 (TC)、清除發送 (CTS)、發送資料暫存器空 (TXE)。

（2） 接收期間：空閒匯流排檢測 (IDLE)、溢位錯誤 (ORE)、接收資料暫存器不可為空 (RXNE)、驗證錯誤 (PE)、LIN 斷開檢測 (LBD)、雜訊錯誤 (NE，僅在多緩衝器通訊) 和帧錯誤 (FE，僅在多緩衝器通訊)。

如果設定了對應的啟動位元，這些事件就可以產生各自的中斷，如表 6-1 所示。

▼ 表 6-1 STM32F103 系列微控制器 USART 的中斷事件及其啟動位元

中斷事件	事件標識	啟動位元
發送資料暫存器空	TXE	TXEIE
CTS 標識	CTS	CTSIE
發送完成	TC	TCIE
接收資料就緒讀取	RXNE	RXNEIE
檢測到資料溢位	ORE	OREIE
檢測到空閒線路	IDLE	IDLEIE
交錯檢驗錯	PE	PEIE
斷開標識	LBD	LBDIE
雜訊標識、溢位錯誤、幀錯誤	NE、ORT、FE	EIE

6.2.6 USART 相關暫存器

STM32F103 的 USART 相關暫存器如下。可以用半字組 (16 位元) 或字 (32 位元) 的方式操作這些外接裝置暫存器,由於採用函式庫方式程式設計,故不進一步討論。

(1) 狀態暫存器 (USART_SR)。

(2) 資料暫存器 (USART_DR)。

(3) 波特比率暫存器 (USART_BRR)。

(4) 控制暫存器 1(USART_CR1)。

(5) 控制暫存器 2(USART_CR2)。

(6) 控制暫存器 3(USART_CR3)。

(7) 保護時間和預分頻暫存器 (USART_GTPR)。

6.3 STM32 的 USART 串列通訊應用實例

STM32 通常具有 3 個以上的串列通訊介面 (USART)，可根據需要選擇其中一個。

在串列通訊應用的實現中，困難在於正確設定、設定相應的 USART。與 51 微控制器不同的是，除了要設定串列通訊介面的串列傳輸速率、資料位數、停止位元和同位等參數外，還要正確設定 USART 涉及的 GPIO 和 USART 通訊埠本身的時鐘，即啟動相應的時鐘，否則無法正常通訊。

串列通訊通常有查詢法和中斷法兩種。因此，如果採用中斷法，還必須正確設定中斷向量、中斷優先順序，啟動相應的中斷，並設計具體的中斷函式；如果採用查詢法，則只要判斷發送、接收的標識，即可進行資料的發送和接收。

USART 只需兩根訊號線即可完成雙向通訊，對硬體要求低，使得很多模組都預留 USART 通訊埠實現與其他模組或控制器進行資料傳輸，如 GSM 模組、Wi-Fi 模組、藍芽模組等。在硬體設計時，注意還需要一根「共地線」。

經常使用 USART 實現控制器與電腦之間的資料傳輸，這使得偵錯工具非常方便。舉例來說，可以把一些變數的值、函式的傳回值、暫存器標識位元等透過 USART 發送到序列埠偵錯幫手，這樣可以非常清楚程式的執行狀態，在正式發佈程式時再把這些偵錯資訊去掉即可。

不僅可以將資料發送到序列埠偵錯幫手，還可以從序列埠偵錯幫手發送資料給控制器，控制器程式根據接收到的資料進行下一步工作。

首先撰寫一個程式實現開發板與電腦通訊，在開發板通電時透過 USART 發送一串字串給電腦，然後開發板進入中斷接收等候狀態。如果電腦發送資料過來，開發板就會產生中斷，透過中斷服務函式接收資料，並把資料傳回給電腦。

6.3.1 STM32 的 USART 的基本設定流程

STM32F1 的 USART 的功能有很多,最基本的功能就是發送和接收。其功能的實現需要序列埠工作方式設定、序列埠發送和序列埠接收 3 部分程式。本節只介紹基本設定,其他功能和技巧都是在基本設定的基礎上完成的,讀者可參考相關資料。USART 的基本設定流程如圖 6-4 所示。

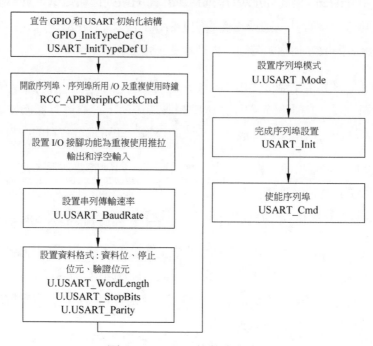

▲ 圖 6-4 USART 的基本設定流程

需要注意的是,序列埠是 I/O 的重複使用功能,需要根據資料手冊將相應的 I/O 設定為重複使用功能。舉例來說,USART1 的發送接腳和 PA9 接腳重複使用,需將 PA9 接腳設定為重複使用推拉輸出;接收接腳和 PA10 接腳重複使用,需將 PA10 接腳設定為浮空輸入,並開啟重複使用功能時鐘。另外,根據需要設定序列埠串列傳輸速率和資料格式。

和其他外接裝置一樣，完成設定後一定要啟動序列埠功能。

發送資料使用 USART_SendData 函式。發送資料時一般要判斷發送狀態，等發送完成後再執行後面的程式，如下所示。

```
/* 發送資料 */
USART_SendData(USART1,i)；
/* 等待發送完成 */
while(USART_GetFlagStatus(USART1,USART_FLAG_TC)!=SET)；
```

接收資料使用 USART_ReceiveData 函式。無論使用中斷方式接收還是查詢方式接收，首先要判斷接收資料暫存器是否為空，不可為空時才進行接收，如下所示。

```
/* 接收暫存器不可為空 */
(USART_GetFlagStats(USART1,USART_IT_RXNE)==SET)；
/* 接收資料 */
i=USART_ReceiveData(USARTI)；
```

6.3.2 STM32 的 USART 串列通訊應用硬體設計

為利用 USART 實現開發板與電腦通訊，需要用到一個 USB 轉 USART 的 IC 電路，選擇 CH340G 晶片實現這個功能。CH340G 是一個 USB 匯流排的轉接晶片，實現 USB 轉 USART、USB 轉 IrDA 紅外或 USB 轉印表機介面。這裡使用其 USB 轉 USART 功能，具體電路設計如圖 6-5 所示。

將 CH340G 的 TXD 接腳與 USART1 的 RX 接腳連接，CH340G 的 RXD 接腳與 USART1 的 TX 接腳連接。CH340G 晶片整合在開發板上，其地線 (GND) 已與控制器的 GND 相連。

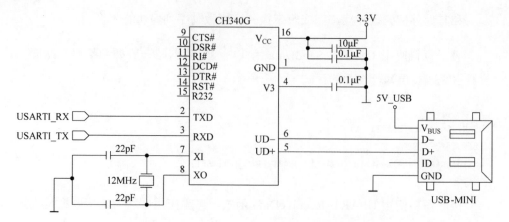

▲ 圖 6-5 USB 轉 USART 的硬體電路設計

6.3.3 STM32 的 USART 串列通訊應用軟體設計

程式設計要點如下。

（1）啟動 RX 和 TX 接腳的 GPIO 時鐘和 USART 時鐘。

（2）初始化 GPIO，並將 GPIO 重複使用到 USART 上。

（3）設定 USART 參數。

（4）設定中斷控制器並啟動 USART 接收中斷。

（5）啟動 USART。

（6）在 USART 接收中斷服務函式中實現資料接收。

6.4 外部匯流排

外部匯流排主要用於電腦系統與系統之間或電腦系統與外部設備之間的通訊。外部匯流排又分為兩類：一類是各位之間平行傳輸的平行匯流排，如 IEEE 488；另一類是各位之間序列傳輸的串列匯流排，如 USB、RS-232C、RS-485 等。

6.4.1 RS-232C 串列通訊介面

1. RS-232C 端子

RS-232C 的連接插頭早期使用 25 針 EIA 連接插頭座,現在使用 9 針 EIA 連接插頭座,其主要端子分配如表 6-2 所示。

▼ 表 6-2 RS-232C 主要端子分配

端子		方向	符號	功能
25 針	9 針			
2	3	輸出	TXD	發送資料
3	2	輸入	RXD	接收資料
4	7	輸出	RTS	請求發送
5	8	輸入	CTS	為發送清零
6	6	輸入	DSR	資料裝置準備好
7	5		GND	訊號地
8	1	輸入	DCD	資料訊號檢測
20	4	輸出	DTR	
22	9	輸入	RI	

1) 訊號含義

(1) 從電腦到數據機的訊號。

DTR——資料終端(DTE)準備好:告訴數據機電腦已接通電源,並已準備好。

RTS——請求發送:告訴數據機現在要發送資料。

(2) 從數據機到電腦的訊號。

DSR——資料裝置(DCE)準備好:告訴電腦數據機已接通電源,並已準備好。

CTS——為發送清零：告訴電腦數據機已準備好接收資料。

DCD——資料訊號檢測：告訴電腦數據機已與對端的數據機建立連接。

RI——振鈴指示器：告訴電腦對端電話已在振鈴。

（3）資料訊號。

TXD——發送資料。

RXD——接收資料。

2) 電氣特性

RS-232C 的電氣連接如圖 6-6 所示。

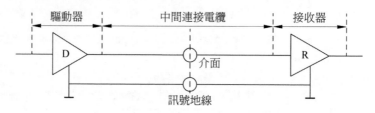

▲ 圖 6-6 RS-232C 的電氣連接

　　介面為非平衡型，每個訊號用一根導線，所有訊號迴路共用一根地線。通訊速率限於 20kb/s 內，電纜長度限於 15m 內。由於是單線，線間干擾較大。電性能用 ±12V 標準脈衝。值得注意的是，RS-232C 採用負邏輯。

　　在資料線上，傳號 (Mark)=-5 ～ -15V，邏輯 1 電位；空號 (Space)=+5 ～ +15V，邏輯 0 電位。

　　在控制線上，通 (On)=+5 ～ +15V，邏輯 0 電位；斷 (Off)=-5 ～ -15V，邏輯 1 電位。

　　RS-232C 的邏輯電位與 TTL 電位不相容，為了與 TTL 元件相連，必須進行電位轉換。

由於 RS-232C 採用電位傳輸，在通訊速率為 19.2kb/s 時，其通訊距離只有 15m。若要延長通訊距離，必須以降低通訊速率為代價。

2. 通訊介面的連接

當兩台電腦經 RS-232C 介面直接通訊時，兩台電腦之間的連線如圖 6-7 和圖 6-8 所示，雖然不接數據機，圖中仍連接著有關的數據機訊號線，這是由於 INT 14H 中斷使用這些訊號，假如程式中沒有呼叫 INT 14H，在自編程式中也沒有用到數據機的有關訊號，兩台電腦直接通訊時，只連接接腳 2、3、7(25 針 EIA) 或接腳 3、2、5(9 針 EIA) 就可以了。

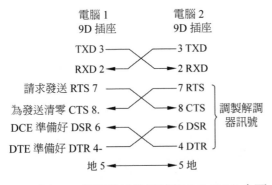

▲ 圖 6-7 使用數據機訊號的 RS-232C 介面

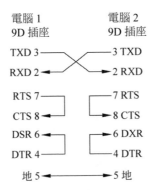

▲ 圖 6-8 不使用數據機訊號的 RS-232C 介面

3. RS-232C 電位轉換器

為了實現採用 +5V 供電的 TTL 和 CMOS 通訊介面電路與 RS-232C 標準介面連接，必須進行串列通訊埠的輸入 / 輸出訊號的電位轉換。

目前常用的電位轉換器有摩托羅拉公司的 MC1488 驅動器、MC1489 接收器，TI 公司的 SN75188 驅動器、SN75189 接收器以及美國 MAXIM 公司生產的單一 +5V 電源供電、多路 RS-232 驅動器 / 接收器，如 MAX232A 等。

MAX232A 內部具有雙充電泵電壓變換器，把 +5V 變換為 ±10V，作為驅動器的電源，具有兩路發送器和兩路接收器，使用相當方便，典型應用如圖 6-9 所示。

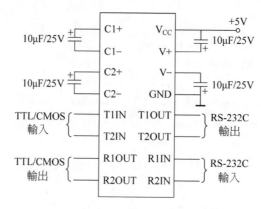

▲ 圖 6-9　MAX232A 典型應用

單一 +5V 電源供電的 RS-232C 電位轉換器還有 TL232、ICL232 等。

6.4.2　RS-485 串列通訊介面

由於 RS-232C 通訊距離較近，當傳輸距離較遠時，可採用 RS-485 串列通訊介面。

1. RS-485 介面標準

RS-485 介面採用二線差分平衡傳輸，其訊號定義如下。

當採用 +5V 電源供電時，若差分電壓訊號為 -2500 ～ -200mV，為邏輯 0；若差分電壓訊號為 +200 ～ +2500mV，為邏輯 1；若差分電壓訊號為 -200 ～ +200mV，為高阻狀態。

RS-485 差分平衡電路如圖 6-10 所示。一根導線上的電壓是另一根導線上的電壓值反轉。接收器的輸入電壓為這兩根導線電壓的差值 V_A-V_B。

▲ 圖 6-10 RS-485 差分平衡電路

RS-485 實際上是 RS-422 的變形。RS-422 採用兩對差分平衡線路；而 RS-485 只用一對。差分電路的最大優點是抑制雜訊。由於在兩根訊號線上傳遞著大小相等、方向相反的電流，而雜訊電壓往往在兩根導線上同時出現，一根導線上出現的雜訊電壓會被另一根導線上出現的雜訊電壓抵消，因而可以極大地削弱雜訊對訊號的影響。

差分電路的另一個優點是不受節點間接地電位差異的影響。

RS-485 價格比較便宜，能夠很方便地增加到一個系統中，還支援比 RS-232 更長的距離、更快的速度以及更多的節點。

RS-485 更適用於多台電腦或附帶微控制器的裝置之間的遠距離資料通信。

應該指出的是，RS-485 標準沒有規定連接器、訊號功能和接腳分配。要保持兩根訊號線相鄰，兩根差分導線應該位於同一根雙絞線內。接腳 A 與接腳 B 不要調換。

2. RS-485 收發器

RS-485 收發器種類較多，如 MAXIM 公司的 MAX485，TI 公司的 SN75 LBC184、SN65LBC184、高速型 SN65ALS1176 等。它們的接腳是完全相容的，其中 SN65ALS1176 主要用於高速應用場合，如 PROFIBUS-DP 現場匯流排等。下面僅介紹 SN75LBC184。

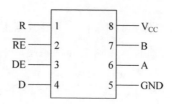

▲ 圖 6-11　SN75LBC184 接腳圖

SN75LBC184 是具有瞬變電壓抑制的差分收發器，為商業級，接腳如圖 6-11 所示。其工業級產品為 SN65LBC184。

SN75LBC184 接腳介紹如下。

（1）R：接收端。

（2）$\overline{RE}$：接收啟動，低電位有效。

（3）DE：發送啟動，高電位有效。

（4）D：發送端。

（5）A：差分正輸入端。

（6）B：差分負輸入端。

（7）V_{CC}：+5V 電源。

（8）GND：地。

3. 應用電路

RS-485 應用電路如圖 6-12 所示。

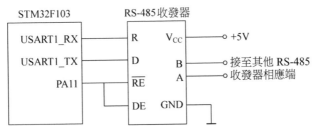

▲ 圖 6-12 RS-485 應用電路

在圖 6-12 中，RS-485 收發器可為 SN75LBC184、SN65LBC184、MAX485 等。當接腳 PA11 為低電位時，接收資料；當接腳 PA11 為高電位時，發送資料。

如果採用 RS-485 組成匯流排拓撲結構的分散式控制系統，在雙絞線終端應接 120Ω 的終端電阻。

4. RS-485 網路互聯

利用 RS-485 介面可以使一個或多個訊號發送器與接收器互聯，在多台電腦或附帶微控制器的裝置之間實現遠距離資料通信，形成分散式測控網路系統。

在大多數應用條件下，RS-485 的通訊埠連接都採用半雙工通訊方式。有多個驅動器和接收器共用一條訊號通路。圖 6-13 所示為 RS-485 通訊埠半雙工連接的電路圖。其中 RS-485 差分匯流排收發器採用 SN75LBC184。

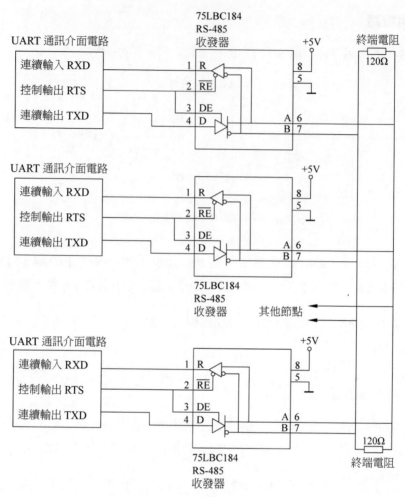

▲ 圖 6-13 RS-485 通訊埠的半雙工連接

　　圖 6-13 中的兩個 120Ω 電阻是作為匯流排的終端電阻存在的。當終端電阻等於電纜的特徵阻抗時，可以削弱甚至消除訊號的反射。

　　特徵阻抗是導線的特徵參數，它的數值隨著導線的直徑、在電纜中與其他導線的相對距離以及導線的絕緣類型而變化。特徵阻抗值與導線的長度無關，一般雙絞線的特徵阻抗為 100 ～ 150 Ω。

　　RS-232C 和 RS-485 之間的轉換可採用相應的 RS-232/RS-485 轉換模組。

6.5 Modbus 通訊協定

6.5.1 概述

Modbus 協定是應用於 PLC 或其他控制器的一種通用語言。透過 Modbus 協定，控制器之間、控制器透過網路 (如乙太網) 和其他裝置之間可以實現串列通訊。Modbus 協定已經成為通用工業標準。採用 Modbus 協定，不同廠商生產的控制裝置可以互聯成工業網路，實現集中監控。

Modbus 協定定義了一個控制器，能辨識使用的訊息結構，而不管它們是經過何種網路進行通訊的。它描述了控制器請求存取其他裝置的過程，如何回應來自其他裝置的請求，以及如何偵測錯誤並記錄。它制定了訊息域格式和內容的公共格式。

當在 Modbus 網路上通訊時，協定要求每個控制器必須知道它們的裝置位址，辨識按位址發來的訊息，決定要產生何種動作。如果需要回應，控制器將生成回饋資訊並用 Modbus 協定發出。在其他網路上，包含了 Modbus 協定的訊息轉為在此網路上使用的幀或封包結構，這種轉換也擴充了根據具體的網路解決節點位址、路由路徑及錯誤檢測的方法。

1. 在 Modbus 網路上傳輸

標準的 Modbus 介面使用 RS-232C 相容序列介面，它定義了連接器的接腳、電纜、訊號位元、傳輸串列傳輸速率、同位。控制器能直接或透過數據機網路拓樸。

控制器通訊使用主 - 從技術，即僅某一裝置 (主裝置) 能主動傳輸 (查詢)，其他裝置 (從裝置) 根據主裝置查詢提供的資料作出回應。典型的主裝置有主機和可程式化儀表；典型的從裝置有可程式化控制器。

主裝置可單獨與從裝置通訊，也能以廣播方式與所有從裝置通訊。如果單獨通訊，從裝置傳回一個訊息作為回應；如果是以廣播方式查詢的，則不作任

何回應。Modbus 協定建立了主裝置查詢的格式：裝置 (或廣播) 位址 + 功能程式 + 所有要發送的資料 + 一個錯誤檢測域。

從裝置回應訊息也由 Modbus 協定組成，包括確認要動作的域、任何要傳回的資料和一個錯誤檢測域。如果在訊息接收過程中發生一個錯誤，或從裝置不能執行其命令，從裝置將建立一個錯誤訊息並把它作為響應發送出去。

2. 在其他類型網路上傳輸

在其他網路上，控制器使用「對等」技術通訊，任何控制器都能初始化和其他控制器的通訊。這樣在單獨的通訊過程中，控制器既可作為主裝置，也可作為從裝置。提供的多個內部通道允許同時發生傳輸處理程序。

在訊息級，Modbus 協定仍提供了主 - 從原則，儘管網路通訊方法是「對等」的。如果一個控制器發送一個訊息，它只是作為主裝置，並期望從從裝置得到回應。同樣，當控制器接收到一個訊息，它將建立一個從裝置響應格式並傳回給發送的控制器。

3. 查詢 - 回應週期

1) 查詢

查詢訊息中的功能程式告知被選中的從裝置要執行何種功能。資料區段包含了從裝置要執行功能的任何附加資訊。舉例來說，功能程式 03 是要求從裝置讀取保持暫存器並傳回它們的內容。資料區段必須包含要告知從裝置的資訊：從何種暫存器開始讀取及要讀取的暫存器數量。錯誤檢測域為從裝置提供了一種驗證訊息內容是否正確的方法。

2) 回應

如果從裝置產生一個正常的響應，在回應訊息中的功能程式是在查詢訊息中的功能程式的回應。資料區段包括了從裝置收集的資料，如暫存器值或狀態。如果有錯誤發生，功能程式將被修改以用於指出回應訊息是錯誤的，同時資料

區段包含了描述此錯誤資訊的程式。錯誤檢測域允許主裝置確認訊息內容是否可用。

6.5.2 兩種傳輸模式

控制器可設定為兩種傳輸模式 (ASCII 或 RTU) 中的任何一種，在標準的 Modbus 網路中通訊。使用者選擇想要的模式，包括序列埠通訊參數 (串列傳輸速率、驗證方式等)，在設定每個控制器時，在一個 Modbus 網路中的所有裝置都必須選擇相同的傳輸模式和序列埠參數。

ASCII 模式如圖 6-14 所示，RTU 模式如圖 6-15 所示。

:	位址	功能程式	資料長度	資料1	…	資料n	LRC 高位元組	LRC 低位元組	確認	換行

▲ 圖 6-14 ASCII 模式

位址	功能程式	資料長度	資料	…	資料n	CRC 高位元組	CRC 低位元組

▲ 圖 6-15 RTU 模式

所選的 ASCII 或 RTU 模式僅適用於標準的 Modbus 網路，它定義了在這些網路上連續傳輸的訊息區段的每位元，以及決定怎樣將資訊打包成訊息域和如何解碼。

在其他網路上 (如 MAP 和 Modbus Plus)，Modbus 訊息被轉為與序列傳輸無關的幀。

1. ASCII 模式

當控制器設定為在 Modbus 網路上以 ASCII 模式通訊時，訊息中的每個位元組 (8 位元) 都作為兩個 ASCII 字元發送。這種方式的主要優點是字元發送的時間間隔可達到 1s 而不產生錯誤。

（1） 程式系統：十六進位，ASCII 字元 0 ～ 9、A ～ F；訊息中的每個 ASCII 字元都由一個十六進位字元組成。

（2） 每個位元組的位元：1 個起始位元；7 個資料位元，最低有效位元先發送；1 個同位檢查位元，無驗證則無；1 個停止位元 (有驗證時)，2 個位元 (無驗證時)。

（3） 錯誤檢測域：LRC(Longitadinal Redundancy Check, 縱向容錯檢驗)。

2. RTU 模式

當控制器設定為在 Modbus 網路上以遠端終端機單元 (Remote Terminal Unit,RTU) 模式通訊時，訊息中的每個位元組 (8 位元) 包含兩個 4 位元的十六進位字元。這種模式的主要優點是在同樣的串列傳輸速率下，可比 ASCII 模式傳輸更多的資料。

（1） 程式系統：8 位元二進位，十六進位數 0 ～ 9，A ～ F；訊息中的每個 8 位元域都由兩個十六進位字元組成。

（2） 每個位元組的位元：1 個起始位元；8 個資料位元，最低有效位元先發送；1 個同位檢查位元，無驗證則無；1 個停止位元 (有驗證時)，2 個位元 (無驗證時)。

（3） 錯誤檢測域：CRC(Cyclic Redundancy Check，循環容錯驗證)。

6.5.3 Modbus 訊息幀

兩種傳輸模式 (ASCII 或 RTU) 中，傳輸裝置可以將 Modbus 訊息轉為有起點和終點的幀，這就允許接收的裝置在訊息起始處開始工作，讀取位址分配資訊，判斷哪個裝置被選中 (廣播方式則傳給所有裝置)，判斷何時資訊已完成。部分訊息也能偵測到並且能將錯誤設定為傳回結果。

1. ASCII 幀

使用 ASCII 模式，訊息以冒號 (：) 字元 (ASCII 碼為 3AH) 開始，以確認、分行符號 (ASCII 碼為 0DH、0AH) 結束。

其他域可以使用的傳輸字元是十六進位的 0～9、A～F。網路上的裝置不斷偵測冒號字元，當有一個冒號接收到時，每個裝置都解碼下個域 (位址域) 判斷是否是發送給自己的。

訊息中字元間發送的時間間隔最長不能超過 1s，否則接收的裝置將認為傳輸錯誤。一個典型的 ASCII 訊息幀如圖 6-16 所示。

起始位元	裝置位址	功能程式	資料	LRC 驗證	結束符號
1 個字元	2 個字元	2 個字元	n 個字元	2 個字元	2 個字元

▲ 圖 6-16 ASCII 訊息幀

2. RTU 幀

使用 RTU 模式，訊息發送至少要以 3.5 個字元時間的停頓間隔開始。在網路串列傳輸速率下設定多個字元時間 (如圖 6-17 中的 T1-T2-T3-T4)，這是最容易實現的。傳輸的第 1 個域是裝置位址，可以使用的傳輸字元是十六進位的 0～9、A～F。網路裝置不斷偵測網路匯流排，包括停頓間隔時間。當第 1 個域 (位址域) 接收到，每個裝置都進行解碼以判斷是否是發送給自己的。在最後一個傳輸字元之後，一個至少 3.5 個字元時間的停頓標注了訊息的結束，一個新的訊息可在此停頓後開始傳輸。

整個訊息幀必須作為一個連續的螢幕進行傳輸。如果在幀完成之前有超過 1.5 個字元的停頓時間，接收裝置將刷新不完整的訊息並假定下一位元組是一個新訊息的位址域。同樣地，如果一個新訊息在小於 3.5 個字元時間內接著前一個訊息開始，接收的裝置將認為它是前一個訊息的延續。將會導致一個錯誤，因為在最後的 CRC 域的值不可能是正確的。一個典型的 RTU 訊息幀如圖 6-17 所示。

起始位元	裝置位址	功能程式	資料	CRC 驗證	結束符號
T1-T2-T3-T4	8b	8b	$n \times 8b$	16b	T1-T2-T3-T4

▲ 圖 6-17 RTU 訊息幀

3. 位址域

訊息幀的位址域包含兩個字元 (ASCII) 或 8b(RTU)。允許的從裝置位址為 0 ～ 247(十進位)。單一從裝置的位址範圍為 1 ～ 247。主裝置透過將從裝置的位址放入訊息中的位址域選通從裝置。當從裝置發送回應訊息時,它把自己的位址放入回應的位址域中,以便主裝置知道是哪個裝置作出的回應。

位址 0 用作廣播位址,以使所有從裝置都能辨識。當 Modbus 協定用於更高級的網路時,廣播可能不允許或以其他方式代替。

4. 功能域

訊息幀中的功能程式域包含了兩個字元 (ASCII) 或 8b(RTU)。允許的程式範圍為十進位的 1 ～ 255。當然,有些程式是適用於所有控制器的,有些只適用於某種控制器,還有些保留以備後用。

當訊息從主裝置發往從裝置時,功能程式域將告知從裝置需要執行哪些動作,如讀取輸入的開關狀態、讀取一組暫存器的資料內容、讀取從裝置的診斷狀態、允許調入 / 記錄 / 驗證在從裝置中的程式等。

當從裝置回應時,它使用功能程式域指示是正常回應 (無誤) 還是有某種錯誤發生 (稱作異常回應)。對於正常回應,從裝置僅回應相應的功能程式;對於異常響應,從裝置傳回一個在正常功能程式的最高位置 1 的程式。

舉例來說,一個主裝置發往從裝置的訊息要求讀取一組保持暫存器,將產生以下功能程式。

0 0 0 0 0 0 1 1 (十六進位 03H)

對於正常回應,從裝置僅回應同樣的功能程式。對於異常回應,傳回以下功能程式。

1 0 0 0 0 0 1 1 (十六進位 83H)

除功能程式因異常錯誤作了修改外,從裝置將一個特殊的程式放到回應訊息的資料欄中,這能告訴主裝置發生了什麼錯誤。

主裝置應用程式得到異常的回應後,典型的處理過程是重發訊息,或診斷發給從裝置的訊息並報告給操作員。

5. 資料欄

資料欄是由兩位元十六進位數組成的,範圍為 00H ～ FFH。根據網路傳輸模式,資料欄可以由一對 ASCII 字元組成或由一個 RTU 字元組成。

主裝置發給從裝置訊息的資料欄包含附加的資訊,從裝置必須採用該資訊執行由功能程式所定義的動作,包括不連續的暫存器位址、要處理項目的數量、域中實際資料位元組數等。

舉例來說,如果主裝置需要從從裝置讀取一組保持暫存器 (功能程式為 03H),資料欄指定了起始暫存器以及要讀取的暫存器數量。如果主裝置寫入一組從裝置的暫存器 (功能程式為 10H),資料欄則指明了要寫入的起始暫存器以及要寫入的暫存器數量、資料欄的資料位元組數、要寫入暫存器的資料。

如果沒有錯誤發生,從從裝置傳回的資料欄包含請求的資料。如果有錯誤發生,資料欄包含一個異常程式,主裝置應用程式可以用來判斷採取的下一步動作。

在某種訊息中資料欄可以是不存在的 (長度為 0)。舉例來說,主裝置要求從裝置回應通訊事件記錄 (功能程式為 0BH),從裝置不需任何附加的資訊。

6. 錯誤檢測域

標準的 Modbus 網路有兩種錯誤檢測方法，錯誤檢測域的內容與所選的傳輸模式有關。

1) ASCII

當選用 ASCII 模式作字元幀時，錯誤檢測域包含兩個 ASCII 字元。這是使用 LRC 方法對訊息內容計算得出的，不包括開始的冒號及確認、分行符號。LRC 字元附加在確認、分行符號前面。

2) RTU

當選用 RTU 模式作字元幀時，錯誤檢測域包含一個 16 位元值 (用兩個 8 位元的字元來實現)。錯誤檢測域的內容是透過對訊息內容進行 CRC 方法得出的。CRC 域附加在訊息的最後，增加時先是低位元組，然後是高位元組。因此，CRC 的高位元組是發送訊息的最後一個位元組。

7. 字元的連續傳輸

當訊息在標準的 Modbus 系列網路上傳輸時，每個字元或位元組以以下方式發送 (從左到右)：最低有效位元→最高有效位元。

使用 ASCII 字元幀時，位元順序如圖 6-18 所示。

有同位元

起始位元	1	2	3	4	5	6	7	交錯位元	停止位元

無同位元

起始位元	1	2	3	4	5	6	7	停止位元	停止位元

▲ 圖 6-18 位元順序 (ASCII 字元幀)

使用 RTU 字元幀時，位元順序如圖 6-19 所示。

有同位元

起始位元	1	2	3	4	5	6	7	8	交錯位元	停止位元

無同位元

起始位元	1	2	3	4	5	6	7	8	停止位元	停止位元

▲ 圖 6-19 位元順序 (RTU 字元幀)

6.5.4 錯誤檢測方法

標準的 Modbus 網路採用兩種錯誤檢測方法。同位對每個字元都可用,幀檢測 (LRC 或 CRC) 應用於整個訊息。它們都是在訊息發送前由主裝置產生的,從裝置在接收過程中檢測每個字元和整個訊息幀。

退出傳輸前,使用者要給主裝置設定一個預先定義的逾時隔,這個時間間隔要足夠長,以使任何從裝置都能作出正常回應。如果從裝置檢測到一個傳輸錯誤,訊息將不會接收,也不會向主裝置作出回應。這樣逾時事件將觸發主裝置處理錯誤。發往不存在的從裝置的訊息也會產生逾時。

1. 同位

使用者可以設定控制器是奇數同位檢查還是偶驗證,或無驗證。將會決定每個字元中的同位檢查位元是如何設定的。

如果指定了奇數同位檢查或偶驗證,1 的位數將算到每個字元的位元數中 (ASCII 模式為 7 個資料位元,RTU 模式為 8 個資料位元)。舉例來說,RTU 字元幀中包含以下 8 個資料位元:1 1 0 0 0 1 0 1,其中 1 的總數是 4 個。如果使用了偶驗證,該幀的同位檢查位元將是 0,使 1 的個數仍是偶數 (4 個);如果使用了奇數同位檢查,幀的同位檢查位元將是 1,使 1 的個數是奇數 (5 個)。

如果沒有指定同位,傳輸時就沒有驗證位元,也不進行驗證檢測,將一個附加的停止位元填充至要傳輸的字元幀中。

2. LRC 檢測

使用 ASCII 模式，訊息包括一個基於 LRC 方法的錯誤檢測域。LRC 域檢測訊息域中除開始的冒號及結束的確認、分行符號以外的內容。

LRC 域包含一個 8 位元二進位數字的位元組。LRC 值由傳輸裝置計算並放到訊息幀中，接收裝置在接收訊息的過程中計算 LRC 值，並將它和接收到訊息中 LRC 域中的值比較，如果兩值不相等，說明有錯誤。

LRC 方法是將訊息中的 8 位元的位元組連續累加，不考慮進位。

3. CRC 檢測

使用 RTU 模式，訊息包括一個基於 CRC 方法的錯誤檢測域。CRC 域檢測整個訊息的內容。

CRC 域是兩個位元組，包含一個 16 位元的二進位數字。它由傳輸裝置計算後加入訊息中。接收裝置重新計算收到訊息的 CRC 值，並與接收到的 CRC 域中的值比較，如果兩值不同，則有錯誤。

CRC 是先調入一個數值是全 1 的 16 位元暫存器，然後呼叫一個過程將訊息中連續的 8 位元組和當前暫存器中的值進行處理。僅每個字元中的 8 位元資料對 CRC 有效，起始位元和停止位元以及同位檢查位元均無效。

CRC 產生過程中，每個 8 位元字元都單獨和暫存器內容相或 (OR)，結果向最低有效位元 (LSB) 方向移動，最高有效位元以 0 填充。LSB 被提取出來檢測，如果 LSB 為 1，暫存器單獨和預置的值相或；如果 LSB 為 0，則不執行。整個過程要重複 8 次。在最後一位元 (第 8 位元) 完成後，下一個 8 位元組又單獨和暫存器的當前值相或。最終暫存器中的值是訊息中所有位元組都執行之後的 CRC 值。

將 CRC 增加到訊息中時，先加入低位元組，然後加入高位元組。

CRC 簡單函式如下。

```
unsigned short CRC16(puchMsg，usDataLen)
unsigned char *puchMsg；                      // 要進行 CRC 驗證的訊息
unsigned short usDataLen；                    // 訊息中位元組數
{
    unsigned char uchCRCHi=0xFF；             // 高 CRC 位元組初始化
    unsigned char uchCRCLo=0xFF；             // 低 CRC 位元組初始化
    unsigned uIndex；                         //CRC 迴圈中的索引
    while(usDataLen--)                        // 傳輸訊息緩衝區
    {
        uIndex=uchCRCHi^*puchMsg++；// 計算 CRC
        uchCRCHi=uchCRCLo^auchCRCHi[uIndex]；
        uchCRCLo=auchCRCLo[uIndex]；
    }
    return(uchCRCHi<<8|uchCRCLo)；
}
/* CRC 高位元組值表 */
static unsigned char auchCRCHi[]={
0x00,0xC1,0x81,0x40,0x01,0xC0,0x80,0x41,0x01,0xC0,
0x80,0x41,0x00,0xC1,0x81,0x40,0x01,0xC0,0x80,0x41,
0x00,0xC1,0x81,0x40,0x00,0xC1,0x81,0x40,0x01,0xC0,
0x80,0x41,0x01,0xC0,0x80,0x41,0x00,0xC1,0x81,0x40,
0x00,0xC1,0x81,0x40,0x01,0xC0,0x80,0x41,0x00,0xC1,
0x81,0x40,0x01,0xC0,0x80,0x41,0x01,0xC0,0x80,0x41,
0x00,0xC1,0x81,0x40,0x01,0xC0,0x80,0x41,0x00,0xC1,
0x81,0x40,0x00,0xC1,0x81,0x40,0x01,0xC0,0x80,0x41,
0x00,0xC1,0x81,0x40,0x01,0xC0,0x80,0x41,0x01,0xC0,
0x80,0x41,0x00,0xC1,0x81,0x40,0x00,0xC1,0x81,0x40,
0x01,0xC0,0x80,0x41,0x01,0xC0,0x80,0x41,0x00,0xC1,
0x81,0x40,0x01,0xC0,0x80,0x41,0x00,0xC1,0x81,0x40,
0x00,0xC1,0x81,0x40,0x01,0xC0,0x80,0x41,0x01,0xC0,
0x80,0x41,0x00,0xC1,0x81,0x40,0x00,0xC1,0x81,0x40,
0x01,0xC0,0x80,0x41,0x00,0xC1,0x81,0x40,0x01,0xC0,
0x80,0x41,0x01,0xC0,0x80,0x41,0x00,0xC1,0x81,0x40,
0x00,0xC1,0x81,0x40,0x01,0xC0,0x80,0x41,0x01,0xC0,
0x80,0x41,0x00,0xC1,0x81,0x40,0x01,0xC0,0x80,0x41,
0x00,0xC1,0x81,0x40,0x00,0xC1,0x81,0x40,0x01,0xC0,
0x80,0x41,0x00,0xC1,0x81,0x40,0x01,0xC0,0x80,0x41,
```

```
0x01,0xC0,0x80,0x41,0x00,0xC1,0x81,0x40,0x01,0xC0,
0x80,0x41,0x00,0xC1,0x81,0x40,0x00,0xC1,0x81,0x40,
0x01,0xC0,0x80,0x41,0x01,0xC0,0x80,0x41,0x00,0xC1,
0x81,0x40,0x00,0xC1,0x81,0x40,0x01,0xC0,0x80,0x41,
0x00,0xC1,0x81,0x40,0x01,0xC0,0x80,0x41,0x01,0xC0,
0x80,0x41,0x00,0xC1,0x81,0x40
};
/* CRC 低位元組值表 */
static char auchCRCLo[]={
0x00,0xC0,0xC1,0x01,0xC3,0x03,0x02,0xC2,0xC6,0x06,
0x07,0xC7,0x05,0xC5,0xC4,0x04,0xCC,0x0C,0x0D,0xCD,
0x0F,0xCF,0xCE,0x0E,0x0A,0xCA,0xCB,0x0B,0xC9,0x09,
0x08,0xC8,0xD8,0x18,0x19,0xD9,0x1B,0xDB,0xDA,0x1A,
0x1E,0xDE,0xDF,0x1F,0xDD,0x1D,0x1C,0xDC,0x14,0xD4,
0xD5,0x15,0xD7,0x17,0x16,0xD6,0xD2,0x12,0x13,0xD3,
0x11,0xD1,0xD0,0x10,0xF0,0x30,0x31,0xF1,0x33,0xF3,
0xF2,0x32,0x36,0xF6,0xF7,0x37,0xF5,0x35,0x34,0xF4,
0x3C,0xFC,0xFD,0x3D,0xFF,0x3F,0x3E,0xFE,0xFA,0x3A,
0x3B,0xFB,0x39,0xF9,0xF8,0x38,0x28,0xE8,0xE9,0x29,
0xEB,0x2B,0x2A,0xEA,0xEE,0x2E,0x2F,0xEF,0x2D,0xED,
0xEC,0x2C,0xE4,0x24,0x25,0xE5,0x27,0xE7,0xE6,0x26,
0x22,0xE2,0xE3,0x23,0xE1,0x21,0x20,0xE0,0xA0,0x60,
0x61,0xA1,0x63,0xA3,0xA2,0x62,0x66,0xA6,0xA7,0x67,
0xA5,0x65,0x64,0xA4,0x6C,0xAC,0xAD,0x6D,0xAF,0x6F,
0x6E,0xAE,0xAA,0x6A,0x6B,0xAB,0x69,0sA9,0xA8,0x68,
0x78,0xB8,0xB9,0x79,0xBB,0x7B,0x7A,0xBA,0xBE,0x7E,
0x7F,0xBF,0x7D,0xBD,0xBC,0x7C,0xB4,0x74,0x75,0xB5,
0x77,0xB7,0xB6,0x76,0x72,0xB2,0xB3,0x73,0xB1,0x71,
0x70,0xB0,0x50,0x90,0x91,0x51,0x93,0x53,0x52,0x92,
0x96,0x56,0x57,0x97,0x55,0x95,0x94,0x54,0x9C,0x5C,
0x5D,0x9D,0x5F,0x9F,0x9E,0x5E,0x5A,0x9A,0x9B,0x5B,
0x99,0x59,0x58,0x98,0x88,0x48,0x49,0x89,0x4B,0x8B,
0x8A,0x4A,0x4E,0x8E,0x8F,0x4F,0x8D,0x4D,0x4C,0x8C,
0x44,0x84,0x85,0x45,0x87,0x47,0x46,0x86,0x82,0x42,
0x43,0x83,0x41,0x81,0x80,0x40
};
```

6.5.5 Modbus 的程式設計方法

由 RTU 模式訊息框架格式可以看出,在完整的一幀訊息開始傳輸時,必須和上一幀訊息之間至少有 3.5 個字元時間的間隔,這樣接收方在接收時才能將該幀作為一個新的資料幀進行接收。另外,在本資料幀進行傳輸時,幀中傳輸的每個字元之間必須不能超過 1.5 個字元時間的間隔,否則本幀將被視為無效幀。但接收方將繼續等待和判斷下一次 3.5 個字元的時間間隔之後出現的新一幀並進行相應的處理。

因此,在程式設計時首先要考慮 1.5 個字元時間和 3.5 個字元時間的設定和判斷。

1. 字元時間的設定

在 RTU 模式中,1 個字元時間是指按照使用者設定的串列傳輸速率傳輸 1 位元組所需要的時間。

舉例來說,當傳輸串列傳輸速率為 2400b/s 時,1 個字元時間為 $11 \times 1/2400 \approx 0.004583s = 4583\mu s$;同樣,可得出 1.5 個字元時間和 3.5 個字元時間分別為 $6875\mu s$ 和 $16041\mu s$。

為了節省計時器,在設定這兩個時間段時可以使用同一個計時器,定時時間取為 1.5 個字元時間和 3.5 個字元時間的最大公約數,即 0.5 個字元時間,同時設定兩個計數器變數分別為 m 和 n,使用者可以在需要開始啟動時間判斷時將 m 和 n 清零。而在計時器的中斷服務程式中,只需要對 m 和 n 分別作加 1 運算,並判斷是否累加到 3 和 7。當 $m=3$ 時,說明 1.5 個字元時間已到,此時可以將 1.5 個字元時間已到標識 T15FLG 置為 01H,並將 m 重新清零;當 $n=7$ 時,說明 3.5 個字元時間已到,此時將 3.5 個字元時間已到標識 T35FLG 置為 01H,並將 n 重新清零。串列傳輸速率從 1200b/s 至 19200b/s,計時器定時時間均采可用此方法計算而得。

當串列傳輸速率為 38400b/s 時，Modbus 通訊協定推薦此時 1 個字元時間為 500μs，即計時器定時時間為 250μs。

2. 資料幀接收的程式設計方法

在實現 Modbus 通訊時，設每個位元組的一幀資訊需要 11 位元：1 位元起始位元 +8 位元資料位元 +2 位元停止位元，無驗證位元。透過串列通訊埠的中斷接收資料，中斷服務程式每次只接收並處理一位元組資料，並啟動計時器實現時序判斷。

在接收新一幀資料時，接收完第 1 個位元組之後，置一個幀標識 (FLAG) 為 0AAH，表明當前存在一個有效幀正在接收，在接收該幀的過程中，一旦出現時序不對，則將幀標識 (FLAG) 置為 55H，表示當前存在的幀為無效幀。其後，接收到本幀的剩餘位元組仍然放入接收緩衝區，但 FLAG 不再改變，直至接收到 3.5 字元時間間隔後的新一幀資料的第 1 個位元組，主程式即可根據 FLAG 判斷當前是否有有效幀需要處理。

Modbus 資料串列通訊埠接收中斷服務程式如圖 6-20 所示。

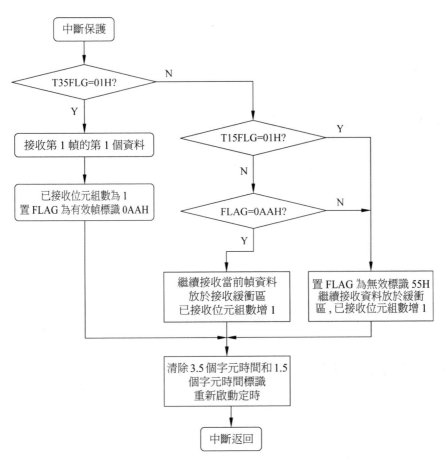

▲ 圖 6-20 Modbus 資料串列通訊埠接收中斷服務程式

6.6 PMM2000 電力網路儀表 Modbus-RTU 通訊協定

PMM2000 電力網路儀表 Modbus-RTU 通訊協定詳細介紹如下。

6.6.1 序列埠初始化參數

（1） 串列通訊方式：2 個停止位元，8 個資料位元，無驗證位元，RS-485 Modbus RTU。

（2） 串列傳輸速率支援：1200b/s、2400b/s、4800b/s、9600b/s、19200b/s、38400b/s。

（3） 預設位址：0x06。

（4） 串列傳輸速率：9600b/s。

6.6.2 開關量輸入

功能號：0x02。

1. 開關量發送資料

開關量輸入 0x02 命令發送資料格式如圖 6-21 所示。

位址 (1 位元組)	功能號 (1 位元組)	開始位址 (2 位元組)	讀取路數 (2 位元組)	校驗和 (2 位元組)
0x06	0x02	從0x0000開始	N	CRC16

▲ 圖 6-21 開關量輸入 0x02 命令發送資料格式

2. 開關量正常回應資料

開關量輸入 0x02 命令正常回應資料格式如圖 6-22 所示。

位址 (1 位元組)	功能號 (1 位元組)	位元組數 (1 位元組)	狀態值 (N 位元組)	校驗和 (2 位元組)
0x06	0x02	N^*		CRC16

▲ 圖 6-22 開關量輸入 0x02 命令正常回應資料格式

注意：圖 6-22 中，如果 $N/8$ 餘數為 0，則 $N^*=N/8$，否則 $N^*=N/8+1$。

3. 範例

（1） 讀取當前開關量輸入狀態 (DI1 ～ DI4)，共 4 路，其中 DI1=1，DI4=1(閉合)；DI2=0，DI3=0(斷開)。讀到的資料應為 09H，即 0000 1001。

主機發送資料：06 02 00 00 00 04 CRC CRC

從機正常回應資料：06 02 01 09 CRC CRC

上傳資料中，09H 為 DI1 ～ DI4 狀態，Bit0 ～ Bit3 對應 DI1 ～ DI4。

（2） 讀取當前開關量輸入狀態 (DI1 ～ DI16)，共 16 路，其中 DI1=1，DI4=1(閉合)；DI8=1(閉合)；DI9=1，DI11=1(閉合)，其餘斷開。讀到的資料應為 05H 89H，即 0000 0101 1000 1001。

主機發送資料：06 02 00 00 00 0C CRC CRC

從機正常回應資料：06 02 02 05 89 CRC CRC

上傳資料中，89H 為 DI1 ～ DI8 狀態，Bit0 ～ Bit7 對應 DI1 ～ DI8；05H 為 DI9 ～ DI12 狀態，Bit0 ～ Bit3 對應 DI9 ～ DI12。

6.6.3 繼電器控制

繼電器位址從 0x0000 開始。

功能號：0x05。

輸出值：FF00 為控制繼電器「合」；0000 為控制繼電器「開」。

1. 繼電器控制發送資料

繼電器輸出 0x05 命令發送資料格式如圖 6-23 所示。

位址 (1 位元組)	功能號 (1 位元組)	開始位址 (2 位元組)	讀取路數 (2 位元組)	校驗和 (2 位元組)
0x06	0x05	從0x0000開始	0x0000或0xFF00	CRC16

▲ 圖 6-23　繼電器輸出 0x05 命令發送資料格式

2. 繼電器控制正常回應資料

繼電器輸出 0x05 命令正常回應資料格式如圖 6-24 所示。

位址 (1 位元組)	錯誤程式 (1 位元組)	錯誤值 (1 位元組)	校驗和 (2 位元組)
0x06	0x80+ 功能碼	01、02、03或04	CRC16

▲ 圖 6-24　繼電器輸出 0x05 命令正常回應資料格式

3. 範例

繼電器 2 當前為「開」狀態，控制繼電器 2 輸出「合」狀態。

主機發送資料：06 05 00 01 FF 00 CRC CRC

如果控制繼電器成功，則傳回資料同發送資料。

6.6.4 錯誤處理

錯誤回應資料格式如圖 6-25 所示。

位址 (1 位元組)	錯誤程式 (1 位元組)	錯誤值 (1 位元組)	校驗和 (2 位元組)
0x06	0x80+功能碼	01、02、03或04	CRC16

▲ 圖 6-25 錯誤回應資料格式

圖 6-25 的錯誤值中，01 為無效的功能碼；02 為無效的資料位址；03 為無效的資料值；04 為執行功能碼失敗。

6.6.5 讀取標準電力參數

功能號：0x04。

1. 讀取標準電力參數發送資料

讀取標準電力參數 0x04 命令發送資料格式如圖 6-26 所示。

位址 (1 位元組)	功能號 (1 位元組)	開始位址 (2 位元組)	資料長度 (2 位元組)	校驗和 (2 位元組)
0x06	0x04	從0x0000開始	N (N 為讀取暫存器個數)	CRC16

▲ 圖 6-26 讀取標準電力參數 0x04 命令發送資料格式

2. 讀取標準電力參數正常響應資料

讀取標準電力參數 0x04 命令正常回應資料格式如圖 6-27 所示。

位址 (1 位元組)	功能號 (1 位元組)	位元組數 (1 位元組)	暫存器值 (2 位元組)	校驗和 (2 位元組)
0x06	0x04	$2N$		CRC16

▲ 圖 6-27 讀取標準電力參數 0x04 命令正常回應資料格式

3. 範例

所有參數全部上傳 (三相四線)。

上位元機發送資料：06 04 00 00 00 36 CRC CRC

從機正常回應資料：06 04 6C…CRC CRC

PMM2000電力網路儀表Modbus-RTU通訊協定暫存器位址表如表6-3所示。

▼ 表 6-3 PMM2000 電力網路儀表 Modbus-RTU 通訊協定暫存器位址表

參數	暫存器位址	說明	位元組數
CT 比	0000H		2
VT 比	0001H		2
儀表資訊	0002H	儀表資訊 SYS_INFO	2
		設定資訊 CFG_INFO	
繼電器和總警告狀態	0003H	總警告狀態 RL_FLG	
		繼電器狀態 RL_STATUS	2
警告狀態	0004H	警告狀態 2RL_FLG2	2
		警告狀態 1RL_FLG1	
功率狀態	0005H	功率符號 PQ_FLG	2
		0x00	
A 相電流 (整數)	0006H	二次側值，單位為 0.001A	2
B 相電流 (整數)	0007H	二次側值，單位為 0.001A	2
C 相電流 (整數)	0008H	二次側值，單位為 0.001A	2
中相電流 (整數)	0009H	二次側值，單位為 0.001A	2
A 相電壓 (整數)	000AH	一次側值，單位為 0.1V	2
B 相電壓 (整數)	000BH	一次側值，單位為 0.1V	2
C 相電壓 (整數)	000CH	一次側值，單位為 0.1V	2

（續表）

AB 線電壓（整數）	000DH	一次側值，單位為 0.1V	2
BC 線電壓（整數）	000EH	一次側值，單位為 0.1V	2
CA 線電壓（整數）	000FH	一次側值，單位為 0.1V	2
頻率	0010H	實際值 = 上傳值 /100	2
功率因數	0011H	一個位元組整數，一個位元組小數有號，高位元為符號位元 (0 為正，1 為負)	2
有功功率（整數高）	0012H	有號，高位元為符號位元 (0 為正，1 為負)	4
有功功率（整數低）	0013H		
無功功率（整數高）	0014H	有號，高位元為符號位元 (0 為正，1 為負)	4
無功功率（整數低）	0015H		
視在功率（整數高）	0016H		4
視在功率（整數低）	0017H		
總電能	0018H	BCD 碼	4
	0019H		
總無功電能	001AH	BCD 碼	4
	001BH		
A 相電能	001CH	BCD 碼	4
	001DH		
B 相電能	001EH	BCD 碼	4
	001FH		
C 相電能	0020H	BCD 碼	4
	0021H		
A 相電流基波（整數）	0022H	二次側值，單位為 0.001A2	
B 相電流基波（整數）	0023H	二次側值，單位為 0.001A2	

（續表）

C 相電流基波 (整數)	0024H	二次側值，單位為 0.001A	2
A 相電流 THD(整數)	0025H	單位為 0.1%	2
B 相電流 THD(整數)	0026H	單位為 0.1%	2
C 相電流 THD(整數)	0027H	單位為 0.1%	2
A 相電壓基波 (整數)	0028H	一次側值，單位為 0.1V	2
B 相電壓基波 (整數)	0029H	一次側值，單位為 0.1V	2
C 相電壓基波 (整數)	002AH	一次側值，單位為 0.1V	2
A 相電壓 THD(整數)	002BH	單位為 0.1%	2
B 相電壓 THD(整數)	002CH	單位為 0.1%	2
C 相電壓 THD(整數)	002DH	單位為 0.1%	2
DIDO 狀態	002EH	DIDO_VALUE1 DIDO_VALUE2	2
RESERVED	002FH	保留暫存器	2
A 相有功功率 (整數高) A 相有功功率 (整數低)	0030H 0031H	有號，高位元為符號位元 (0 為正，1 為負)	4
B 相有功功率 (整數高) B 相有功功率 (整數低)	0032H 0033H	有號，高位元為符號位元 (0 為正，1 為負)	4
C 相有功功率 (整數高) C 相有功功率 (整數低)	0034H 0035H	有號，高位元為符號位元 (0 為正，1 為負)	4
A 相無功功率 (整數高) A 相無功功率 (整數低)	0036H 0037H	有號，高位元為符號位元 (0 為正，1 為負)	4
B 相無功功率 (整數高) B 相無功功率 (整數低)	0038H 0039H	有號，高位元為符號位元 (0 為正，1 為負)	4

（續表）

C 相無功功率 (整數高)	003AH	有號，高位元為符號位元 (0 為 正，1 為負)	4
C 相無功功率 (整數低)	003BH		
A 相視在功率 (整數高)	003CH		4
A 相視在功率 (整數低)	003DH		
B 相視在功率 (整數高)	003EH		4
B 相視在功率 (整數低)	003FH		
C 相視在功率 (整數高)	0040H		4
C 相視在功率 (整數低)	0041H		
A 相功率因數	0042H	一個位元組整數，一個位元組小 數有號，高位元為符號位元 (0 為 正，1 為負)	2
B 相功率因數	0043H	一個位元組整數，一個位元組小 數有號，高位元為符號位元 (0 為 正，1 為負)	2
C 相功率因數	0044H	一個位元組整數，一個位元組小 數有號，高位元為符號位元 (0 為 正，1 為負)	2
A 相總無功電能	0045H	BCD 碼	4
	0046H		
B 相總無功電能	0047H	BCD 碼	4
	0048H		
C 相總無功電能	0049H	BCD 碼	4
	004AH		

MEMO

SPI 與鐵電記憶體介面應用實例

本章將說明 SPI 與鐵電記憶體介面應用實例，包括 STM32 的 SPI 通訊原理、STM32F103 的 SPI 工作原理和 STM32 的 SPI 與鐵電記憶體介面應用實例。

7.1 STM32 的 SPI 通訊原理

實際生產生活中，有些系統的功能無法完全透過 STM32 的片上外接裝置實現，如 16 位元及以上的 A/D 轉換器、溫 / 濕度感測器、大容量 EEPROM 或 Flash、大功率電機驅動晶片、無線通訊控制晶片等。此時，只能透過擴充特定功能的晶片實現這些功能。另外，有的系統需要兩個或兩個以上的主控器

(STM32 或 FPGA)，而這些主控器之間也需要透過適當的晶片間通訊方式實現通訊。

常見的系統內通訊方式有並行和串列兩種。並行方式指同一時刻在嵌入式處理器和週邊晶片之間傳遞多位數據；串列方式則是指每個時刻傳遞的資料只有一位元，需要透過多次傳遞才能完成一位元組的傳輸。並行方式具有傳送速率快的優點，但連線較多，且傳輸距離較近；串列方式雖然較慢，但連線較少，且傳輸距離較遠。早期的 MCS-51 微控制器只整合了平行介面，但人們發現在實際應用中對於可靠性、體積和功耗要求較高的嵌入式系統，串列通訊更加實用。

串列通訊可以分為同步串列通訊和非同步串列通訊兩種。它們的不同點在於判斷一個資料位元結束，另一個資料位元開始的方法。同步序列埠透過另一個時鐘訊號判斷資料位元的起始時刻。在同步通訊中，這個時鐘訊號被稱為同步時鐘，如果失去了同步時鐘，同步通訊將無法完成。非同步通訊則透過時間判斷資料位元的起始，即通訊雙方約定一個相同的時間長度作為每個資料位元的時間長度 (這個時間長度的倒數稱為串列傳輸速率)。當某位元的時間到達後，發送方就開始發送下一位元資料，而接收方也把下一時刻的資料存放到下一個資料位元的位置。在使用中，同步序列埠雖然比非同步序列埠多一根時鐘訊號線，但由於無需計時操作，同步序列介面硬體結構比較簡單，且通訊速度比非同步序列介面快得多。

根據在實際嵌入式系統中的重要程度，本書將分別在後續章節中介紹 SPI 模式和 I2C 模式兩種同步序列介面的使用方法。

7.1.1 SPI 概述

串列外接裝置介面 (SPI) 是由美國摩托羅拉公司提出的一種高速全雙工串列同步通訊介面，首先出現在 M68HC 系列處理器中，由於其簡單方便、成本低廉、傳送速率快，被其他半導體廠商廣泛使用，從而成為事實上的標準。

SPI 與 USART 相比，其資料傳輸速度要快得多，因此它被廣泛地應用於微控制器與 ADC、LCD 等裝置的通訊，尤其是高速通訊的場合。微控制器還可以透過 SPI 組成一個小型同步網路進行高速資料交換，完成較複雜的工作。

作為全雙工同步串列通訊介面，SPI 採用主 / 從模式 (Master/Slave)，支援一個或多個從裝置，能夠實現主裝置和從裝置之間的高速資料通信。

SPI 具有硬體簡單、成本低廉、易於使用、傳輸資料速度快等優點，適用於成本敏感或高速通訊的場合。但 SPI 也存在無法檢查校正、不具備定址能力和接收方沒有應答訊號等缺點，不適合複雜或可靠性要求較高的場合。

SPI 是同步全雙工串列通訊介面。由於同步，SPI 有一根公共的時鐘線；由於全雙工，SPI 至少有兩根資料線實現資料的雙向同時傳輸；由於串列，SPI 收發資料只能一位元一位元地在各自的資料線上傳輸，因此最多只有兩根資料線，即一根發送資料線和一根接收資料線。由此可見，SPI 在物理層表現為 4 根訊號線，分別是 SCK、MOSI、MISO 和 SS。

（1） SCK(Serial Clock) 即時鐘線，由主裝置產生。不同的裝置支援的時鐘頻率不同。但每個時鐘週期可以傳輸一位元資料，經過 8 個時鐘週期，一個完整的位元組資料就傳輸完成了。

（2） MOSI(Master Output Slave Input) 即主裝置資料輸出 / 從裝置資料登錄線。這根訊號線的方向是從主裝置到從裝置，即主裝置從這根訊號線發送資料，從裝置從這根訊號線接收資料。有的半導體廠商 (如 Microchip 公司) 站在從裝置的角度，將其命名為 SDI。

（3） MISO(Master Input Slave Output) 即主裝置資料登錄 / 從裝置資料輸出線。這根訊號線的方向是由從裝置到主裝置，即從裝置從這根訊號線發送資料，主裝置從這根訊號線接收資料。有的半導體廠商 (如 Microchip 公司) 站在從裝置的角度，將其命名為 SDO。

（4）SS(Slave Select) 有時也叫 CS(Chip Select)，即 SPI 從裝置選擇訊號線，當有多個 SPI 從裝置與 SPI 主裝置相連 (即一主多從) 時，SS 用來選擇啟動指定的從裝置，由 SPI 主裝置 (通常是微控制器) 驅動，低電位有效。當只有一個 SPI 從裝置與 SPI 主裝置相連 (即一主一從) 時，SS 並不是必需的。因此，SPI 也被稱為三線同步通訊介面。

除了 SCK、MOSI、MISO 和 SS 這 4 根訊號線外，SPI 還包含一個串列移位暫存器，如圖 7-1 所示。

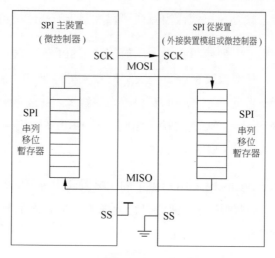

▲ 圖 7-1 SPI 組成

SPI 主裝置向它的 SPI 串列移位暫存器寫入 1 位元組發起一次傳輸，該暫存器透過 MOSI 資料線一位元一位元地將位元組傳送給 SPI 從裝置；與此同時，SPI 從裝置也將自己的 SPI 串列移位暫存器中的內容透過 MISO 資料線傳回給主裝置。這樣，SPI 主裝置和 SPI 從裝置的兩個資料暫存器中的內容相互交換。需要注意的是，對從裝置的寫入操作和讀取操作是同步完成的。

如果只進行 SPI 從裝置寫入操作 (即 SPI 主裝置向 SPI 從裝置發送 1 位元組資料)，忽略收到位元組即可；反之，如果要進行 SPI 從裝置讀取操作 (即 SPI

主裝置要讀取 SPI 從裝置發送的 1 位元組資料)，則 SPI 主裝置發送一個空位元組觸發從裝置的資料傳輸。

7.1.2 SPI 互連

SPI 主要有一主一從和一主多從兩種互連方式。

1. 一主一從

在一主一從的 SPI 互連方式下，只有一個 SPI 主裝置和一個 SPI 從裝置進行通訊。這種情況下，只需要分別將主裝置的 SCK、MOSI、MISO 和從裝置的 SCK、MOSI、MISO 直接相連，並將主裝置的 SS 置為高電位，從裝置的 SS 接地 (置為低電位，晶片選擇有效，選中該從裝置) 即可，如圖 7-2 所示。

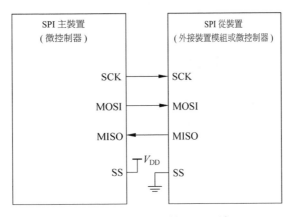

▲ 圖 7-2　一主一從 SPI 互連

值得注意的是，USART 互連時，通訊雙方 USART 的兩根資料線必須交叉連接，即一端的 TxD 必須與另一端的 RxD 相連；對應地，一端的 RxD 必須與另一端的 TxD 相連。而當 SPI 互連時，主裝置和從裝置的兩根資料線必須直接相連，即主裝置的 MISO 與從裝置的 MISO 相連，主裝置的 MOSI 與從裝置的 MOSI 相連。

2. 一主多從

在一主多從的 SPI 互連方式下，一個 SPI 主裝置可以和多個 SPI 從裝置相互通訊。這種情況下，所有 SPI 裝置 (包括主裝置和從裝置) 共用時鐘線和資料線，即 SCK、MOSI、MISO 這 3 根線，並在主裝置端使用多個 GPIO 接腳選擇不同的 SPI 從裝置，如圖 7-3 所示。顯然，在多個從裝置的 SPI 互連方式下，晶片選擇訊號 SS 必須對每個從裝置分別進行選通，增加了連接的難度和連接的數量，失去了串列通訊的優勢。

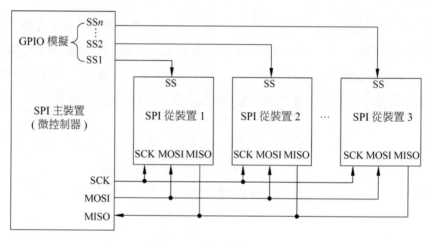

▲ 圖 7-3 一主多從 SPI 互連

需要特別注意的是，在多個從裝置的 SPI 的系統中，由於時鐘線和資料線為所有 SPI 裝置共用，因此在同一時刻只能有一個從裝置參與通訊。而且，當主裝置與其中一個從裝置進行通訊時，其他從裝置的時鐘和資料線都應保持高阻態，以免影響當前資料的傳輸。

7.2 STM32F103 的 SPI 工作原理

串列外接裝置介面 (SPI) 允許晶片與外部設備以半 / 全雙工、同步、串列方式通訊。此介面可以被設定成主模式，並為外部從裝置提供通訊時鐘 (SCK)，介

面還能以多主的設定方式工作。它可用於多種用途，包括使用一根雙向資料線
的雙線單工同步傳輸，還可使用 CRC 的可靠通訊。

7.2.1 SPI 主要特徵

STM32F103 微控制器的小容量產品有一個 SPI，中等容量產品有兩個 SPI，
大容量產品則有 3 個 SPI。

STM32F103 微控制器的 SPI 主要具有以下特徵。

（1） 3 線全雙工同步傳輸。

（2） 附帶或不附帶第 3 根雙向資料線的雙線單工同步傳輸。

（3） 8 位元或 16 位元傳輸框架格式選擇。

（4） 主或從操作。

（5） 支援多主模式。

（6） 8 個主模式串列傳輸速率預分頻係數 (最大為 $f_{PCLK/2}$)。

（7） 從模式頻率最大為 $f_{PCLK/2}$。

（8） 主模式和從模式的快速通訊。

（9） 主模式和從模式下均可以由軟體或硬體進行 NSS 管理：主 / 從操作
模式的動態改變。

（10） 可程式化的時鐘極性和相位。

（11） 可程式化的資料順序，MSB 在前或 LSB 在前。

（12） 可觸發中斷的專用發送和接收標識。

（13） SPI 匯流排忙狀態標識。

（14）支援可靠通訊的硬體 CRC。在發送模式下，CRC 值可以被作為最後 1 位元組發送；在全雙工模式下，對接收到的最後 1 位元組自動進行 CRC。

（15）可觸發中斷的主模式故障、超載以及 CRC 錯誤標識。

（16）支援DMA功能的1位元組發送和接收緩衝器：產生發送和接受請求。

7.2.2 SPI 內部結構

STM32F103 微控制器的 SPI 主要由串列傳輸速率發生器、收發控制和資料儲存轉移 3 部分組成，內部結構如圖 7-4 所示。串列傳輸速率發生器用來產生 SPI 的 SCK 時鐘訊號；收發控制主要由控制暫存器組成；資料儲存轉移主要由移位暫存器、接收緩衝區和發送緩衝區等組成。

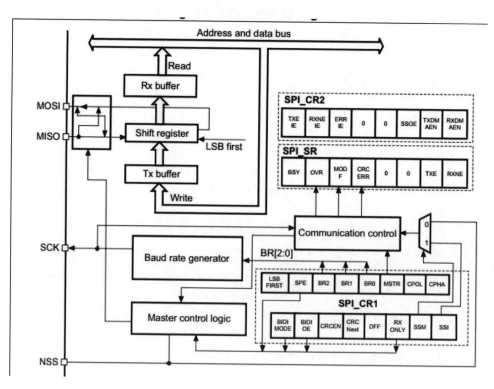

▲ 圖 7-4 STM32F103 微控制器的 SPI 內部結構

通常 SPI 透過以下 4 個接腳與外部元件相連。

（1） MISO：主裝置輸入 / 從裝置輸出接腳。該接腳在從模式下發送資料，在主模式下接收資料。

（2） MOSI：主裝置輸出 / 從裝置輸入接腳。該接腳在主模式下發送資料，在從模式下接收資料。

（3） SCK：序列埠時鐘，作為主裝置的輸出、從裝置的輸入。

（4） NSS：從裝置選擇。這是一個可選的接腳，它的功能是作為晶片選擇接腳，讓主裝置可以單獨地與特定從裝置通訊，避免資料線上的衝突。

1. 串列傳輸速率控制

串列傳輸速率發生器可產生 SPI 的 SCK 時鐘訊號。串列傳輸速率預分頻係數為 2、4、8、16、32、64、128 或 256。透過設定串列傳輸速率控制位元 (BR) 可以控制 SCK 的輸出頻率，從而控制 SPI 的傳輸速率。

2. 收發控制

收發控制由若干個控制暫存器組成，如 SPI 控制暫存器 SPI_CR1、SPI_CR2 和 SPI 狀態暫存器 SPI_SR 等。

SPI_CR1 暫存器主控收發電路，用於設定 SPI 的協定，如時鐘極性、相位和資料格式等。

SPI_CR2 暫存器用於設定各種 SPI 中斷啟動，如啟動 TXE 的 TXEIE 和 RXNE 的 RXNEIE 等。

透過 SPI_SR 暫存器中的各個標識位元可以查詢 SPI 當前的狀態。

SPI 的控制和狀態查詢可以透過函式庫實現。

3. 資料儲存轉移

資料儲存轉移如圖 7-4 的左上部分所示，主要由移位暫存器、接收緩衝區和發送緩衝區等組成。

移位暫存器與 SPI 的 MISO 和 MOSI 接腳連接。一方面，將從 MISO 接收到的資料位元根據資料格式及順序經串／並轉換後轉發到接收緩衝區；另一方面，將從發送緩衝區接收到的資料根據資料格式及順序經並／串轉換後逐位元從 MOSI 發送出去。

7.2.3 時鐘訊號的相位和極性

SPI_CR 暫存器的 CPOL 和 CPHA 位元能夠組合成 4 種可能的時序關係。CPOL(時鐘極性) 位元控制在沒有資料傳輸時時鐘的空閒狀態電位，此位元對主模式和從模式下的裝置都有效。如果 CPOL 被清零，SCK 接腳在空閒狀態保持低電位；如果 CPOL 被置 1，SCK 接腳在空閒狀態保持高電位。

如圖 7-5 所示，如果 CPHA(時鐘相位) 位元被清零，資料在 SCK 時鐘的奇數 (第 1，3，5，…個) 跳變沿 (CPOL=0 時就是上昇緣，CPOL=1 時就是下降沿) 進行資料位元的存取，資料在 SCK 時鐘偶數 (第 2，4，6，…個) 跳變沿 (CPOL=0 時就是下降沿，CPOL=1 時就是上昇緣) 準備就緒。

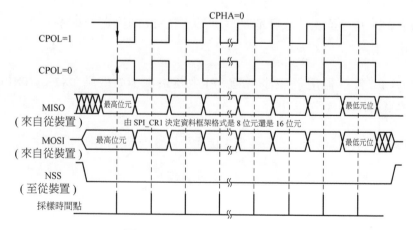

▲ 圖 7-5 CPHA ＝ 0 時的 SPI 時序圖

如圖 7-6 所示，如果 CPHA(時鐘相位) 位元被置 1，資料在 SCK 時鐘的偶數 (第 2，4，6，…個) 跳變沿 (CPOL=0 時就是下降沿，CPOL=1 時就是上昇緣) 進行資料位元的存取，資料在 SCK 時鐘奇數 (第 1,3,5,…個) 跳變沿 (CPOL=0 時就是上昇緣，CPOL=1 時就是下降沿) 準備就緒。

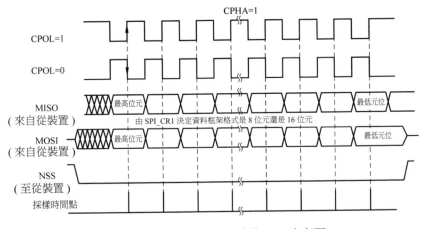

▲ 圖 7-6 CPHA ＝ 1 時的 SPI 時序圖

CPOL(時鐘極性) 和 CPHA(時鐘相位) 的組合選擇資料捕捉的時鐘邊沿。圖 7-5 和圖 7-6 顯示了 SPI 傳輸的 4 種 CPHA 和 CPOL 位元組合，可以解釋為主裝置和從裝置的 SCK、MISO、MOSI 接腳直接連接的主 / 從時序圖。

7.2.4 資料框架格式

根據 SPI_CR1 暫存器的 LSBFIRST 位元，輸出資料位元時可以 MSB 在先，也可以 LSB 在先。

根據 SPI_CR1 暫存器的 DFF 位元，每個資料幀可以是 8 位元或 16 位元。所選擇的資料框架格式決定發送 / 接收的資料長度。

7.2.5 設定 SPI 為主模式

當 SPI 為主模式時，在 SCK 接腳產生串列時鐘。

按照以下步驟設定 SPI 為主模式。

1. 設定步驟

（1）設定 SPI_CR1 暫存器的 BR[2:0] 位元，定義串列時鐘串列傳輸速率。

（2）選擇 CPOL 和 CPHA 位元，定義資料傳輸和串列時鐘間的相位關係。

（3）設定 DFF 位元，定義 8 位元或 16 位元資料框架格式。

（4）設定 SPI_CR1 暫存器的 LSBFIRST 位元，定義框架格式。

（5）如果需要 NSS 接腳工作在輸入模式，硬體模式下，在整個資料幀傳輸期間應把 NSS 接腳連接到高電位；在軟體模式下，需設定 SPI_CR1 暫存器的 SSM 位元和 SSI 位元。如果 NSS 接腳工作在輸出模式，則只需設定 SSOE 位元。

（6）必須設定 MSTR 位元和 SPE 位元 (只有當 NSS 接腳被連到高電位時這些位元才能保持置位)。在這個設定中，MOSI 接腳是資料輸出，MISO 接腳是資料登錄。

2. 資料發送過程

當寫入資料至發送緩衝器時，發送過程開始。

發送第 1 個資料位元時，資料被並行地 (透過內部匯流排) 存入移位暫存器，而後串列地移出到 MOSI 接腳上。

資料從發送緩衝器傳輸到移位暫存器時，TXE 標識將被置位。如果設定了 SPI_CR1 暫存器中的 TXEIE 位元，將產生中斷。

3. 資料接收過程

對於接收器，當資料傳輸完成時，傳送移位暫存器中的資料到接收緩衝器，並且 RXNE 標識被置位。如果設定了 SPI_CR2 暫存器中的 RXNEIE 位元，則產生中斷。

在最後一個採樣時脈邊，RXNE 位元被置位，在移位暫存器中接收到的資料被傳送到接收緩衝器。讀取 SPI_DR 暫存器時，SPI 裝置傳回接收緩衝器中的資料。讀取 SPI_DR 暫存器將清除 RXNE 位元。

7.3 STM32 的 SPI 與鐵電記憶體介面應用實例

7.3.1 STM32 的 SPI 設定流程

SPI 是一種串列同步通訊協定，由一個主裝置和一個或多個從裝置組成，主裝置啟動一個與從裝置的同步通訊，從而完成資料的交換。該匯流排大量用在 Flash、ADC、RAM 和顯示驅動器之類的慢速外接裝置元件中。因為不同的元件通訊命令不同，這裡具體介紹 STM32 的 SPI 設定方法，關於具體元件，請參考相關說明書。

SPI 設定流程如圖 7-7 所示，主要包括開啟時鐘、相關接腳設定和 SPI 工作模式設定。其中，GPIO 設定需將 SPI 元件晶片選擇設定為高電位，將 SCK、MISO、MOSI 設定為重複使用功能。

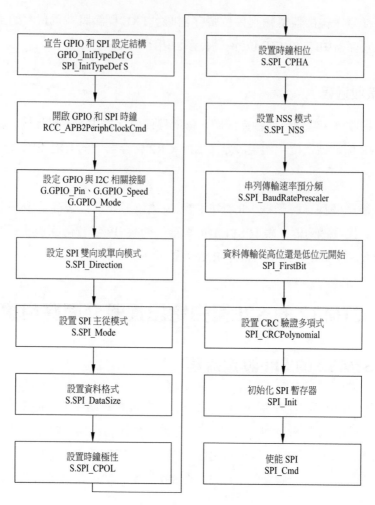

▲ 圖 7-7 SPI 設定流程

設定完成後，可根據元件功能和命令進行讀寫入操作。

7.3.2 SPI 與鐵電記憶體介面的硬體設計

MB85RS256 是由富士通 (FUJITSU) 公司生產的一種設定為 32768 字 ×8 位元的鐵電記憶體 (Ferroelectric Random Access Memory，FRAM) 晶片，採用鐵電

製程和矽柵 CMOS 製程技術形成非揮發性儲存單元。MB85RS256 採用 SPI，能夠在不使用備用電池的情況下保留資料，這正是 SRAM 所需要的。MB85RS256 中使用的儲存單元可用於 10^{12} 次讀 / 寫操作，這是對 Flash 和 EEPROM 支援的讀取和寫入操作數量的顯著改進。MB85RS256 不像快閃記憶體或 EEPROM 那樣需要很長時間寫入資料，並且不需要等待時間。

MB85RS256 主要特點如下。

（1） 位元設定：32768 字 ×8 位元。

（2） 串列週邊介面：對應於 SPI 模式 0(0，0) 和模式 3(1，1)。

（3） 工作頻率：20MHz(最大)。

（4） 高耐久性：每位元組 1MB 次讀 / 寫。

（5） 資料儲存：10 年 (+85℃)、95 年 (+55℃)、200 年以上 (+35℃)。

（6） 工作電源電壓：2.7 ～ 3.6V。

（7） 低功耗：工作電源電流為 1.5 mA(Typ@20MHz)，備用電流為 5μA(典型值)。

（8） 工作環境溫度：-40 ～ 85℃。

（9） 封裝：符合 RoHS 標準的 8 針塑膠 SOP(FPT-8P-M02) 和 8 針塑膠 SON(LCC-8P-M04)。

MB85RS256 可以用於儀器儀表、智慧裝置、電錶、工業控制等產品中，可以取代 RAMTRAN 公司生產的 FM25L256。

MB85RS16 為富士通 (FUJITSU) 公司生產的 2048 字 × 8 位元 FRAM，可以取代 RAMTRAN 公司生產的 FM25L04。

MB85RS256 與 STM32F103 介面電路如圖 7-8 所示。

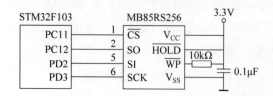

▲ 圖 7-8 MB85RS256 與 STM32F103 介面電路

7.3.3 SPI 與鐵電記憶體介面的軟體設計

程式設計要點如下。

（1） 初始化通訊使用的目標接腳及通訊埠時鐘。

（2） 啟動 SPI 外接裝置的時鐘。

（3） 設定 SPI 外接裝置的模式、位址、速率等參數並啟動 SPI 外接裝置。

（4） 撰寫基本 SPI 逐位元組收發的函式。

（5） 撰寫讀寫入操作的函式。

（6） 撰寫測試程式，對讀寫資料進行驗證。

SPI 與鐵電記憶體介面的程式清單可參照本書數位資源的程式碼。

8

I2C 與日曆時鐘介面應用實例

本章將說明 I2C 與日曆時鐘介面應用實例，包括 STM32 的 I2C 通訊原理、STM32F103 的 I2C 介面和 STM32 的 I2C 與日曆時鐘介面應用實例。

8.1 STM32 的 I2C 通訊原理

I2C 匯流排是原 Philips 公司推出的一種用於 IC 元件之間連接的 2 線制串列擴充匯流排，它透過兩根訊號線 (串列資料線 SDA、串列時鐘線 SCL) 在連接到匯流排上的元件之間傳輸資料，所有連接在 I2C 匯流排上的元件都可以工作於發送方式或接收方式。

I2C 匯流排主要用來連接整體電路，是一種多向控制匯流排，也就是說，多個晶片可以連接到同一匯流排結構下，同時每個晶片都可以作為即時資料傳輸的控制來源。這種方式簡化了訊號傳輸匯流排界面。

8.1.1 I2C 控制器概述

I2C 匯流排結構如圖 8-1 所示，SDA 和 SCL 是雙向 I/O 線，必須透過上拉電阻接到正電源，當匯流排空閒時，兩根線都是高電位。所有連接在 I2C 匯流排上的元件接腳必須是開漏或集電極開路輸出，即具有「線與」功能。所有連接在匯流排上元件的 I2C 接腳也應該是雙向的；SDA 輸出電路用於匯流排上發送資料，而 SDA 輸入電路用於接收匯流排上的資料；主機透過 SCL 輸出電路發送時鐘訊號，同時其本身的接收電路需檢測匯流排上 SCL 電位，以決定下一步的動作，從機的 SCL 輸入電路接收匯流排時鐘，並在 SCL 控制下向 SDA 發送或從 SDA 接收資料，另外也可以透過拉低 SCL(輸出) 延長匯流排週期。

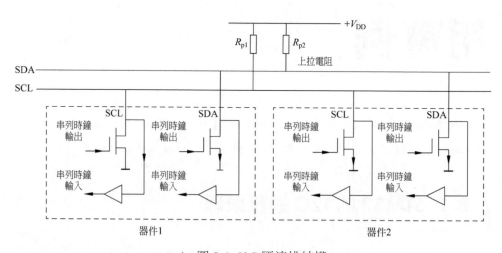

▲ 圖 8-1　I2C 匯流排結構

I2C 匯流排上允許連接多個元件，支援多主機通訊。但為了保證資料可靠傳輸，任意時刻匯流排只能由一台主機控制，其他裝置此時均表現為從機。I2C 匯流排的執行 (指資料傳輸過程) 由主機控制。所謂主機控制，就是由主機發出啟

動訊號和時鐘訊號，控制傳輸過程結束時發出停止訊號等。每個接到 I2C 匯流排上的裝置或元件都有一個唯一獨立的位址，以便主機尋訪。主機與從機之間的資料傳輸，可以是主機發送資料到從機，也可以是從機發送資料到主機。因此，在 I2C 協定中，除了使用主機、從機的定義外，還使用了發送器、接收器的定義。發送器表示發送資料方，可以是主機，也可以是從機，接收器表示接收資料方，同樣也可以代表主機或從機。在 I2C 匯流排上一次完整的通訊過程中，主機和從機的角色是固定的，SCL 時鐘由主機發出，但發送器和接收器是不固定的，經常變化，這一點請讀者特別注意，尤其在學習 I2C 匯流排時序過程中，不要把它們混淆在一起。

在 I2C 匯流排上，雙向串列的資料以位元組為單位傳輸，位元速率在標準模式下可達 100kb/s，快速模式下可達 400kb/s，高速模式下可達 3.4Mb/s。各種被控制電路均並聯在匯流排的 SDA 和 SCL 上，每個元件都有唯一的位址。通訊由充當主機的元件發起，它像打電話一樣呼叫希望與之通訊的從機的位址 (相當於從機的電話號碼)，只有被呼叫了位址的元件才能佔據匯流排與主機「對話」。位址由元件的類別辨識碼和硬體位址共同組成，其中的元件類別包括微控制器、LCD 驅動器、記憶體、即時時鐘或鍵盤介面等，各類元件都有唯一的辨識碼。硬體位址則透過從機元件上的管腳連線設定。在資訊的傳輸過程中，主機初始化 I2C 匯流排通訊，並產生同步訊號的時鐘訊號。任何被定址的元件都被認為是從機，匯流排上結合的每個元件既可以是主機，又可以是從機，這取決於它所要完成的功能。如果兩個或更多主機同時初始化資料傳輸，可以透過衝突檢測和仲裁防止資料被破壞。I2C 匯流排上掛接的元件數量只受到訊號線上的總負載電容的限制，只要不超過 400pF 的限制，理論上可以連接任意數量的元件。

與 SPI 相比，I2C 介面最主要的優點是簡單性和有效性。

（1） I2C 僅用兩根訊號線 (SDA 和 SCL) 就實現了完整的半雙工同步資料通信，且能夠方便地組成多機系統和週邊元件擴充系統。I2C 匯流排上的元件位址採用硬體設定方法，定址則由軟體完成，避免了從機選擇線定址時造成的晶片選擇線許多的弊端，使系統具有更簡單也更靈活的擴充方法。

（2） I2C 支援多主控系統，I2C 匯流排上任何能夠進行發送和接收的裝置都可以成為主機，所有主控都能夠控制訊號的傳輸和時鐘頻率。當然，在任何時間點上只能有一個主控。

（3） I2C 介面被設計成漏極開路的形式。在這種結構中，高電位水平只由電阻上拉電位 $+V_{DD}$ 電壓決定。圖 8-1 中的上拉電阻 R_{p1} 和 R_{p2} 的阻值決定了 I2C 的通訊速率，理論上阻值越小，串列傳輸速率越高。一般而言，當通訊速度為 100kb/s 時，上拉電阻取 4.7kΩ；而當通訊速度為 400kb/s 時，上拉電阻取 1kΩ。

目前 I2C 介面已經獲得了廣大開發者和裝置生產商的認同，市場上存在許多整合了 I2C 介面的元件。意法半導體 (ST)、微芯 (Microchip)、德州儀器 (TI) 和恩智浦 (NXP) 等嵌入式處理器主流廠商產品中幾乎都整合有 I2C 介面。週邊元件也有越來越多的低速、低成本元件使用 I2C 介面作為資料或控制資訊的介面標準。

8.1.2 I2C 匯流排的資料傳輸

1. 資料位元的有效性規定

如圖 8-2 所示，I2C 匯流排進行資料傳輸時，時鐘訊號為高電位期間，資料線上的資料必須保持穩定，只有在時鐘線上的訊號為低電位期間，資料線上的高電位或低電位狀態才允許變化。

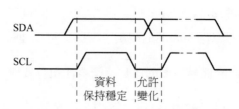

▲ 圖 8-2 I2C 資料位元的有效性規定

2. 起始和終止訊號

I2C 匯流排規定，當 SCL 為高電位時，SDA 的電位必須保持穩定不變的狀態，只有當 SCL 處於低電位時，才可以改變 SDA 的電位值，但起始訊號和停止訊號是特例。因此，當 SCL 處於高電位時，SDA 的任何跳變都會被辨識為一個起始訊號或停止訊號。如圖 8-3 所示，SCL 線在高電位期間，SDA 線由高電位向低電位的變化表示起始訊號；SCL 線在高電位期間，SDA 線由低電位向高電位的變化表示終止訊號。

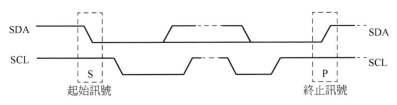

▲ 圖 8-3 I2C 匯流排起始和終止訊號

起始和終止訊號都是由主機發出的，在起始訊號產生後，匯流排就處於被佔用的狀態；在終止訊號產生後，匯流排就處於空閒狀態。連接到 I2C 匯流排上的元件，若具有 I2C 匯流排的硬體介面，則很容易檢測到起始和終止訊號。

每當發送元件傳輸完 1 位元組的資料後，後面必須緊接一個驗證位元，這個驗證位元是接收端透過控制 SDA(資料線) 實現的，以提醒發送端資料已經接收完成，資料傳輸可以繼續進行。

3. 資料傳輸格式

1) 位元組傳輸與應答

在 I2C 匯流排的資料傳輸過程中，發送到 SDA 訊號線上的資料以位元組為單位，每個位元組必須為 8 位元，而且是高位元 (MSB) 在前，低位元 (LSB) 在後，每次發送資料的位元組數量不受限制。但在這個資料傳輸過程中需要強調的是，當發送方發送完每個位元組後，都必須等待接收方傳回一個應答響應訊號，如圖 8-4 所示。響應訊號寬度為 1 位元，緊接在 8 個資料位元後面，所以發送 1 位

元組的資料需要 9 個 SCL 時鐘脈衝。響應時鐘脈衝也是由主機產生的，主機在響應時鐘脈衝期間釋放 SDA 線，使其處在高電位。

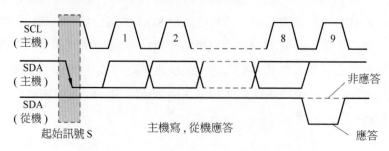

▲ 圖 8-4 I2C 匯流排位元組傳輸與應答

而在回應時鐘脈衝期間，接收方需要將 SDA 拉低，使 SDA 在回應時鐘脈衝高電位期間保持穩定的低電位，即為有效應答訊號 (ACK 或 A)，表示接收器已經成功地接收高電位期間資料。

如果在回應時鐘脈衝期間，接收方沒有將 SDA 線拉低，使 SDA 在回應時鐘脈衝高電位期間保持穩定的高電位，即為非應答訊號 (NAK 或 /A)，表示接收器接收該位元組沒有成功。

由於某種原因從機不對主機定址訊號應答時 (如從機正在進行即時性的處理工作而無法接收匯流排上的資料)，它必須將資料線置於高電位，而由主機產生一個終止訊號以結束匯流排的資料傳輸。

如果從機對主機進行了應答，但在資料傳輸一段時間後無法繼續接收更多的資料，從機可以透過對無法接收的第 1 個資料位元組的「非應答」通知主機，主機則應發出終止訊號以結束資料的繼續傳輸。

當主機接收資料時，收到最後一個資料位元組後，必須向從機發出一個結束傳輸的訊號。這個訊號是由對從機的「非應答」來實現的。然後，從機釋放 SDA 線，以允許主機產生終止訊號。

2) 匯流排的定址

掛在 I2C 匯流排上的元件可以很多，但相互只有兩根線連接 (資料線和時鐘線)，如何進行辨識定址呢？具有 I2C 匯流排結構的元件在其出廠時已經給定了元件的位址編碼。I2C 匯流排元件位址 SLA(以 7 位元為例) 格式如圖 8-5 所示。

▲ 圖 8-5　I2C 匯流排元件位址 SLA 格式

（1）　DA3 ～ DA0：4 位元件位址是 I2C 匯流排元件固有的位址編碼，元件出廠時就已給定，使用者不能自行設定。舉例來說，I2C 匯流排元件 E2PROM AT24CXX 的元件位址為 1010。

（2）　A2 ～ A0：3 位元接腳位址用於相同位址元件的辨識。若 I2C 匯流排上掛有相同位址的元件，或同時掛有多片相同元件，可用硬體連接方式對 3 位元接腳 A2 ～ A0 接 VCC 或接地，形成位址資料。

（3）　R/$\overline{\text{W}}$：用於確定資料傳輸方向。R/$\overline{\text{W}}$ =1 時，主機接收 (讀取)；R/$\overline{\text{W}}$ =0，主機發送 (寫入)。

主機發送位址時，匯流排上的每個從機都將這 7 位元位址碼與自己的位址進行比較，如果相同，則認為自己正被主機定址，根據 R/$\overline{\text{W}}$ 位元將自己確定為發送器或接收器。

3) 資料框架格式

I2C 匯流排上傳輸的資料訊號是廣義的，既包括位址訊號，又包括真正的資料訊號。在起始訊號後必須傳輸一個從機的位址 (7 位元)，第 8 位元是資料的傳送方向位元 (R/$\overline{\text{W}}$)，用 0 表示主機發送資料 (W)，1 表示主機接收資料 (R)。每次資料傳輸總是由主機產生的終止訊號結束。但是，若主機希望繼續佔用匯流

排進行新的資料傳輸，則可以不產生終止訊號，立即再次發出起始訊號對另一從機進行定址。

在匯流排的一次資料傳輸過程中，可以有以下幾種組合方式。

（1） 主機向從機寫入資料。主機向從機寫入 *n* 位元組資料，資料傳輸方向在整個傳輸過程中不變。

主機向從機寫入資料 SDA 資料流程如圖 8-6 所示。陰影部分表示資料由主機向從機傳輸，無陰影部分則表示資料由從機向主機傳輸。A 表示應答，$\overline{A}$ 表示非應答 (高電位)，S 表示起始訊號，P 表示終止訊號。

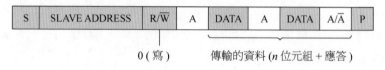

| S | SLAVE ADDRESS | R/$\overline{W}$ | A | DATA | A | DATA | A/$\overline{A}$ | P |

0 (寫)　　　　　傳輸的資料 (*n* 位元組 + 應答)

▲ 圖 8-6 主機向從機寫入資料 SDA 資料流程

如果主機要向從機傳輸一個或多個位元組資料，在 SDA 上需經歷以下過程。

① 主機產生起始訊號 S。

② 主機發送定址位元組 SLAVE ADDRESS，其中的高 7 位元表示資料傳輸目標的從機位址；最後 1 位元是傳輸方向位元，此時其值為 0，表示資料傳輸方向從主機到從機。

③ 當某個從機檢測到主機在 I2C 匯流排上廣播的位址與它的位址相同時，該從機就被選中，並傳回一個應答訊號 A。沒被選中的從機會忽略之後 SDA 上的資料。

④ 當主機收到來自從機的應答訊號後，開始發送資料 DATA。主機每發送完 1 位元組，從機產生一個應答訊號。如果在 I2C 的資料傳輸過程中，從機產生了非應答訊號 $\overline{A}$，則主機提前結束本次資料傳輸。

⑤ 當主機的資料發送完畢後，主機產生一個停止訊號結束資料傳輸，或產生一個重複起始訊號進入下一次資料傳輸。

（2） 主機從從機讀取資料。主機從從機讀取 n 位元組資料時，SDA 資料流程如圖 8-7 所示。其中，陰影部分表示資料由主機傳輸到從機，無陰影部分表示資料流程由從機傳輸到主機。

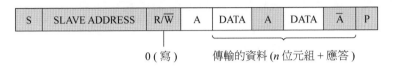

▲ 圖 8-7 主機由從機讀取資料 SDA 資料流程

如果主機要從從機讀取一個或多個位元組資料，在 SDA 上需經歷以下過程。

① 主機產生起始訊號 S。

② 主機發送定址位元組 SLAVE ADDRESS，其中的高 7 位元表示資料傳輸目標的從機位址；最後 1 位元是傳輸方向位元，此時其值為 1，表示資料傳輸方向為由從機到主機。定址位元組 SLAVE ADDRESS 發送完畢後，主機釋放 SDA(拉高 SDA)。

③ 當某個從機檢測到主機在 I2C 匯流排上廣播的位址與它的位址相同時，該從機就被選中，並傳回一個應答訊號 A。沒被選中的從機會忽略之後 SDA 上的資料。

④ 當主機收到應答訊號後，從機開始發送資料 DATA。從機每發送完 1 位元組，主機產生一個應答訊號。當主機讀取從機資料完畢或主機想結束本次資料傳輸時，可以向從機傳回一個非應答訊號 $\overline{A}$，從機即自動停止資料傳輸。

⑤ 當傳輸完畢後，主機產生一個停止訊號結束資料傳輸，或產生一個重複起始訊號進入下一次資料傳輸。

（3）主機和從機雙向資料傳輸。

在傳送過程中，當需要改變傳輸方向時，起始訊號和從機位址都被重複產生一次，但兩次讀/寫方向位元正好反向。SDA 資料流程如圖 8-8 所示。

| S | 從機位址 | 0 | A | 資料 | A/Ā | S | 從機位址 | 1 | A | 資料 | Ā | P |

▲ 圖 8-8 主機和從機雙向資料傳輸 SDA 資料流程

資料傳輸過程是主機向從機寫入資料和主機由從機讀取資料的組合，故不再贅述。

4. 傳輸速率

I2C 的標準傳輸速率為 100kb/s，快速傳輸可達 400kb/s；目前還增加了高速模式，最高傳輸速率可達 3.4Mb/s。

8.2 STM32F103 的 I2C 介面

STM32F103 微控制器的 I2C 模組連接微控制器和 I2C 匯流排，提供多主機功能，支援標準和快速兩種傳輸速率，同時與 SMBus 2.0 相容，控制所有 I2C 匯流排特定的時序、協定、仲裁和定時。I2C 模組有多種用途，包括 CRC 碼的生成和驗證、系統管理匯流排 (System Management Bus，SMBus) 和電源管理匯流排 (Power Management Bus，PMBus)。根據特定裝置的需要，可以使用 DMA 以減輕 CPU 的負擔。

8.2.1 STM32F103 的 I2C 主要特性

STM32F103 微控制器的小容量產品有一個 I2C，中等容量和大容量產品有兩個 I2C。

STM32F103 微控制器的 I2C 主要具有以下特性。

（1） 所有 I2C 都位於 APB1 匯流排。

（2） 支援標準 (100kb/s) 和快速 (400kb/s) 兩種傳輸速率。

（3） 所有 I2C 可工作於主模式或從模式，可以作為主發送器、主接收器、從發送器或從接收器。

（4） 支援 7 位元或 10 位元定址和廣播呼叫。

（5） 具有 3 個狀態標識：發送器 / 接收器模式標識、位元組發送結束標識、匯流排忙標識。

（6） 具有兩個中斷向量：一個中斷用於位址 / 資料通信成功、一個中斷用於錯誤。

（7） 具有單字節緩衝器的 DMA。

（8） 相容系統管理匯流排 SMBus 2.0。

8.2.2 STM32F103 的 I2C 內部結構

STM32F103 系列微控制器的 I2C 結構由 SDA 線和 SCL 線展開，主要分為時鐘控制、資料控制和控制邏輯等部分，負責實現 I2C 的時鐘產生、資料收發、匯流排仲裁和中斷、DMA 等功能，如圖 8-9 所示。

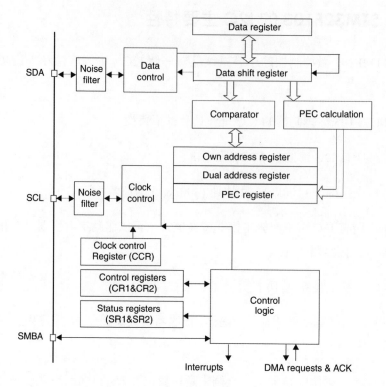

▲ 圖 8-9　STM32F103 微控制器 I2C 內部結構

1. 時鐘控制

　　時鐘控制模組根據控制暫存器 CCR、CR1 和 CR2 中的設定產生 I2C 協定的時鐘訊號,即 SCL 線上的訊號。為了產生正確的時序,必須在 I2C_CR2 暫存器中設定 I2C 的輸入時鐘。當 I2C 工作在標準傳輸速率時,輸入時鐘的頻率必須大於或等於 2MHz;當 I2C 工作在快速傳輸速率時,輸入時鐘的頻率必須大於或等於 4MHz。

2. 資料控制

　　資料控制模組透過一系列控制架構,在將要發送資料的基礎上,按照 I2C 的資料格式加上起始訊號、位址訊號、應答訊號和停止訊號,將資料一位元一

位元地從 SDA 線上發送出去。讀取資料時，則從 SDA 線上的訊號中提取出接收到的資料值。發送和接收的資料都被儲存在資料暫存器中。

3. 控制邏輯

控制邏輯模組用於產生 I2C 中斷和 DMA 請求。

8.2.3 STM32F103 的模式選擇

I2C 介面可以按以下 4 種模式之一執行。

（1） 從發送器模式。

（2） 從接收器模式。

（3） 主發送器模式。

（4） 主接收器模式。

模組預設工作於從模式。介面在生成起始條件後自動地從從模式切換到主模式；當仲裁遺失或產生停止訊號時，則從主模式切換到從模式。允許多主機功能。

主模式下，I2C 介面啟動資料傳輸並產生時鐘訊號。串列資料傳輸總是以起始條件開始，並以停止條件結束。起始條件和停止條件都是在主模式下由軟體控制產生。

從模式下，I2C 介面能辨識它自己的位址 (7 位元或 10 位元) 和廣播呼叫位址。軟體能夠控制開啟或禁止廣播呼叫位址的辨識。

資料和位址按 8 位元 / 位元組進行傳輸，高位元在前。跟在起始條件後的 1 或 2 位元組是位址 (7 位元模式為 1 位元組，10 位元模式為 2 位元組)。位址只在主模式發送。在 1 位元組傳輸的 8 個時鐘後的第 9 個時鐘期間，接收器必須向發送器回送一個應答位元 (ACK)。

8.3 STM32 的 I2C 與日曆時鐘介面應用實例

8.3.1 STM32 的 I2C 設定流程

雖然不同元件實現的功能不同，但是只要遵守 I2C 協定，其通訊方式都是一樣的，設定流程也基本相同。對於 STM32，首先要對 I2C 進行設定，使其能夠正常執行，再結合不同元件的驅動程式，完成 STM32 與不同元件的資料傳輸。STM32 的 I2C 設定流程如圖 8-10 所示。

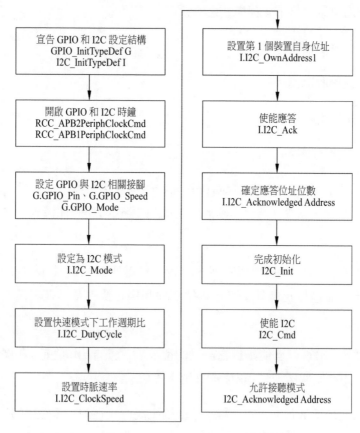

▲ 圖 8-10 STM32 的 I2C 設定流程

8.3.2 I2C 與日曆時鐘介面的硬體設計

PCF2129 是 NXP 公司生產的一款 CMOS 即時時鐘和日曆，整合了溫度補償晶體振盪器 (TCXO) 和 32.768kHz 石英晶體，最佳化後適用於高精度和低功耗應用。PCF2129 具有可選的 I2C 匯流排或 SPI 匯流排、備用電池切換電路、可程式化看門狗功能、時間戳記功能及許多其他特性。

PCF2129 主要特性如下。

（1） 工作溫度範圍：-40 ～ +85℃。

（2） 附帶整合式電容的溫度補償型晶體振盪器。

（3） 典型精度。

① PCF2129AT：-15 ～ +60℃為 ±3ppm；

② PCF2129T：-30 ～ +80℃為 ±3ppm。

（4） 在同一封裝中整合 32.768kHz 石英晶體和振盪器。

（5） 提供年、月、日、周、時、分、秒和閏年校正。

（6） 時間戳記功能。

① 具備中斷能力；

② 可在一個多電位輸入針腳上檢測兩個不同的事件 (如用於篡改檢測)。

（7） 兩線路雙向 400kHz 快速模式 I2C 匯流排界面。

（8） 資料線輸入和輸出分離的 3 線 SPI 匯流排 (最大速度為 6.5Mb/s)。

（9） 電池備用輸入接腳和切換電路。

（10） 電池後備輸出電壓。

（11） 電池電量低檢測功能。

（12） 通電重置。

（13） 振盪器停止檢測功能。

（14） 中斷輸出 (開漏)。

（15） 可程式化 1s 或 1min 中斷。

（16） 具備中斷能力的可程式化看門狗計時器。

（17） 具備中斷能力的可程式化警示功能。

（18） 可程式化方波輸出。

（19） 時鐘工作電壓：1.8 ～ 4.2V。

（20） 低電源電流：典型值為 $0.70\mu A$，V_{DD}=3.3V。

PCF2129A 可以應用於行動電話、袖珍儀器、電子錶計和電池供電產品。少接腳 (8 接腳) 的日曆時鐘可以選擇 NXP 公司生產的附帶 I2C 介面的 PCF8563。

PCF2129A 介面電路如圖 8-11 所示。

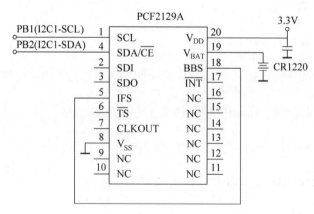

▲ 圖 8-11 PCF2129A 介面電路

8.3.3 I2C 與日曆時鐘介面的軟體設計

程式設計要點如下。

（1） 設定通訊使用的目標接腳為開漏模式。

（2） 啟動 I2C 外接裝置的時鐘。

（3） 設定 I2C 外接裝置的模式、位址、速率等參數，並啟動 IC 外接裝置。

（4） 撰寫基本 I2C 逐位元組收發的函式。

（5） 撰寫讀寫 PCF2129A 日曆時鐘內容的函式。

（6） 撰寫測試程式，對讀寫資料進行驗證。

I2C 與日曆時鐘介面的程式清單可參考本書數位資源的程式碼。

MEMO

CAN 通訊轉換器設計實例

本章將說明 CAN 通訊轉換器設計實例,包括 CAN 的特點、STM32 的 CAN 匯流排概述、STM32 的 bxCAN 工作模式、STM32 的 bxCAN 功能描述、CAN 匯流排收發器、CAN 通訊轉換器概述、CAN 通訊轉換器微控制器主電路的設計、CAN 通訊轉換器 UART 驅動電路的設計、CAN 通訊轉換器 CAN 匯流排隔離驅動電路的設計、CAN 通訊轉換器 USB 介面電路的設計和 CAN 通訊轉換器的程式設計。

9.1 CAN 的特點

現場匯流排 (Fieldbus) 自產生以來，一直是自動化領域技術發展的熱點之一，被譽為自動化領域的電腦區域網，各自動化廠商紛紛推出自己的現場匯流排產品，並在不同的領域和行業獲得了越來越廣泛的應用，現在已處於穩定發展期。近幾年，無線傳感網路與物聯網 (Internet of Things,IoT) 技術也融入工業測控系統中。

按照國際電子電機委員會 (International Electrotechnical Commission,IEC) 對「現場匯流排」一詞的定義，現場匯流排是一種應用於生產現場，在現場裝置之間、現場裝置與控制裝置之間實行雙向、串列、多節點數位通訊的技術。這是由 IEC/TC65 負責測量和控制系統資料通信部分國際標準化工作的 SC65/WG6 定義的。現場匯流排作為工業資料通信網路的基礎，溝通了生產過程現場級控制裝置之間及其與更高控制管理層之間的聯繫。它不僅是一個基層網路，而且還是一種開放式、新型全分散式控制系統。這項以智慧傳感、控制、電腦、資料通信為主要內容的綜合技術，已受到全球的關注而成為自動化技術發展的熱點，並將導致自動化系統結構與裝置的深刻變革。

由於技術和利益的原因，目前國際上存在著幾十種現場匯流排標準，比較流行的有 FF、CAN、DeviceNet、LonWorks、PROFIBUS、HART、INTERBUS、CC-Link、ControlNet、WorldFIP、P-Net、SwiftNet、EtherCAT、SERCOS、PowerLink、ProFinet、EPA 等現場匯流排和工業乙太網。

CAN 匯流排通訊協定主要是規定通訊節點之間是如何傳遞資訊的，以及透過一個怎樣的規則傳遞訊息。在當前的汽車產業中，出於對安全性、舒適性、低成本的要求，各種各樣的電子控制系統都運用到了這一項技術，使自己的產品更具競爭力。生產實踐中 CAN 匯流排傳輸速率可達 1Mb/s，引擎控制單元模組、感測器和防剎車模組掛接在 CAN 的高、低兩個電位匯流排上。CAN 採取的是分散式即時控制，能夠滿足比較高安全等級的分散式控制需求。CAN 匯流排技術的這種高、低端相容性使其既可以使用在高速網路中，又可以在低價的多路接線情況下應用。

20 世紀 80 年代初，德國 BOSCH 公司提出了用控制器區域網路 (Controller Area Network) 解決汽車內部的複雜硬訊號接線。目前，其應用範圍已不再侷限於汽車工業，而向程序控制、紡織機械、農用機械、機器人、數控機床、醫療器械及感測器等領域發展。CAN 匯流排以其獨特的設計、低成本、高可靠性、即時性、抗干擾能力強等特點獲得了廣泛的應用。

1993 年 11 月，ISO 正式頒佈了道路交通運輸工具、資料資訊交換、高速通訊控制器區域網國際標準 ISO 11898(CAN 高速應用標準) 和 ISO 11519(CAN 低速應用標準)，這為控制器區域網的標準化、規範化鋪平了道路。CAN 具有以下特點。

（1） CAN 為多主方式工作，網路上任意節點均可以在任意時刻主動地向網路上其他節點發送資訊，而不分主從，通訊方式靈活，且無需站位址等節點資訊。利用這一特點可方便地組成多機備份系統。

（2） CAN 網路上的節點資訊分為不同的優先順序，可滿足不同的即時要求，高優先順序的資料可在 $134\mu s$ 內得到傳輸。

（3） CAN 採用非破壞性匯流排仲裁技術。當多個節點同時向匯流排發送資訊時，優先順序較低的節點會主動退出發送，而最高優先順序的節點可不受影響地繼續傳輸資料，從而大大節省了匯流排衝突仲裁時間，尤其是在網路負載很重的情況下也不會出現網路癱瘓情況 (乙太網則有可能出現網路癱瘓情況)。

（4） CAN 只需透過封包濾波即可實現點對點、一點對多點及全域廣播等幾種方式傳輸接收資料，無需專門的「排程」。

（5） CAN 的直接通訊距離最遠可達 10km(速率在 5kb/s 以下)；傳輸速率最高可達 1Mb/s(此時通訊距離最長為 40m)。

（6） CAN 上的節點數主要取決於匯流排驅動電路，目前可達 110 個；封包識別字可達 2032 種 (CAN 2.0A)，而擴充標準 (CAN 2.0B) 的封包識別字幾乎不受限制。

（7） 採用短幀結構，傳輸時間短，受干擾機率低，具有極好的檢錯效果。

（8） CAN 的每幀資訊都有 CRC 及其他檢錯措施，保證了資料出錯率極低。

（9） CAN 的通訊媒體可為雙絞線、同軸電纜或光纖，選擇靈活。

（10） CAN 節點在錯誤嚴重的情況下具有自動關閉輸出功能，以使匯流排上其他節點的操作不受影響。

9.2 STM32 的 CAN 匯流排概述

9.2.1 bxCAN 的主要特點

bxCAN 是基本擴充 CAN(Basic Extended CAN) 的縮寫，它支援 CAN 協定 2.0A 和 2.0B。bxCAN 的設計目標是以最小的 CPU 負荷高效處理大量收到的封包。bxCAN 也支援封包發送的優先順序要求 (優先順序特性可軟體設定)。

對於安全緊要的應用，bxCAN 提供所有支援時間觸發通訊模式所需的硬體功能。

bxCAN 的主要特點如下。

（1） 支援的協定：

• 支援 CAN 協定 2.0A 和 2.0B 主動模式；

• 串列傳輸速率最高可達 1Mb/s；

• 支援時間觸發通訊功能。

（2） 發送：

• 3 個發送電子郵件；

• 發送封包的優先順序特性可軟體設定；

• 記錄發送 SOF 時刻的時間戳記。

（3）接收：

- 3 級深度的兩個接收 FIFO；

- 可變的篩檢程式組：在互聯型產品中，CAN1 和 CAN2 分享 28 個篩檢程式組；其他 STM32F103xx 系列產品中有 14 個篩檢程式組。

- 識別字列表；

- FIFO 溢位處理方式可設定；

- 記錄接收 SOF 時刻的時間戳記。

（4）時間觸發通訊模式：

- 禁止自動重傳模式；

- 16 位元自由執行計時器；

- 可在最後兩個資料位元組發送時間戳記。

（5）管理：

- 中斷可遮罩；

- 電子郵件佔用單獨一塊位址空間，便於提高軟體效率。

（6）雙 CAN：

- CAN1 為主 bxCAN，負責管理在從 bxCAN 和 512B 的 SRAM 之間的通訊；

- CAN2 為從 bxCAN，它不能直接存取 SRAM；

- 這兩個 bxCAN 模組共用 512B 的 SRAM。

CAN 拓撲結構如圖 9-1 所示。

bxCAN 模組可以完全自動地接收和發送 CAN 封包，且完全支援標準識別字 (11 位元) 和擴充識別字 (29 位元)。控制、狀態和設定暫存器應用程式透過這些暫存器，可以實現以下功能。

（1）設定 CAN 參數，如串列傳輸速率。

（2）請求發送封包。

（3）處理封包接收。

（4）管理中斷。

（5）獲取診斷資訊。

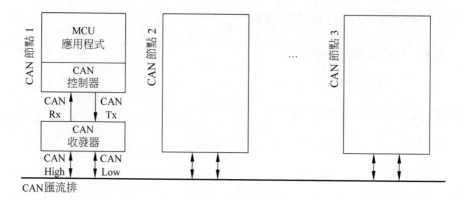

▲ 圖 9-1 CAN 拓撲結構

　　bxCAN 共有 3 個發送電子郵件供軟體發送封包。發送排程器根據優先順序決定哪個電子郵件的封包先被發送。在互聯型產品中，bxCAN 提供 28 個位元寬可變 / 可設定的識別字篩檢程式組，軟體透過對它們程式設計，從而在接腳收到的封包中選擇需要的封包，把其他封包丟棄掉。

9.2.2 CAN 物理層特性

　　CAN 協定經過 ISO 標準化後有兩個：ISO 11898 和 ISO 11519-2。其中，ISO 11898 標準是針對通訊速率為 125kb/s ～ 1Mb/s 的高速通訊標準，而 ISO 11519-2 標準是針對通訊速率為 125kb/s 以下的低速通訊標準。本章使用的是 ISO 11898 標準 450kb/s 的通訊速率，該物理層特徵如圖 9-2 所示。

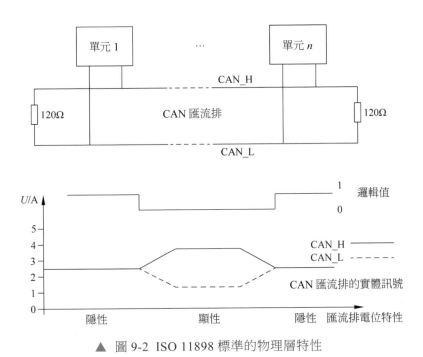

▲ 圖 9-2 ISO 11898 標準的物理層特性

可以看出，顯性電位對應邏輯 0，CAN_H 和 CAN_L 之差為 2.5V 左右；而隱性電位對應邏輯 1，CAN_H 和 CAN_L 之差為 0V。在匯流排上顯性電位具有優先權，只要有一個單元輸出顯性電位，匯流排上即為顯性電位；而隱性電位則具有包容的意味，只有所有單元都輸出隱性電位，匯流排上才為隱性電位。另外，在 CAN 匯流排的起止端都有一個 120Ω 的終端電阻作為阻抗匹配，以減少回波反射。

CAN 協定具體以下 5 種類型的幀：資料幀、遙控幀、錯誤幀、超載幀、間隔幀。

另外，資料幀和遙控幀有標準格式和擴充格式兩種格式。標準格式有 11 個位元識別字，擴充格式有 29 個位元識別字。各種幀的用途如表 9-1 所示。

▼ 表 9-1CAN 協定各種幀的用途

框架類型	用途
資料幀	用於發送單元向接收單元傳輸資料
遙控幀	用於接收單元向具有相同 ID 的發送單元請求資料
錯誤幀	用於當檢測出錯誤時向其他單元通知錯誤
超載幀	用於接收單元通知其尚未做好接收準備
間隔幀	用於將資料幀及遙控幀與前面的幀分離出來

使用者使用頻率最高的是資料幀，下面重點介紹資料幀。資料幀的組成如圖 9-3 所示。

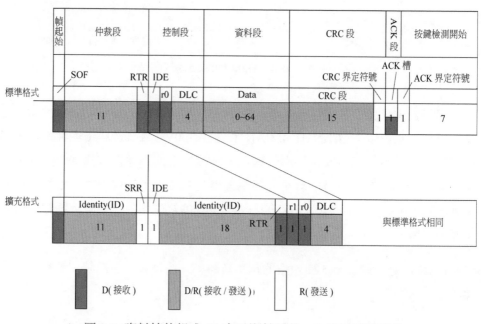

▲ 圖 9-3 資料幀的組成 (D 表示顯性電位，R 表示隱性電位)

（1）幀起始：表示資料幀開始的區段。標準格式和擴充格式都是由 1 位元的顯性電位表示幀的開始。

（2） 仲裁區段：表示資料幀優先順序的區段。標準格式和擴充格式在本區段不同，如圖 9-4 所示。

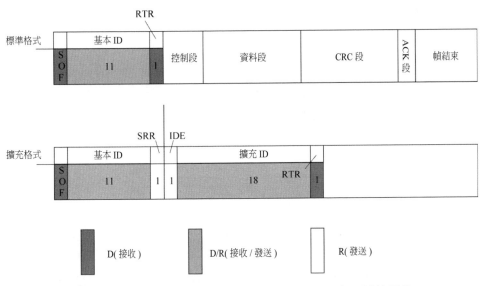

▲ 圖 9-4 仲裁區段的組成 (D 表示顯性電位，R 表示隱性電位)

標準格式的 ID 有 11 位元。從 ID28 到 ID18 被依次發送。禁止高 7 位元都為隱性。

擴充格式的 ID 有 29 位元。基本 ID 從 ID28 到 ID18，擴充 ID 從 ID17 到 ID0。基本 ID 和標準格式的 ID 相同。禁止高 7 位元都為隱性。

其中，RTR 位元用於標識是否是遠端幀 (0 為資料幀；1 為遠端幀)；IDE 位元為識別字選擇位元 (0 為使用標準識別字；1 為使用擴充識別字)；SRR 位元為代替遠端請求位元，為隱性位元，它代替標準幀中的 RTR 位元。

（3） 控制區段：表示資料的位元組數及保留的區段，由 6 位元組成。標準幀和擴充幀的控制區段稍有不同，如圖 9-5 所示。

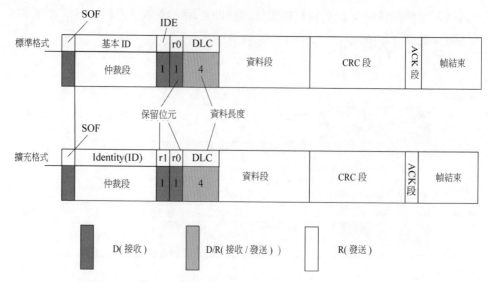

▲ 圖 9-5 控制區段的組成 (D 表示顯性電位，R 表示隱性電位)

在圖 9-5 中，r0 和 r1 為保留位元，必須全部以顯性電位發送，但是接收端可以接收顯性、隱性及任意組合的電位。DLC 區段為資料長度表示區段，高位元在前。DLC 區段有效值為 0 ～ 8，但是接收方接收到 9 ～ 15 的有效值時並不認為是錯誤的。

（4）資料區段：資料的內容，一幀可發送 0 ～ 8 位元組的資料。從最高位元開始輸出，標準格式和擴充格式相同。

（5）CRC 區段：用於檢查幀的傳輸錯誤，由 15 位元的 CRC 順序和 1 位元的 CRC 界定符號組成。標準格式和擴充格式在這個區段也是相同的。

CRC 值的計算範圍包括幀起始、仲裁區段、控制區段、資料區段。接收方以同樣的演算法計算 CRC 值並進行比較，不一致時會顯示出錯。

（6）ACK 區段：用來確認是否正常接收，由 ACK 槽和 ACK 界定符號兩位元組成，標準格式和擴充格式在這個區段也是相同的。

發送單元的 ACK，發送兩位元的隱性位元，而接收到正確訊息的單元在 ACK 槽發送顯性位元，通知發送單元正常接收結束，這個過程叫發送 ACK/ 傳

回 ACK。發送 ACK 的是在既不處於匯流排關閉態也不處於休眠態的所有接收單元中接收到正常訊息的單元。

（7）幀結束：表示資料幀結束的區段，標準格式和擴充格式在這個區段也是相同的，由 7 個隱性位元組成。

9.2.3 STM32 的 CAN 控制器

在 STM32 的互聯型產品中，帶有兩個 CAN 控制器，大部分使用的普通產品均只有一個 CAN 控制器。兩個 CAN 控制器結構如圖 9-6 所示。

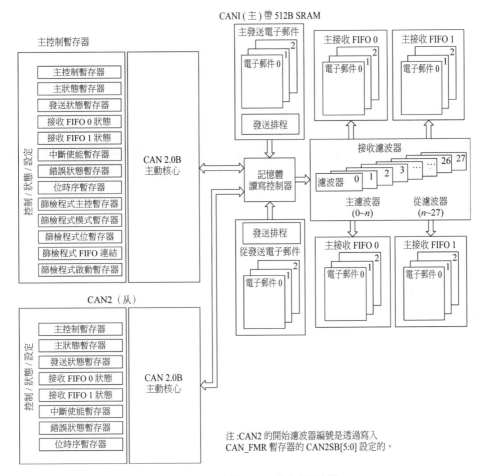

▲ 圖 9-6 兩個 CAN 控制器結構

從圖 9-6 可以看出，兩個 CAN 都分別擁有自己的發送電子郵件和接收 FIFO，但是它們共用 28 個篩檢程式。透過 CAN_FMR 暫存器的設定，可以設定濾波器的分配方式。

STM32 的識別字過濾是一個比較複雜的過程，它的存在減少了 CPU 處理 CAN 通訊的銷耗。STM32 的篩檢程式組最多有 28 個，每個篩檢程式組由兩個 32 位元暫存器 (即 CANFxR1 和 CAN_FxR2) 組成。

STM32 的每個篩檢程式組的位元寬都可以獨立設定，以滿足應用程式的不同需求。根據位元寬的不同，每個篩檢程式組可提供：一個 32 位元篩檢程式，包括 STDID[10:0]、EXTID[17:0]、IED 和 RTR 位元；兩個 16 位元篩檢程式，包括 STDID[10:0]、IED、RTR 和 EXTID[17:15] 位元。

此外，篩檢程式可設定為遮罩位元模式和識別字清單模式。

在遮罩位元模式下，識別字暫存器和遮罩暫存器一起，指定封包識別字的任何一位元，應該按照「必須匹配」或「不用關注」處理。

在識別字清單模式下，遮罩暫存器也被當作識別字暫存器用。因此，不是採用一個識別字加一個遮罩位元的方式，而是使用兩個識別字暫存器。接收封包識別字的每位元都必須與篩檢程式識別字相同。

9.2.4 STM32 的 CAN 篩檢程式

透過 CAN_FMR 暫存器可以設定篩檢程式組的位元寬和工作模式，如圖 9-7 所示。

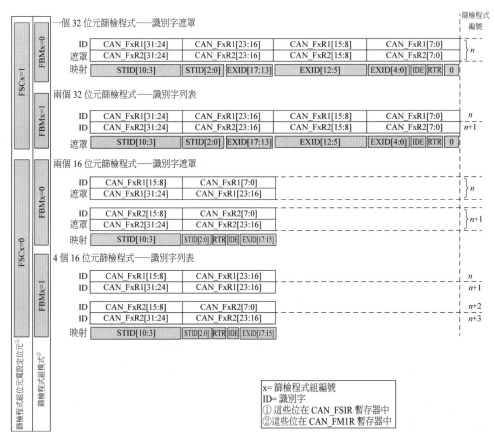

▲ 圖 9-7 篩檢程式組位元寬模式設定

　　為了過濾出一組識別字，應該設定過濾組工作在遮罩位元模式；為了過濾出一個識別字，應該設定篩檢程式組工作在識別字清單模式。應用程式不用的篩檢程式組，應該保持在禁用狀態。篩檢程式組中每個篩檢程式都被編號，從 9 開始，到某個最大數值 (取決於篩檢程式組的模式和位元寬的設定)。

　　舉個簡單的例子，設定篩檢程式組 0 工作在一個 32 位元篩檢程式 - 識別字遮罩模式，然後設定 CAN_FOR1 = 0XFFFF0000，CAN_FOR2 = 0XFF-00FF00。其中，存放到 CAN_FOR1 的值就是期望收到的 ID，即希望收到的映射 (STID+EXTID+IDE+RTR) 最好是 0XFFFF0000。而 0XFF00FF00 就是設定必須匹配的 ID，表示收到的映射，其 [31:24] 位元和 [15:8] 位元這 16 位元必須和 CAN_

FOR1 中的對應位元一模一樣，而另外的 16 位元則無關緊要，可以一樣，也可以不一樣，都認為是正確的 ID，即收到的映射必須是 0xFF**00**，才算正確的(* 表示無關緊要)。

9.3 STM32 的 bxCAN 工作模式

bxCAN 有 3 個主要的工作模式：初始化、正常和睡眠模式。

在硬體重置後，bxCAN 工作在睡眠模式以節省電能，同時 CANTX 接腳的內部上拉電阻被啟動。軟體透過對 CAN_MCR 暫存器的 INRQ 或 SLEEP 位置 1，可以請求 bxCAN 進入初始化或睡眠模式。一旦進入了初始化或睡眠模式，bxCAN 就對 CAN_MSR 暫存器的 INAK 或 SLAK 位置 1 進行確認，同時內部上拉電阻被禁用。當 INAK 和 SLAK 位元都為 0 時，bxCAN 就處於正常模式。在進入正常模式前，bxCAN 必須與 CAN 匯流排取得同步。為取得同步，bxCAN 要等待 CAN 匯流排達到空閒狀態，即在 CANRX 接腳上監測到 11 個連續的隱性位元。

9.3.1 初始化模式

軟體初始化應該在硬體處於初始化模式時進行。設定 CAN_MCR 暫存器的 INRQ 位元為 1，請求 bxCAN 進入初始化模式，然後等待硬體對 CAN_MSR 暫存器的 INAK 位置 1 進行確認。

清除 CAN_MCR 暫存器的 INRQ 位元，請求 bxCAN 退出初始化模式，當硬體對 CAN_MSR 暫存器的 INAK 位元清零時就確認退出了初始化模式。

當 bxCAN 處於初始化模式時，禁止封包的接收和發送，並且 CANTX 接腳輸出隱性位元 (高電位)。進入初始化模式，不會改變設定暫存器。

軟體對 bxCAN 的初始化，至少包括位元時間特性 (CAN_BTR) 和控制 (CAN_MCR) 這兩個暫存器。

在對 bxCAN 的篩檢程式組 (模式、位元寬、FIFO 連結、啟動和篩檢程式值)
進行初始化前，軟體要將 CAN_FMR 暫存器的 FINIT 位置 1。對篩檢程式的初
始化可以在非初始化模式下進行。

當 FINIT = 1 時，封包的接收被禁止。

可以先將篩檢程式啟動位元清零 (在 CAN_FA1R 中)，然後修改相應篩檢
程式的值。

如果篩檢程式組沒有使用，那麼就應該讓它處於非啟動狀態 (保持其 FACT
位元為清零狀態)。

9.3.2 正常模式

初始化完成後，軟體應該讓硬體進入正常模式，以便正常接收和發送封包。
軟體可以透過對 CAN_MCR 暫存器的 INRQ 位元清零請求從初始化模式進入
正常模式，然後要等待硬體對 CAN_MSR 暫存器的 INAK 位置 1 的確認。在與
CAN 匯流排取得同步，即在 CANRX 接腳上監測到 11 個連續的隱性位元 (等效
於匯流排空閒) 後，bxCAN 才能正常接收和發送封包。

不需要在初始化模式下進行篩檢程式初值的設定，但必須在它處在非啟動
狀態下完成 (相應的 FACT 位元為 0)。而篩檢程式的位元寬和模式的設定，則
必須在初始化模式中進入正常模式前完成。

9.4 STM32 的 bxCAN 功能描述

9.4.1 CAN 發送流程

發送封包的流程：應用程式選擇一個空置的發送電子郵件；設定識別字、
資料長度和待發送資料；然後將 CAN_TIxR 暫存器的 TXRQ 位置 1，請求發送。
TXRQ 位置 1 後，電子郵件就不再是空電子郵件；而一旦電子郵件不再為空，

軟體對電子郵件暫存器就不再有寫入的許可權。TXRQ 位置 1 後，電子郵件馬上進入掛號狀態，並等待成為最高優先順序的電子郵件。一旦電子郵件成為最高優先順序的電子郵件，其狀態就變為預定發送狀態。一旦 CAN 匯流排進入空閒狀態，預定發送電子郵件中的封包就馬上被發送 (進入發送狀態)。一旦電子郵件中的封包被成功發送，立即變為空置電子郵件。硬體相應地將 CAN_TSR 暫存器的 RQCP 和 TXOK 位置 1，表示一次成功發送。

如果發送失敗，由於仲裁引起的，就將 CAN_TSR 暫存器的 ALST 位置 1；由於發送錯誤引起的，就將 TERR 位置 1。

1. 發送優先順序

（1） 發送優先順序由識別字決定。當有超過一個發送電子郵件在掛號時，發送順序由電子郵件中封包的識別字決定。根據 CAN 協定，識別字數值最低的封包具有最高的優先順序。如果識別字的值相等，那麼電子郵件號小的封包先被發送。

（2） 發送優先順序由發送請求次序決定。透過將 CAN_MCR 暫存器的 TXFP 位置 1，可以把發送電子郵件設定為發送 FIFO。在該模式下，發送的優先順序由發送請求次序決定。

該模式對分段發送很有用。

2. 中止

透過將 CAN_TSR 暫存器的 ABRQ 位置 1，可以中止發送請求。電子郵件如果處於掛號或預定狀態，發送請求馬上就被中止。如果電子郵件處於發送狀態，那麼中止請求可能導致兩種結果：如果電子郵件中的封包被成功發送，那麼電子郵件變為空置電子郵件，並且 CAN_TSR 暫存器的 TXOK 位元被硬體置 1；如果電子郵件中的封包發送失敗了，那麼電子郵件變為預定狀態，然後發送請求被中止，電子郵件變為空置電子郵件且 TXOK 位元被硬體清零。因此，如果電子郵件處於發送狀態，那麼在發送操作結束後，電子郵件都會變為空置電子郵件。

3. 禁止自動重傳模式

禁止自動重傳模式主要用於滿足 CAN 標準中時間觸發通訊選項的需求。透過將 CAN_MCR 暫存器的 NART 位置 1，讓硬體工作在該模式。

在禁止自動重傳模式下，發送操作只會執行一次。如果發送失敗了，不管是由於仲裁遺失或出錯，硬體都不會再自動發送該封包。

在一次發送操作結束後，硬體認為發送請求已經完成，從而將 CAN_TSR 暫存器的 RQCP 位置 1，同時發送的結果反映在 TXOK、ALST 和 TERR 位元上。

如圖 9-8 所示，CAN 的發送流程如下。

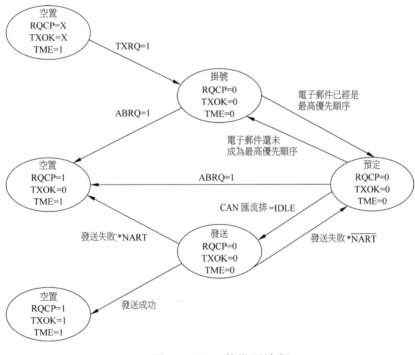

▲ 圖 9-8 CAN 的發送流程

（1）選擇一個空置電子郵件 (TME = 1)。

（2）設定識別字 (ID)、資料長度和發送資料。

（3） CAN_TIxR 的 TXRQ 位置 1，請求發送。

（4） 電子郵件掛號，等待成為最高優先順序。

（5） 預定發送，等待匯流排空閒。

（6） 發送。

（7） 電子郵件空置。

　　圖 9-8 中還包含了很多其他處理，如不強制退出發送 (ABRQ = 1) 和發送失敗處理等。透過這個流程圖，大致能了解 CAN 的發送流程。

9.4.2 CAN 接收流程

　　CAN 接收到的有效封包被儲存在三級電子郵件深度的 FIFO 中。FIFO 完全由硬體來管理，從而降低了 CPU 的處理負荷，簡化了軟體並保證了資料的一致性。應用程式只能透過讀取 FIFO 輸出電子郵件，來讀取 FIFO 中最先收到的封包。這裡的有效封包是指被正確接收的，直到 EOF 域的最後一位元都沒有錯誤，而且通過了識別字過濾的封包。CAN 接收兩個 FIFO，每個濾波器組都可以設定其連結的 FIFO，透過 CAN_FFAIR 的設定，可以將濾波器組並聯到 FIFO0 或 FIFO1。

　　CAN 的接收流程如下。

（1） FIFO 為空。

（2） 收到有效封包。

（3） 掛號 _1，存入 FIFO 的電子郵件，這個硬體自動控制。

（4） 收到有效封包。

（5） 掛號 _2。

（6） 收到有效封包。

（7） 掛號 _3。

（8） 收到有效封包。

（9） 溢位。

這個流程中沒有考慮從 FIFO 讀出封包的情況，實際情況是必須在 FIFO 溢位之前讀出至少一個封包，否當封包到來時，導致 FIFO 溢位，從而出現封包遺失。每讀出一個封包，相應的掛號就減 1，直到 FIFO 空。FIFO 接收資料流程如圖 9-9 所示。

FIFO 接收到的封包數可以透過查詢 CAN_RFxR 的 FMP 暫存器得到，只要 FMP 不為 0，就可以從 FIFO 中讀出收到的封包。

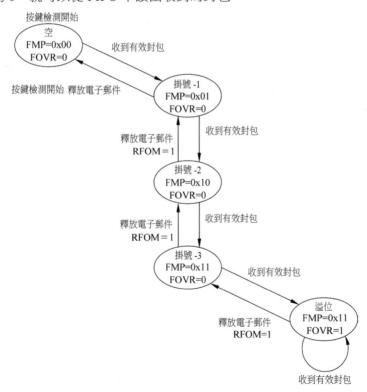

▲ 圖 9-9 FIFO 接收資料流程

9.5 CAN 匯流排收發器

　　CAN 身為技術先進、可靠性高、功能完善、成本低的遠端網路通訊控制方式，已廣泛應用於汽車電子、自動控制、電力系統、樓宇自控、保全監控、機電一體化、醫療儀器等自動化領域。目前，世界許多著名半導體生產商推出了獨立的 CAN 通訊控制器，而有些半導體生產商 (如 Intel、NXP、Microchip、Samsung、NEC、ST、TI 等公司) 還推出了內嵌 CAN 通訊控制器的 MCU、DSP 和 Arm 微控制器。為了組成 CAN 匯流排通訊網路，NXP 和安森美 (ON 半導體) 等公司推出了 CAN 匯流排收發器。

9.5.1 PCA82C250/251 CAN 匯流排收發器

　　PCA82C250/251 CAN 匯流排收發器是協定控制器和物理傳輸線路之間的介面。此元件為匯流排提供差分發送能力，為 CAN 控制器提供差分接收能力，可以在汽車和一般的工業應用中使用。

　　PCA82C250/251 CAN 匯流排收發器的主要特點如下。

（1） 完全符合 ISO 11898 標準。

（2） 高速率 (最高達 1Mb/s)。

（3） 具有抗汽車環境中的瞬間干擾、保護匯流排的能力。

（4） 斜率控制，降低射頻干擾 (Radio-Frequency Interference，RFI)。

（5） 差分收發器，抗寬範圍的共模干擾，抗電磁干擾 (Electromagnetic Interference,EMI)。

（6） 熱保護。

（7） 防止電源和地之間發生短路。

（8） 低電流待機模式。

（9） 未通電的節點對匯流排無影響。

（10） 可連接 110 個節點。

（11） 工作溫度範圍：－ 40 ～ +125℃。

1. PCA82C250/251 功能說明

PCA82C250/251 驅動電路內部具有限流電路，可防止發送輸出級對電源、地或負載短路。雖然短路出現時功耗增加，但不至於使輸出級損壞。若結溫超過約 160℃，則兩個發送器輸出端極限電流將減小，由於發送器是功耗的主要部分，因而限制了晶片的溫升，元件的所有其他部分將繼續工作。PCA82C250 採用雙線差分驅動，有助抑制汽車等惡劣電氣環境下的瞬變干擾。

Rs 接腳用於選定 PCA82C250/251 的工作模式。有 3 種不同的工作模式可供選擇：高速、斜率控制和待機。

2. PCA82C250/251 接腳介紹

PCA82C250/251 有 8 接腳 DIP 和 SO 兩種封裝，接腳如圖 9-10 所示。

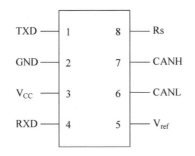

▲ 圖 9-10 PCA82C250/251 接腳

PCA82C250/251 接腳介紹如下。

（1） TXD：發送資料登錄。

（2） GND：地。

（3） V_{CC}：電源電壓為 5.0V。

（4） RXD：接收資料輸出。

（5） V_{ref}：參考電壓輸出。

（6） CANL：低電位 CAN 電壓輸入 / 輸出。

（7） CANH：高電位 CAN 電壓輸入 / 輸出。

（8） Rs：斜率電阻輸入。

PCA82C250/251 收發器是協定控制器和物理傳輸線路之間的介面。如在 ISO 11898 標準中描述的，它們可以用高達 1Mb/s 的位元速率在兩根有差分電壓的匯流排電纜上傳輸資料。

這兩個元件都可以在額定電源電壓分別為 12V(PCA82C250) 和 24V(PCA82C251) 的 CAN 匯流排系統中使用。它們的功能相同，根據相關的標準，可以在汽車和普通的工業應用中使用。PCA82C250 和 PCA82C251 還可以在同一網路中互相通訊，而且它們的接腳和功能相容。

9.5.2 TJA1051 CAN 匯流排收發器

1. TJA1051 功能說明

TJA1051 是一款高速 CAN 匯流排收發器，是 CAN 控制器和物理匯流排之間的介面，為 CAN 控制器提供差分發送和接收功能。該收發器專為汽車行業的高速 CAN 應用設計，傳輸速率高達 1Mb/s。

　　TJA1051 是高速 CAN 匯流排收發器 TJA1050 的升級版本，改進了電磁相容性 (Electromagnetic Compatibility,EMC) 和靜電放電 (Electrostatic Discharge, ESD) 性能，具有以下特性。

　　（1） 完全符合 ISO 11898-2 標準。

　　（2） 收發器在斷電或處於低功耗模式時，在匯流排上不可見。

　　（3） TJA1051T/3 和 TJA1051TK/3 的 I/O 介面可直接與 3 ～ 5V 的微控制器介面連接。

　　TJA1051 是高速 CAN 節點的最佳選擇，TJA1051 不支援可匯流排喚醒的待機模式。

2. TJA1051 接腳介紹

　　TJA1051 有 SO8 和 HVSON8 兩種封裝，接腳如圖 9-11 所示。

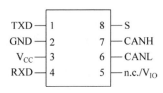

▲ 圖 9-11　TJA1051 接腳

　　TJA1051 接腳介紹如下。

　　（1） TXD：發送資料登錄。

　　（2） GND：接地。

　　（3） V_{CC} ：電源電壓。

　　（4） RXD：接收資料輸出，從匯流排讀出資料。

　　（5） n.c.：空接腳 (僅 TJA1051T)。

（6） V_{IO}：I/O 電位調配 (僅 TJA1051T/3 和 TJA1051TK/3)。

（7） CANL：低電位 CAN 匯流排。

（8） CANH：高電位 CAN 匯流排。

（9） S：待機模式控制輸入。

9.6 CAN 通訊轉換器概述

CAN 通訊轉換器可以將 RS-232、RS-485 或 USB 串列通訊埠轉為 CAN 現場匯流排。當採用 PC 或 IPC(工業 PC) 作為上位元機時，可以組成基於 CAN 匯流排的分散式控制系統。

1. CAN 通訊轉換器性能指標

CAN 通訊轉換器的性能指標如下。

（1） 支援 CAN 2.0A 和 CAN 2.0B 協定，與 ISO 11898 相容。

（2） 可方便地實現 RS-232 介面與 CAN 匯流排的轉換。

（3） CAN 匯流排界面為 DB9 針式插座，符合 CIA 標準。

（4） CAN 匯流排串列傳輸速率可選，最高可達 1Mb/s。

（5） 序列埠串列傳輸速率可選，最高可達 115200b/s。

（6） 由 PCI 匯流排或微機內部電源供電，無須外接電源。

（7） 隔離電壓為 2000V。

（8） 外形尺寸：130mm×110mm。

2. CAN 節點位址設定

　　CAN 通訊轉換器上的 JP1 通訊埠用於設定通訊轉換器的 CAN 節點位址，跳線短接為 0，斷開為 1。

3. 序列埠速率和 CAN 匯流排速率設定

　　CAN 通訊轉換器上的 JP2 通訊埠用於設定序列埠及 CAN 通訊串列傳輸速率。其中，JP2.3、JP2.2、JP2.1 用於設定序列埠速率，如表 9-2 所示；JP2.6、JP2.5、JP2.4 用於設定 CAN 串列傳輸速率，如表 9-3 所示。

▼ 表 9-2　序列埠串列傳輸速率設定

序列埠串列傳輸速率 /(b·s⁻¹)	JP2.3	JP2.2	JP2.1
2400	0	0	0
9600	0	0	1
19200	0	1	0
38400	0	1	1
57600	1	0	0
115200	1	0	1

▼ 表 9-3　CAN 串列傳輸速率設定

CAN 串列傳輸速率 /(kb·s⁻¹)	JP2.6	JP2.5	JP2.4
5	0	0	0
10	0	0	1
20	0	1	0
40	0	1	1
80	1	0	0

（續表）

CAN 串列傳輸速率 /(kb·s^{-1})	JP2.6	JP2.5	JP2.4
200	1	0	1
400	1	1	0
800	1	1	1

4. 通訊協定

CAN 通訊轉換器的多幀通訊協定格式如下。

開始位元組 (40H)+CAN 資料封包 (1 ～ 256B)+ 驗證位元組 (1B)+ 結束符號 (23H)

驗證位元組為從開始位元組 (包括開始位元組 40H) 到 CAN 幀中最後一個資料位元組 (包括最後一個資料位元組) 之間的所有位元組的互斥和。結束符號為 23H，表示資料結束。

STM32F103 的 CAN 每次最多只能發送或接收 8 位元組資料，當 CAN 通訊轉換器要發送或接收的資料超過 8 位元組時，要對資料進行拆包和打包操作。

9.7 CAN 通訊轉換器微控制器主電路的設計

CAN 通訊轉換器微控制器主電路的設計如圖 9-12 所示。

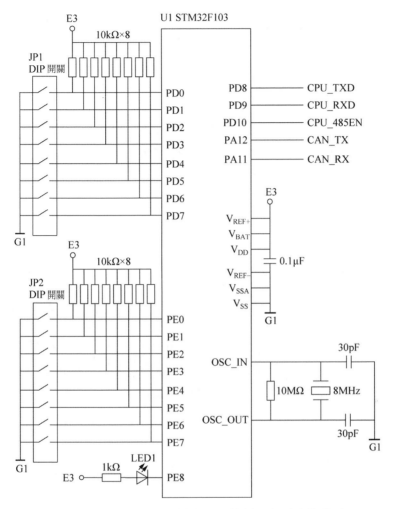

▲ 圖 9-12 CAN 通訊轉換器微控制器主電路的設計

　　主電路採用 ST 公司的 STM32F103 嵌入式微控制器，利用其內嵌的 UART 序列埠和 CAN 控制器設計轉換器，體積小，可靠性高，實現了低成本設計。LED1 為通訊狀態指示燈，JP1 和 JP2 設定 CAN 節點位址和通訊串列傳輸速率。

9.8 CAN 通訊轉換器 UART 驅動電路的設計

CAN 通訊轉換器 UART 驅動電路的設計如圖 9-13 所示。MAX3232 為 MAXIM 公司的 RS-232 電位轉換器,適合 3.3V 供電系統;ADM487 為 ADI 公司的 RS-485 收發器。

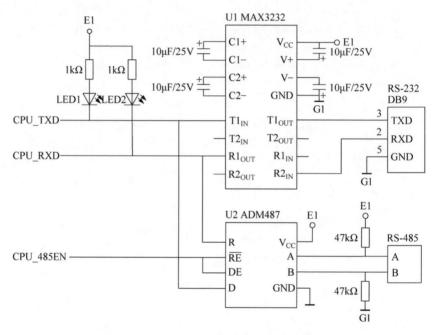

▲ 圖 9-13 CAN 通訊轉換器 UART 驅動電路的設計

9.9 CAN 通訊轉換器 CAN 匯流排隔離驅動電路的設計

CAN 通訊轉換器 CAN 匯流排隔離驅動電路的設計如圖 9-14 所示。採用 6N137 高速光耦合器實現 CAN 匯流排的光電隔離,TJA1051 為 NXP 公司的 CAN 收發器。

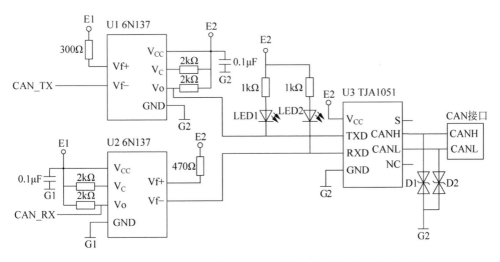

▲ 圖 9-14 CAN 通訊轉換器 CAN 匯流排隔離驅動電路的設計

9.10 CAN 通訊轉換器 USB 介面電路的設計

CAN 通訊轉換器 USB 介面電路的設計如圖 9-15 所示。CH340G 為 USB 轉 UART 序列埠的介面電路，實現 USB 到 CAN 匯流排的轉換。

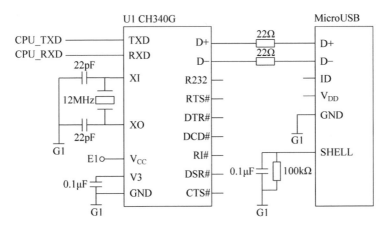

▲ 圖 9-15 CAN 通訊轉換器 USB 介面電路的設計

9.11 CAN 通訊轉換器的程式設計

　　CAN 通訊轉換器的程式清單可參考本書數位資源中的程式碼。採用 ST 公司的 STM32F103 微控制器，編譯器為 KEIL5。

電力網路儀表設計實例

本章將說明電力網路儀表設計實例，包括 PMM2000 電力網路儀表概述、PMM2000 電力網路儀表的硬體設計、週期和頻率測量、STM32F103VBT6 初始化程式、電力網路儀表的演算法、LED 數位管動態顯示程式設計和 PMM2000 電力網路儀表在數位化變電站中的應用。

10.1 PMM2000 電力網路儀表概述

PMM2000 系列數位式多功能電力網路儀表由濟南萊恩達公司生產，該系列儀表共分為四大類別：標準型、經濟型、單功能型、戶表專用型。

PMM2000 系列電力網路儀表採用先進的交流採樣技術及模糊控制功率補償技術與量程自校正技術，以 32 位元嵌入式微控制器 STM32F103VBT6 為核心，採用雙 CPU 結構，是一種集感測器、變送器、資料獲取、顯示、遙信、遙控、遠距離傳輸資料於一體的全電子式多功能電力參數監測網路儀表。

該系列儀表能測量三相三線、三相四線(低壓、中壓、高壓)系統的電流 (Ia、Ib、Ic、In)、電壓 (Ua、Ub、Uc、Uab、Ubc、Uca)、有功電能 (kWh)、無功電能 (kvarh)、有功功率 (kW)、無功功率 (kvar)、頻率 (Hz)、功率因數 (%)、視在功率 (kVA)、電流電壓諧波總含量 (THD)、電流電壓基波和 2 ～ 31 次諧波含量、開口三角形電壓、最大開口三角形電壓、電流和電壓三相不平衡度、電壓波峰係數 (CF)、電話波形因數 (THFF)、電流 K 係數等電力參數，同時具有遙信、遙控功能及電流越限警告、電壓越限警告、DI 狀態變位元等 SOE 事件記錄資訊功能。

該系列儀表既可以在本地使用，又可以透過直流 4 ～ 20mA 類比訊號 (取代傳統變送器)、RS-485(Modbus-RTU)、PROFIBUS-DP 現場匯流排、CANBUS 現場匯流排、M-BUS 儀表匯流排或 TCP/IP 工業乙太網組成高性能的遙測遙控網路。

PMM2000 數位式電力網路儀表的外形如圖 10-1 所示。

(a) LED顯示   (b) LCD顯示

▲ 圖 10-1 PMM2000 數位式電力網路儀表的外形

PMM2000 數位式電力網路儀表具有以下特點。

（1） 技術領先。採用交流採樣技術、模糊控制功率補償技術、量程自校正技術、精密測量技術、現代電力電子技術、先進的儲存記憶技術等，因此精度高，抗干擾能力強，抗衝擊，抗浪湧，記錄資訊不易遺失。對於含有高次諧波的電力系統，仍能達到高精度測量。

（2） 安全性高。在儀表內部，電流和電壓的測量採用互感器 (同類儀表一般不採用電壓互感器)，保證了儀表的安全性。

（3） 產品種類齊全。從單相電流 / 電壓表到全電量綜合測量，集遙測、遙信、遙控功能於一體的多功能電力網路儀表。

（4） 強大的網路通訊介面。使用者可以選擇 TCP/IP 工業乙太網、M-BUS、RS-485(Modbus-RTU)、CANBUS PROFIBUS-DP 通訊介面。

（5） 雙 CPU 結構。儀表採用雙 CPU 結構，保證了儀表的高測量精度和網路通訊資料傳輸的快速性、可靠性，防止網路通訊出現「死機」現象。

（6） 相容性強。採用通訊介面組成通訊網路系統時，可以和第三方的產品互聯。

（7） 可與主流工控軟體輕鬆相連，如 iMeaCon、WinCC、Intouch、iFix 等組態軟體。

10.2 PMM2000 電力網路儀表的硬體設計

PMM2000 電力網路儀表由主機板、顯示板、電壓輸入板、電流輸入板、通訊及 DI 輸入板和電源模組組成。

10.2.1 主機板的硬體電路設計

PMM2000 電力網路儀表主機板電路如圖 10-2 和圖 10-3 所示，顯示電路如圖 10-4 所示。

主機板以 STM32F103VBT6 微控制器為核心，擴充了 MB85RS16 鐵電記憶體，用於儲存電力網路儀表的設定參數和電能；擴充了 4 個獨立式按鍵，用於參數設定、儀表驗證、電力參數查看等；透過 ULN2803 達林頓三極體驅動器和 MPS8050 三極體 Q1 擴充了 15 位元 LED 數位管和 24 位元 LED 指示燈，每兩位數位管或 LED 指示燈為一組，共 9 個位元控制；CN1 接電壓輸入板的輸出；CN5 接電流輸入板的輸出；CN3 接通信及 DI 輸入板；CN4 為參數設定跳線選擇介面。

10.2.2 電壓輸入電路的硬體設計

電壓輸入電路如圖 10-5 所示。

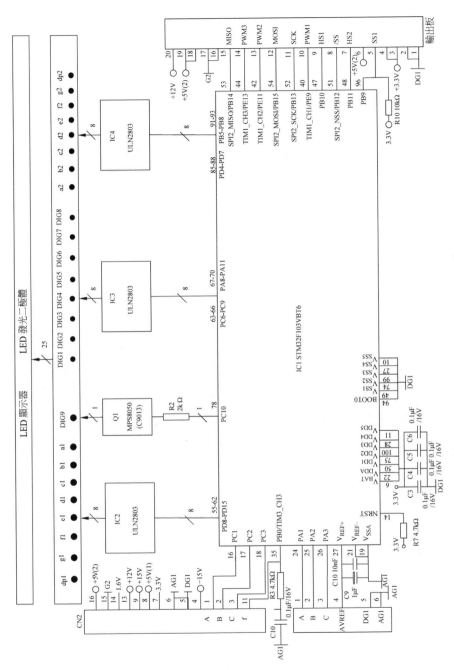

▲ 圖 10-2 主機板電路（1）

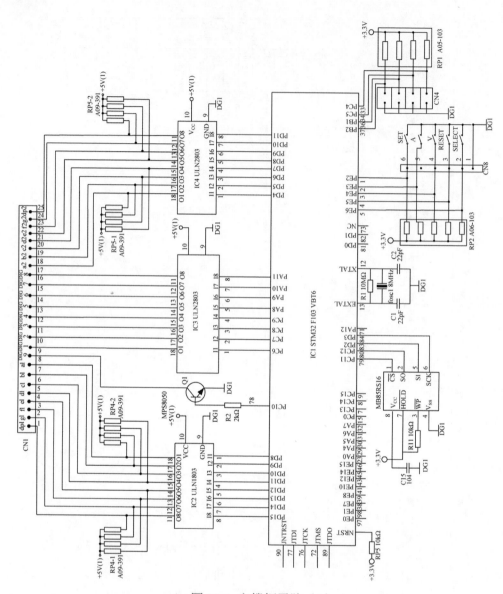

▲ 圖 10-3 主機板電路（2）

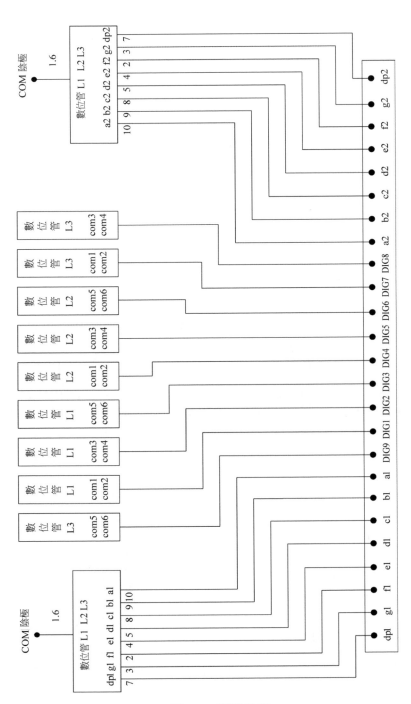

▲ 圖 10-4 顯示電路

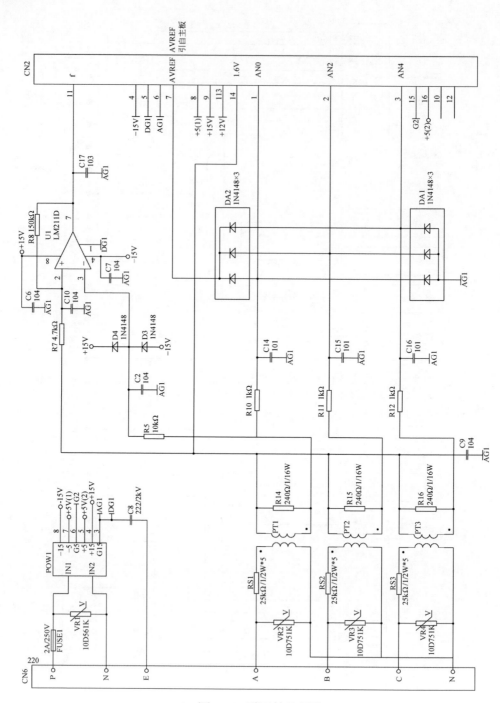

▲ 圖 10-5 電壓輸入電路

　　A、B、C、N 為 Ua、Ub、Uc、Un 三相電壓輸入；PT1、PT2 和 PT3 為電壓互感器；電壓互感器輸出的電流訊號經 R14、R15、R16 取樣電阻變成電壓訊號；DA1、DA2 二極體為 A/D 採樣保護電路；POW1 為電源模組，產生所需直流電源；Ua、Un 為 220V 交流輸入訊號，經過電壓互感器 PT1 變成毫安培訊號，由電阻 R14 取樣變成電壓訊號送入過零電壓比較器 LM211D，其輸出為方波，用於週期和頻率測量。

　　VR1 ～ VR4 為壓敏電阻，用於抗雷擊過壓保護。

10.2.3　電流輸入電路的硬體設計

　　電流輸入電路如圖 10-6 所示。

　　1S/1L、2S/2L、3S/3L 為 Ia、Ib、Ic 三相電流輸入；CT1、CT2 和 CT3 為電流互感器；電流互感器輸出的電流訊號經 R1、R2、R3 取樣電阻變成電壓訊號；D4 ～ D9 二極體為 A/D 採樣保護電路；TL431AILP 為電壓基準源，經電阻網路變成 1.6V 和 3.2V，再透過運算放大器 TL082 驅動產生 A/D 採樣電壓基準，1.6V 接電流互感器和電壓互感器二次側的一端，把 -1.6 ～ +1.6V 的交流訊號變成 0 ～ 3.2V 的交流訊號。

10.2.4　RS-485 通訊電路的硬體設計

1. 硬體設計

　　RS-485 通訊介面電路如圖 10-7 所示，以 ST 公司的 8 位元微控制器 STM8S105 K4T6 為核心，透過 6N137、PS2501 光電耦合器和 RS-485 驅動器 SN65LBC184 組成 RS-485 通訊介面。

通訊板與主機板之間透過 SPI 串列匯流排實現雙機通訊。當電力網路儀表設定儀表位址和通訊串列傳輸速率等參數時，主機板 STM32F103VBT6 的 SPI 設為主機模式，通訊板 STM8S105K4T6 的 SPI 設為從機模式，主機板主動向通訊板發送位址和通訊串列傳輸速率等參數，發送完後，主機板的 SPI 變為從機模式，通訊板的 SPI 變為主機模式，繼續進行電力測量參數的傳輸。在雙機通訊時，透過 HS1 和 HS2 實現握手。

CN1 為 STM8S105K4T6 微控制器下載介面，CN2 為通訊板外接線端子。

TX LED 和 RX LED 為 RS-485 通訊發送和接收 LED 指示燈。

4 路數位量輸入電路如圖 10-8 所示。數位量輸入電路用於測量開關執行狀態，DI1 ～ DI4 分別與 DICOM 連接時，PC0 ～ PC3 為低電位，否則為高電位。PS2501 光電耦合器實現了開關量與 STM32F103VBT6 微控制器的隔離。

2. SPI 通訊機制

PMM2000 電力網路儀表採用雙 CPU 設計，主機板和通訊板之間透過 SPI 串列匯流排傳輸資料。這是在雙 CPU 之間進行通訊的常用方式。

資料傳輸方式分為兩種情況：當電力網路儀表設定通信位址和串列傳輸速率時，主機板的 SPI 設為主機模式，通訊板的 SPI 設為從機模式；當通訊板向主機板要測量資料時，主機板的 SPI 設為從機模式，通訊板的 SPI 設為主機模式。主機板和通訊板之間的 SPI 模式切換透過 HS1、HS2 實現，以避免主機板和通訊板的程式執行出現衝突。

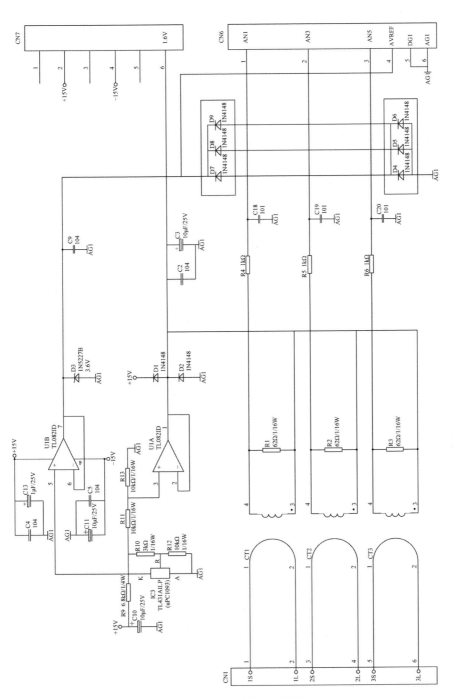

▲ 圖 10-6 電流輸入電路

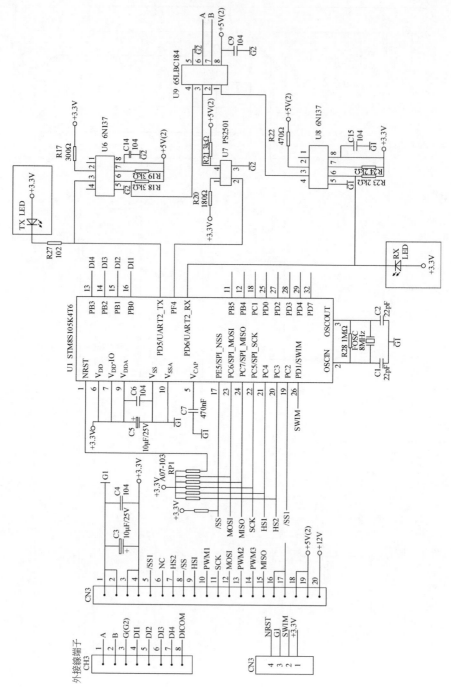

▲ 圖 10-7 RS-485 通訊介面電路

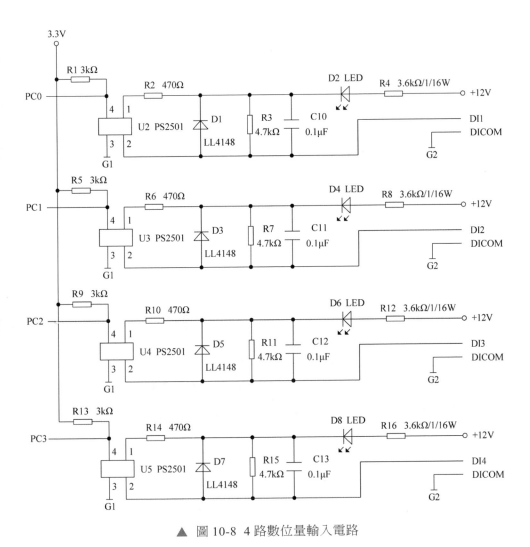

▲ 圖 10-8 4 路數位量輸入電路

硬體連接說明如表 10-1 所示。

▼ 表 10-1 硬體連接說明

接腳功能	STM32 對應接腳	STM8S 對應接腳
HS1	PB10	PC4
HS2	PB11	PC4

（續表）

接腳功能	STM32 對應接腳	STM8S 對應接腳
SS	PB12	PE5
MOSI	PB15	PC6
MISO	PB14	PC7
SS1	PB9	PC2
SCK	PB13	PC5

各接腳功能說明如表 10-2 所示。

▼ 表 10-2 各接腳功能說明

功能	方向	功能描述
HS1	STM8S → STM32	STM8S 通知 STM32 已準備好接收。0：未準備或接收完畢；1：準備好
HS2	STM32 → STM8S	STM32 改變位址或串列傳輸速率。0：改變；1：不變
SS	STM32 → STM8S	STM8S 的 SPI 啟動訊號。0：有效；1：無效
SS1	STM8S → STM32	STM32 的 SPI 啟動訊號。0：有效；1：無效

對於 STM8S，SS 始終為輸入；對於 STM32，SS 始終為輸出。MISO、MOSI、SCK 在主機模式和從機模式下的方向不同，如表 10-3 所示。

▼ 表 10-3 MISO、MOSI、SCK 接腳在主機模式和從機模式下的方向

接腳	主機模式方向	從機模式方向
MOSI	輸出	輸入
MISO	輸入	輸出（沒有使用）
SCK	輸出	輸入

10.2.5 4～20mA 類比訊號輸出的硬體電路設計

PMM2000 數位式電力網路儀表，除了可以輸出數位訊號外，還可以輸出 3 通道 4～20mA 類比訊號，透過 STM32F103VBT6 微控制器的 PWM 輸出可以實現這一功能。

電壓基準源電路如圖 10-9 所示。

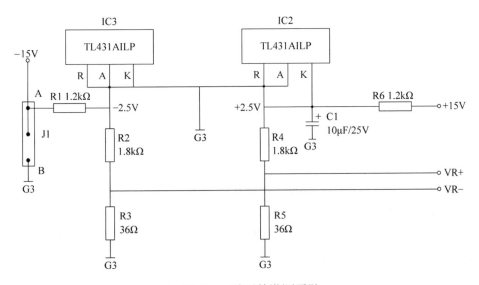

▲ 圖 10-9 電壓基準源電路

圖 10-9 中，IC2、IC3 為 TL431AILP 電壓基準源晶片，外接電阻產生 +2.5V 電源和 VR+、VR- 運算放大器的調零端。

下面以通道 2(CH2) 為例介紹 4～20mA 輸出電路，如圖 10-10 所示。

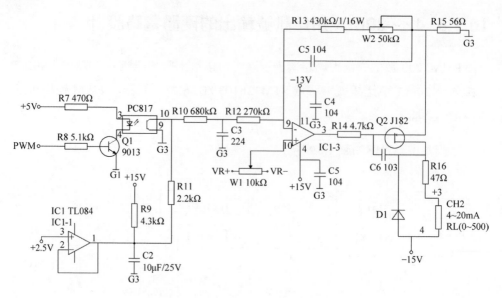

▲ 圖 10-10　4 ～ 20mA 輸出電路

　　圖 10-10 中，輸入為 STM32F103VBT6 微控制器的 PWM 輸出訊號，輸出為 4 ～ 20mA 直流電流訊號。PWM 訊號經三極體 Q1 驅動光電耦合器 PC817，PC817 的輸出經 R10 和 C3 積分後產生電壓訊號，送入運算放大器 IC1，後經場效應管 Q2 驅動，產生 4 ～ 20mA 電流輸出訊號。

　　PWM 採用 TIM1 計時器，應用程式如下。

1. TIM_OCInitTypeDef 結構定義

```
typedef struct
{
    u16 TIM_OCMode;
    u16 TIM_OutputState;
    u16 TIM_OutputNState;
    u16 TIM_Pulse;
    u16 TIM_OCPolarity;
    u16 TIM_OCNPolarity;
    u16 TIM_OCIdleState;
```

```
    u16 TIM_OCNIdleState;
} TIM_OCInitTypeDef;
```

2. 定義 TIM_OCInitStructure

```
TIM_OCInitTypeDef   TIM_OCInitStructure;
```

3. GPIO 初始化

```
GPIO_PinRemapConfig(GPIO_FullRemap_TIM1, ENABLE);   //TIM1 完全重映射
// TIM1_ETR    TIM1_CH1N  TIM1_CH1  TIM1_CH2N  TIM1_CH2
//    PE7        PE8        PE9        PE10       PE11
// TIM1_CH3N  TIM1_CH3   TIM1_CH4  TIM1_BKIN
//    PE12       PE13       PE14       PE15
//PE9、PE11、PE13 CH1 CH2 CH3 作為第 2 功能推拉輸出
GPIO_InitStructure.GPIO_Pin = GPIO_Pin_9|GPIO_Pin_11|GPIO_Pin_13 ;
GPIO_InitStructure.GPIO_Speed = GPIO_Speed_50MHz;
GPIO_InitStructure.GPIO_Mode = GPIO_Mode_AF_PP;
GPIO_Init(GPIOE, &GPIO_InitStructure);
```

4. TIM1 初始化

```
/* TIM1 設定
使用 4 個不同的工作週期比產生 7 路 PWM 訊號：
TIM1CLK = 72 MHz,  預分頻係數 = 9, TIM1 計數時鐘 = 8 MHz
TIM1 頻率 = TIM1CLK/(TIM1_Period + 1) = 122Hz
PWM 使用中央對齊模式，頻率為 61Hz，週期為 16.384ms*/

TIM_OCStructInit(&TIM_OCInitStructure);
/* 時間基準設定 */
TIM_TimeBaseStructure.TIM_Prescaler = 8;
TIM_TimeBaseStructure.TIM_CounterMode = TIM_CounterMode_CenterAligned3;
TIM_TimeBaseStructure.TIM_Period = Timer1_period_Val;
TIM_TimeBaseStructure.TIM_ClockDivision = 0;
TIM_TimeBaseStructure.TIM_RepetitionCounter = 0;

TIM_TimeBaseInit(TIM1, &TIM_TimeBaseStructure);
```

```
TIM_ARRPreloadConfig(TIM1, ENABLE);

/*  通道 1 ～ 4 設定為 PWM 模式  */
TIM_OCInitStructure.TIM_OCMode = TIM_OCMode_PWM1;
/*  PWM 模式 1:
 向上計數時，一旦 TIMx_CNT<TIMx_CCRx，通道 x 為有效電位，否則為無效電位
 向下計數時，一旦 TIMx_CNT>TIMx_CCRx，通道 x 為無效電位，否則為有效電位
*/
TIM_OCInitStructure.TIM_OutputState = TIM_OutputState_Enable;
//OCx 訊號輸出到對應的輸出接腳
TIM_OCInitStructure.TIM_OutputNState = TIM_OutputNState_Disable;
// 輸入 / 捕捉 x 互補輸出不啟動
TIM_OCInitStructure.TIM_OCPolarity = TIM_OCPolarity_Low;
// 輸入 / 捕捉 x 輸出極性輸出，有效電位為低

// 以下與輸入 / 捕捉 x 互補輸出有關
TIM_OCInitStructure.TIM_OCNPolarity = TIM_OCNPolarity_High;
TIM_OCInitStructure.TIM_OCIdleState = TIM_OCIdleState_Set;
TIM_OCInitStructure.TIM_OCNIdleState = TIM_OCIdleState_Reset;
// 禁止 TIMx_CCRx 暫存器的預先安裝載功能，可隨時寫入 TIMx_CCR1 暫存器
// 並且新寫入的數值立即起作用，預設禁止，不必設定

// 注意以下 3 路 PWM 初始化共用結構 TIM_OCInitStructure 的設定，也可分別設定
/* 0x3000 對應 4mA，0xF000 對應 20mA，調節圖 10-10 中的 W1 和 W2 電位器，可以調節 4mA 和 20mA
的大小 */
TIM_OCInitStructure.TIM_Pulse = 0X3000;    // 載入當前捕捉 / 比較 1 暫存器的值 ( 預先安裝載值 )
TIM_OC1Init(TIM1, &TIM_OCInitStructure);

TIM_OCInitStructure.TIM_Pulse = 0X3000;    // 載入當前捕捉 / 比較 2 暫存器的值 ( 預先安裝載值 )
TIM_OC2Init(TIM1, &TIM_OCInitStructure);

TIM_OCInitStructure.TIM_Pulse = 0X3000;    // 載入當前捕捉 / 比較 3 暫存器的值 ( 預先安裝載值 )
TIM_OC3Init(TIM1, &TIM_OCInitStructure);

//TIM_OCInitStructure.TIM_Pulse = CCR4_Val;
//TIM_OC4Init(TIM1, &TIM_OCInitStructure);
```

```
/* TIM1 主輸出啟動 */
TIM_CtrlPWMOutputs(TIM1, ENABLE);
// 如果設定了相應的啟動位元 (TIMx_CCER 暫存器的 CCxE、CCxNE 位元 )，則開啟 OC 和 OCN 輸出

/* TIM1 啟動 */
TIM_Cmd(TIM1, ENABLE);
```

5. 輸出 PWM1 ~ PWM3 的工作週期比

```
calc_pwm(CH1_num);              // 獲取當前參數 PWM1 輸出時的工作週期比
TIM1->CCR1 =CCRx_buf ;         // 載入當前捕捉 / 比較 1 暫存器的值
calc_pwm(CH2_num);              // 獲取當前參數 PWM2 輸出時的工作週期比
TIM1->CCR2 =CCRx_buf;          // 載入當前捕捉 / 比較 2 暫存器的值
calc_pwm(CH3_num);              // 獲取當前參數 PWM3 輸出時的工作週期比
TIM1->CCR3 =CCRx_buf;          // 載入當前捕捉 / 比較 3 暫存器的值
```

10.3 週期和頻率測量

在 PMM2000 數位式電力網路儀表的設計中，由於採用交流採樣技術，因此需要測量電網中的頻率，STM32F103VBT6 微控制器的捕捉計時器可以完成這一任務。

LM211 輸入 / 輸出波形如圖 10-11 所示。T 為被測正弦交流訊號的週期，其倒數為頻率 f，即 $f = 1/T$。

1. 計時器 TIM3 的中斷初始化程式

```
/* 啟動 TIM3 全域中斷 */
NVIC_InitStructure.NVIC_IRQChannel = TIM3_IRQChannel;
NVIC_InitStructure.NVIC_IRQChannelPreemptionPriority = 4;
NVIC_InitStructure.NVIC_IRQChannelSubPriority = 1;
NVIC_InitStructure.NVIC_IRQChannelCmd = ENABLE;
NVIC_Init(&NVIC_InitStructure);
```

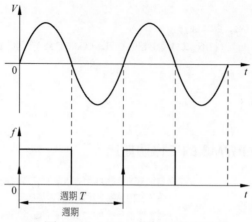

▲ 圖 10-11 LM211 輸入 / 輸出波形

2. 計時器 TIM3 的初始化程式

```
/* TIM3 設定：輸入捕捉模式
TIM3CLK = 36 MHz, 預分頻係數 = 18, TIM3 計數時鐘 = 2 MHz */
TIM_DeInit(TIM3);
TIM_TimeBaseStructure.TIM_Period = 65535;
TIM_TimeBaseStructure.TIM_Prescaler = 17;
TIM_TimeBaseStructure.TIM_ClockDivision = 0;
TIM_TimeBaseStructure.TIM_CounterMode = TIM_CounterMode_Up;
TIM_TimeBaseInit(TIM3, &TIM_TimeBaseStructure);

TIM_ICInitStructure.TIM_Channel = TIM_Channel_3;          // 選擇通道 3
TIM_ICInitStructure.TIM_ICPolarity = TIM_ICPolarity_Rising;   // 輸入上昇緣捕捉
TIM_ICInitStructure.TIM_ICSelection = TIM_ICSelection_DirectTI;
// 通道方向選擇 CC3 通道被設定為輸入，IC3 映射在 TI3 上
TIM_ICInitStructure.TIM_ICPrescaler = TIM_ICPSC_DIV1;
// 無預分頻器，捕捉輸入口上檢測到的每個邊沿都觸發一次捕捉
TIM_ICInitStructure.TIM_ICFilter = 0x00;
// 無濾波器，以 fDTS 採樣
TIM_ICInit(TIM3, &TIM_ICInitStructure);

// 啟動 CC3 中斷要求
TIM_ITConfig(TIM3, TIM_IT_CC3, ENABLE);
TIM_Cmd(TIM3, ENABLE);
```

3. 頻率捕捉中斷服務程式

```
/*****************************************************************
函式名稱：TIM3_IRQHandler
功能：頻率捕捉，並且實現頻率的追蹤 ( 具體實現在 5ms 計算中 )
        追蹤的範圍為 40Hz ～ 60Hz，當頻率小於 40Hz 或大於 60Hz 時，預設為 50Hz
        頻率捕捉是透過捕捉電壓的波形來實現的，所以對電壓有所要求
        只有當電壓的有效值大於約 46V 的值時，頻率才能被捕捉計算出來
        實際上，程式在電壓強度低於 46V 時，給頻率捕捉單元賦予 50Hz 的預設值
入口：無
出口：無
*****************************************************************/
void TIM3_IRQHandler(void)
{
  // 獲取輸入捕捉值
  IC3Value =TIM_GetCapture3(TIM3);           // 注意此處獲取的數值是捕捉計時器的值
  // 清除 TIM3 捕捉的較中斷掛號位元
  TIM_ClearITPendingBit(TIM3, TIM_IT_CC3);

  if(SAMPFG==0)
  {
    SAMPFG=1;                                 // 非第 1 次頻率捕捉
    CAPBF2=IC3Value;
  }
  else
  {
    // CAPBF1 和 CAPBF2 用於計算頻率
    // CAPBUF 存放頻率值
    // CAPBUFTXB 頻率顯示單元
    CAPFLG=1;
    CAPBF1=CAPBF2;
    CAPBF2=IC3Value;
    CAPBUF=0;
    // 在輸入捕捉中斷中，1/Fren=PITPRM/(36M/18)，因此 PITPRM=2MHz/Fren
    // PITPRM 用於頻率捕捉，存放當前頻率的計數器的計數值
    PITPRM=CAPBF2-CAPBF1;
    CAPBUF=(2000000/(float)(PITPRM));
  }
}
```

10.4 STM32F103VBT6 初始化程式

10.4.1 NVIC 中斷初始化程式

```
/*******************************************************************
函式名稱：NVIC 設定
描述：設定向量中斷，設定中斷優先順序管理模組
輸入：無
輸出：無
傳回：無
呼叫處：main 函式初始化
*******************************************************************/
void NVIC_Configuration(void)
{
NVIC_InitTypeDef NVIC_InitStructure;

#ifdef  VECT_TAB_RAM
/* 設定向量表基底位址為 0x20000000 */
NVIC_SetVectorTable(NVIC_VectTab_RAM, 0x0);
#else  /* VECT_TAB_FLASH */                    // 預設中斷向量表在 Flash 中
/* 設定向量表基底位址為 0x08000000 */
NVIC_SetVectorTable(NVIC_VectTab_FLASH, 0x0);
#endif

/* 設定 1 位元先佔式優先順序 */
//NVIC_PriorityGroup_3: 8 級先佔式優先順序，2 級回應優先順序
NVIC_PriorityGroupConfig(NVIC_PriorityGroup_3);

/*
本系統中斷及其優先順序設定：
 WWDGTimer2SysTickTimer3SPITimer4Timer1
視窗看門狗 > 20ms/128 採樣 >  1ms 顯示 > 頻率捕捉 > SPI 通訊 >  5ms 計算 PWM 脈衝輸出
  (0.1)(1. 1)(2. 1)(4. 1)(10. 0)(6. 1) 未開啟中斷
*/

#ifdef USE_STM32_WDG
/* 啟動 WWDG 全面中斷 */
NVIC_InitStructure.NVIC_IRQChannel = WWDG_IRQChannel;
```

```
NVIC_InitStructure.NVIC_IRQChannelPreemptionPriority = 0;
NVIC_InitStructure.NVIC_IRQChannelSubPriority = 1;
NVIC_InitStructure.NVIC_IRQChannelCmd = ENABLE;
NVIC_Init(&NVIC_InitStructure);
#endif

/* 啟動 TIM2 全面中斷 */
NVIC_InitStructure.NVIC_IRQChannel = TIM2_IRQChannel;
NVIC_InitStructure.NVIC_IRQChannelPreemptionPriority = 1;
NVIC_InitStructure.NVIC_IRQChannelSubPriority = 1;
NVIC_InitStructure.NVIC_IRQChannelCmd = ENABLE;

NVIC_Init(&NVIC_InitStructure);

/* 啟動 TIM3 全面中斷 */
NVIC_InitStructure.NVIC_IRQChannel = TIM3_IRQChannel;
NVIC_InitStructure.NVIC_IRQChannelPreemptionPriority = 4;
NVIC_InitStructure.NVIC_IRQChannelSubPriority = 1;
NVIC_InitStructure.NVIC_IRQChannelCmd = ENABLE;
NVIC_Init(&NVIC_InitStructure);

#ifndef USE_PWM

/* 設定並啟動 SPI2 中斷 */
NVIC_InitStructure.NVIC_IRQChannel = SPI2_IRQChannel;
NVIC_InitStructure.NVIC_IRQChannelPreemptionPriority = 5;
NVIC_InitStructure.NVIC_IRQChannelSubPriority = 0;
NVIC_InitStructure.NVIC_IRQChannelCmd = ENABLE;
NVIC_Init(&NVIC_InitStructure);
#endif

/* 啟動 TIM4 全面中斷 */
NVIC_InitStructure.NVIC_IRQChannel = TIM4_IRQChannel;
NVIC_InitStructure.NVIC_IRQChannelPreemptionPriority = 6;
NVIC_InitStructure.NVIC_IRQChannelSubPriority = 1;
NVIC_InitStructure.NVIC_IRQChannelCmd = ENABLE;

NVIC_Init(&NVIC_InitStructure);
}
```

10.4.2 GPIO 初始化程式

```
/*********************************************************************
函式名稱：GPIO 設定
描述：設定不同的 GPIO 通訊埠
輸入：無
輸出：無
傳回：無
呼叫處：main 函式初始化
通用 I/O 介面設定，根據原理圖進行設定
輸出接腳一般使用推拉模式，開漏模式需上拉
不使用的接腳設成輸入上拉
*********************************************************************/
void GPIO_Configuration(void)
{
    /* 設定 PA*/
    // PA8 ～ PA11 作為推拉輸出
    GPIO_InitStructure.GPIO_Pin = GPIO_Pin_8|GPIO_Pin_9|GPIO_Pin_10|GPIO_Pin_11 ;
    GPIO_InitStructure.GPIO_Speed = GPIO_Speed_2MHz;
    GPIO_InitStructure.GPIO_Mode = GPIO_Mode_Out_PP;
    GPIO_Init(GPIOA, &GPIO_InitStructure);
    // PA12 作為推拉輸出 MB3773-CK (NO USE，未用 )
    GPIO_InitStructure.GPIO_Pin = GPIO_Pin_12 ;
    GPIO_InitStructure.GPIO_Speed = GPIO_Speed_2MHz;
    GPIO_InitStructure.GPIO_Mode = GPIO_Mode_Out_PP;
    GPIO_Init(GPIOA, &GPIO_InitStructure);
    // PAD、PA4 ～ PA7 作為上拉輸入，未用的接腳
    GPIO_InitStructure.GPIO_Pin = GPIO_Pin_0|GPIO_Pin_4|GPIO_Pin_5 | GPIO_Pin_6 |
GPIO_Pin_7 ;
    GPIO_InitStructure.GPIO_Speed = GPIO_Speed_2MHz;
    GPIO_InitStructure.GPIO_Mode = GPIO_Mode_IPU;
    GPIO_Init(GPIOA, &GPIO_InitStructure);
    // PA1 ～ PA3 作為 ADC 輸入
    GPIO_InitStructure.GPIO_Pin = GPIO_Pin_1|GPIO_Pin_2|GPIO_Pin_3 ;
    GPIO_InitStructure.GPIO_Speed = GPIO_Speed_50MHz;
    GPIO_InitStructure.GPIO_Mode = GPIO_Mode_AIN;
    GPIO_Init(GPIOA, &GPIO_InitStructure);
    // PA13 ～ PA15 作為 JTAG 接腳
```

```
/* 設定 PB*/
// PBD 作為 TIM3_CH3
GPIO_InitStructure.GPIO_Pin = GPIO_Pin_0;
GPIO_InitStructure.GPIO_Speed = GPIO_Speed_50MHz;
GPIO_InitStructure.GPIO_Mode = GPIO_Mode_IPU;
GPIO_Init(GPIOB, &GPIO_InitStructure);
//PB1、PB2 作為上拉輸入
GPIO_InitStructure.GPIO_Pin = GPIO_Pin_1|GPIO_Pin_2 ;
GPIO_InitStructure.GPIO_Speed = GPIO_Speed_2MHz;
GPIO_InitStructure.GPIO_Mode = GPIO_Mode_IPU;
GPIO_Init(GPIOB, &GPIO_InitStructure);
//PB5 ～ PB8 作為推拉輸出
GPIO_InitStructure.GPIO_Pin = GPIO_Pin_5|GPIO_Pin_6|GPIO_Pin_7|GPIO_Pin_8;
GPIO_InitStructure.GPIO_Speed = GPIO_Speed_2MHz;
GPIO_InitStructure.GPIO_Mode = GPIO_Mode_Out_PP;
GPIO_Init(GPIOB, &GPIO_InitStructure);

#ifdef USE_PWM
//PB9、PB11 ～ PB15 作為上拉輸入
GPIO_InitStructure.GPIO_Pin = GPIO_Pin_9| GPIO_Pin_11| GPIO_Pin_12|
                              GPIO_Pin_13 | GPIO_Pin_14 | GPIO_Pin_15;
GPIO_InitStructure.GPIO_Speed = GPIO_Speed_2MHz;
GPIO_InitStructure.GPIO_Mode = GPIO_Mode_IPU;
GPIO_Init(GPIOB, &GPIO_InitStructure);

//PB10 作為推拉輸出
GPIO_InitStructure.GPIO_Pin = GPIO_Pin_10 ;
GPIO_InitStructure.GPIO_Speed = GPIO_Speed_50MHz;
GPIO_InitStructure.GPIO_Mode = GPIO_Mode_Out_PP;
GPIO_Init(GPIOB, &GPIO_InitStructure);
//PB3、PB4 作為 JTAG 接腳
#else
//PB9、PB10 作為上拉輸入
GPIO_InitStructure.GPIO_Pin = GPIO_Pin_9|GPIO_Pin_10;
GPIO_InitStructure.GPIO_Speed = GPIO_Speed_50MHz;
GPIO_InitStructure.GPIO_Mode = GPIO_Mode_IPU;
GPIO_Init(GPIOB, &GPIO_InitStructure);
//PB13 ～ PB15 設定為 SPI2 接腳：SCK、MISO 和 MOSI
```

```
GPIO_InitStructure.GPIO_Pin = GPIO_Pin_13 | GPIO_Pin_14 | GPIO_Pin_15;
GPIO_InitStructure.GPIO_Speed = GPIO_Speed_50MHz;
GPIO_InitStructure.GPIO_Mode = GPIO_Mode_AF_PP;
GPIO_Init(GPIOB, &GPIO_InitStructure);
//PB11、PB12 作為推拉輸出
GPIO_InitStructure.GPIO_Pin = GPIO_Pin_11 | GPIO_Pin_12;
GPIO_InitStructure.GPIO_Speed = GPIO_Speed_50MHz;
GPIO_InitStructure.GPIO_Mode = GPIO_Mode_Out_PP;
GPIO_Init(GPIOB, &GPIO_InitStructure);
//PB3、PB4 作為 JTAG 接腳
#endif
/* 設定 PC */
//PC6 ～ PC9 作為推拉輸出
GPIO_InitStructure.GPIO_Pin = GPIO_Pin_6|GPIO_Pin_7|GPIO_Pin_8|GPIO_Pin_9 ;
GPIO_InitStructure.GPIO_Speed = GPIO_Speed_2MHz;
GPIO_InitStructure.GPIO_Mode = GPIO_Mode_Out_PP;
GPIO_Init(GPIOC, &GPIO_InitStructure);
//PC1 ～ PC3 作為 ADC 輸入
GPIO_InitStructure.GPIO_Pin = GPIO_Pin_1|GPIO_Pin_2|GPIO_Pin_3 ;
GPIO_InitStructure.GPIO_Speed = GPIO_Speed_50MHz;
GPIO_InitStructure.GPIO_Mode = GPIO_Mode_AIN;
GPIO_Init(GPIOC, &GPIO_InitStructure);
//PC4、PC5 作為上拉輸入
GPIO_InitStructure.GPIO_Pin = GPIO_Pin_4 | GPIO_Pin_5;
GPIO_InitStructure.GPIO_Speed = GPIO_Speed_2MHz;
GPIO_InitStructure.GPIO_Mode = GPIO_Mode_IPU;
GPIO_Init(GPIOC, &GPIO_InitStructure);
//PC10、PC11 作為推拉輸出
GPIO_InitStructure.GPIO_Pin = GPIO_Pin_10|GPIO_Pin_11 ;
GPIO_InitStructure.GPIO_Speed = GPIO_Speed_50MHz;
GPIO_InitStructure.GPIO_Mode = GPIO_Mode_Out_PP;
GPIO_Init(GPIOC, &GPIO_InitStructure);
//PC12 作為上拉輸入
GPIO_InitStructure.GPIO_Pin = GPIO_Pin_12;
GPIO_InitStructure.GPIO_Speed = GPIO_Speed_50MHz;
GPIO_InitStructure.GPIO_Mode = GPIO_Mode_IPU;
GPIO_Init(GPIOC, &GPIO_InitStructure);
//PC0、PC13 ～ PC15 作為上拉輸入，未用
GPIO_InitStructure.GPIO_Pin = GPIO_Pin_0|GPIO_Pin_13|GPIO_Pin_14|GPIO_Pin_15;
```

```
GPIO_InitStructure.GPIO_Speed = GPIO_Speed_2MHz;
GPIO_InitStructure.GPIO_Mode = GPIO_Mode_IPU;
GPIO_Init(GPIOC, &GPIO_InitStructure);


/* 設定 PD   */
//PD4 ～ 7、PD8 ～ 15 作為推拉輸出
GPIO_InitStructure.GPIO_Pin = GPIO_Pin_4|GPIO_Pin_5|GPIO_Pin_6|GPIO_Pin_7|
                              GPIO_Pin_8|GPIO_Pin_9|GPIO_Pin_10|GPIO_Pin_11|
                              GPIO_Pin_12|GPIO_Pin_13|GPIO_Pin_14|GPIO_Pin_15;
GPIO_InitStructure.GPIO_Speed = GPIO_Speed_2MHz;
GPIO_InitStructure.GPIO_Mode = GPIO_Mode_Out_PP;
GPIO_Init(GPIOD, &GPIO_InitStructure);
//PD2、PD3 作為推拉輸出
GPIO_InitStructure.GPIO_Pin = GPIO_Pin_2|GPIO_Pin_3;
GPIO_InitStructure.GPIO_Speed = GPIO_Speed_50MHz;
GPIO_InitStructure.GPIO_Mode = GPIO_Mode_Out_PP;
GPIO_Init(GPIOD, &GPIO_InitStructure);
//PD0、PD1 作為晶振


/* 設定 PE   */
//PE0 ～ PE6 作為上拉輸入
GPIO_InitStructure.GPIO_Pin = GPIO_Pin_0|GPIO_Pin_1|GPIO_Pin_2|GPIO_Pin_3|
                              GPIO_Pin_4|GPIO_Pin_5|GPIO_Pin_6;
GPIO_InitStructure.GPIO_Speed = GPIO_Speed_2MHz;
GPIO_InitStructure.GPIO_Mode = GPIO_Mode_IPU;
GPIO_Init(GPIOE, &GPIO_InitStructure);


#ifdef USE_PWM
//PE8 ～ PE13 重映射為 PWM 輸出
GPIO_PinRemapConfig(GPIO_FullRemap_TIM1, ENABLE); //TIM1 完全重映射
// TIM1_ETRTIM1_CH1NTIM1_CH1TIM1_CH2NTIM1_CH2
//PE7PE8PE9PE10PE11
// TIM1_CH3NTIM1_CH3TIM1_CH4TIM1_BKIN
//PE12PE13PE14PE15
//PE9、PE11、PE13 作為第 2 功能推拉輸出
GPIO_InitStructure.GPIO_Pin = GPIO_Pin_9|GPIO_Pin_11|GPIO_Pin_13 ;
GPIO_InitStructure.GPIO_Speed = GPIO_Speed_50MHz;
GPIO_InitStructure.GPIO_Mode = GPIO_Mode_AF_PP;
GPIO_Init(GPIOE, &GPIO_InitStructure);
```

```
/ 其餘暫未設定 ETR 外部觸發  BKIN 斷線輸入
#else
GPIO_InitStructure.GPIO_Pin = GPIO_Pin_9|GPIO_Pin_11|GPIO_Pin_13 ;
GPIO_InitStructure.GPIO_Speed = GPIO_Speed_50MHz;
GPIO_InitStructure.GPIO_Mode = GPIO_Mode_IPU;
GPIO_Init(GPIOE, &GPIO_InitStructure);
#endif
}
```

10.4.3 ADC 初始化程式

```
/****************************************************************
函式名稱： ADC 設定
描述： 設定 ADC，ADC1、ADC 2 同步規則採樣
輸入：無
輸出：無
傳回：無
呼叫處：main 函式初始化
****************************************************************/
#define ADC1_DR_Address    ((u32)0x4001244C)        // 定義 ADC1 規則資料暫存器位址
#define ADC2_DR_Address    ((u32)0x4001284C)        // 定義 ADC2 規則資料暫存器位址
void ADC_Configuration(void)
{
  /* ADC1 設定 */
  ADC_InitStructure.ADC_Mode = ADC_Mode_RegSimult;        // 工作模式
  ADC_InitStructure.ADC_ScanConvMode = ENABLE;            // 啟動掃描方式
  ADC_InitStructure.ADC_ContinuousConvMode = DISABLE;       // 不連續轉換
  ADC_InitStructure.ADC_ExternalTrigConv = ADC_ExternalTrigConv_None;   // 外部觸發禁止
  ADC_InitStructure.ADC_DataAlign = ADC_DataAlign_Right;   // 資料右對齊
  ADC_InitStructure.ADC_NbrOfChannel = 3;                 // 轉換通道數 3
  ADC_Init(ADC1, &ADC_InitStructure);
  /*
  每個通道可以以不同的時間採樣
  總轉換時間以下計算：TCONV = 採樣時間 + 12.5 個週期
  舉例來說，ADCCLK=14MHz 和 1.5 週期的採樣時間
  TCONV = 1.5 + 12.5 = 14 週期 = 1μs
  本程式中 ADCCLK=12MHz 和 28.5 週期的採樣時間
```

```
TCONV = 28.5 + 12.5 = 41 週期 = 3.42μs
*/
/*ADC1 規則通道設定 */
ADC_RegularChannelConfig(ADC1, ADC_Channel_11, 1, ADC_SampleTime_28Cycles5);
ADC_RegularChannelConfig(ADC1, ADC_Channel_12, 2, ADC_SampleTime_28Cycles5);
ADC_RegularChannelConfig(ADC1, ADC_Channel_13, 3, ADC_SampleTime_28Cycles5);

/* ADC2 設定 */
ADC_InitStructure.ADC_Mode = ADC_Mode_RegSimult;          // 工作模式 與 ADC1 同步觸發
ADC_InitStructure.ADC_ScanConvMode = ENABLE;              // 掃描方式
ADC_InitStructure.ADC_ContinuousConvMode = DISABLE;       // 不連續轉換
ADC_InitStructure.ADC_ExternalTrigConv = ADC_ExternalTrigConv_None;   // 外部觸發禁止
ADC_InitStructure.ADC_DataAlign = ADC_DataAlign_Right;    // 資料右對齊
ADC_InitStructure.ADC_NbrOfChannel = 3;                   // 轉換通道數 3
ADC_Init(ADC2, &ADC_InitStructure);

/*ADC2 規則通道設定 */
ADC_RegularChannelConfig(ADC2, ADC_Channel_1, 1, ADC_SampleTime_28Cycles5);
ADC_RegularChannelConfig(ADC2, ADC_Channel_2, 2, ADC_SampleTime_28Cycles5);
ADC_RegularChannelConfig(ADC2, ADC_Channel_3, 3, ADC_SampleTime_28Cycles5);

/* 啟動 ADC2 外部觸發轉換 */
ADC_ExternalTrigConvCmd(ADC2, ENABLE);                    // 重要
// 外部觸發來自 ADC1 的規則組多路開關 ( 由 ADC1_CR2 暫存器的 EXTSEL[2:0] 選擇 )
// 它同時給 ADC2 提供同步觸發

/* 啟動 ADC1 DMA*/
ADC_DMACmd(ADC1, ENABLE);

/* 啟動 ADC1*/
ADC_Cmd(ADC1, ENABLE);

/* 啟動 ADC1 重置核心對暫存器 */
ADC_ResetCalibration(ADC1);
/* 檢查 ADC1 重置核心對暫存器是否驗證結束 */
while(ADC_GetResetCalibrationStatus(ADC1));

/* 啟動 ADC1 驗證 */
ADC_StartCalibration(ADC1);
```

```
/* 檢查 ADC1 驗證是否結束 */
while(ADC_GetCalibrationStatus(ADC1));

/* 啟動 ADC2*/
ADC_Cmd(ADC2, ENABLE);

/* 啟動 ADC2 重置核心對暫存器 */
ADC_ResetCalibration(ADC2);
/* 檢查 of ADC2 是否驗證結束 */
while(ADC_GetResetCalibrationStatus(ADC2));

/* 啟動 ADC2 驗證 */
ADC_StartCalibration(ADC2);
/* 檢查 ADC2 檢驗是否結束 */
while(ADC_GetCalibrationStatus(ADC2));

/* 啟動 DMA1 通道 */
DMA_Cmd(DMA1_Channel1, ENABLE);

/* 啟動 ADC1 軟體轉換 */
//ADC_SoftwareStartConvCmd(ADC1, ENABLE);

}
```

10.4.4 DMA 初始化程式

```
/*******************************************************************
函式名稱：DMA 設定
描述：設定 DMA
輸入：無
輸出：無
傳回：無
呼叫處：main 函式初始化
*******************************************************************/
void DMA_Configuration(void)
{
  /* DMA1 通道 1 設定 */
```

```
DMA_DeInit(DMA1_Channel1);
DMA_InitStructure.DMA_PeripheralBaseAddr = ADC1_DR_Address;          // 外接裝置位址
DMA_InitStructure.DMA_MemoryBaseAddr = (u32)ADCConvertedValue;       // 記憶體位址
DMA_InitStructure.DMA_DIR = DMA_DIR_PeripheralSRC;       // 傳輸方向為單向，從外接裝置
讀取
DMA_InitStructure.DMA_BufferSize = 3;                    // 資料傳輸數量為 3
DMA_InitStructure.DMA_PeripheralInc = DMA_PeripheralInc_Disable; // 外接裝置不遞增
DMA_InitStructure.DMA_MemoryInc = DMA_MemoryInc_Enable; // 記憶體遞增
DMA_InitStructure.DMA_PeripheralDataSize = DMA_PeripheralDataSize_Word;
                                            // 外接裝置資料位元組長度 32 位元
DMA_InitStructure.DMA_MemoryDataSize = DMA_MemoryDataSize_Word;
                                            // 記憶體資料位元組長度 32 位元
DMA_InitStructure.DMA_Mode = DMA_Mode_Circular;         // 傳輸模式：迴圈模式
DMA_InitStructure.DMA_Priority = DMA_Priority_High;     // 優先順序別為高
DMA_InitStructure.DMA_M2M = DMA_M2M_Disable;            // 兩個記憶體中的變數不互相
存取
DMA_Init(DMA1_Channel1, &DMA_InitStructure);

/* 啟動 DMA1 通道 1*/
//DMA_Cmd(DMA1_Channel1, ENABLE);
}
```

10.4.5 計時器初始化程式

```
/******************************************************************
函式名稱： 計時器設定
描述： 設定計時器
輸入： 無
輸出： 無
傳回： 無
呼叫處：main 函式初始化
******************************************************************/
#define Timer1_period_Val0xFFFE
#define Timer2_period_Val5624//56210-1
#define Timer4_period_Val6499//6500-1
void Timer_Configuration()
{
```

```
#ifdef USE_PWM
/* TIM1 設定：
   使用 4 個不同的工作週期比產生 7 路 PWM 訊號
   TIM1CLK = 72 MHz, 預分頻係數 = 9, TIM1 計數時鐘 = 8 MHz
   TIM1 頻率 = TIM1CLK/(TIM1_Period + 1) = 122Hz
   PWM 使用中央對齊模式，頻率為 61Hz，週期為 16.384ms */


   TIM_OCStructInit(&TIM_OCInitStructure);
   /* 時間基準設定 */
   TIM_TimeBaseStructure.TIM_Prescaler = 8;
   TIM_TimeBaseStructure.TIM_CounterMode = TIM_CounterMode_CenterAligned3;
   TIM_TimeBaseStructure.TIM_Period = Timer1_period_Val;
   TIM_TimeBaseStructure.TIM_ClockDivision = 0;
   TIM_TimeBaseStructure.TIM_RepetitionCounter = 0;


   TIM_TimeBaseInit(TIM1, &TIM_TimeBaseStructure);
   TIM_ARRPreloadConfig(TIM1, ENABLE);


   /* 通道 1～4 設定為 PWM 模式 */
   TIM_OCInitStructure.TIM_OCMode = TIM_OCMode_PWM1;
   /* PWM 模式 1：
      向上計數時，一旦 TIMx_CNT<TIMx_CCRx，通道 x 為有效電位，否則為無效電位
      向下計數時，一旦 TIMx_CNT>TIMx_CCRx，通道 x 為無效電位，否則為有效電位
   */
   TIM_OCInitStructure.TIM_OutputState = TIM_OutputState_Enable;
   //OCx 訊號輸出到對應的輸出接腳
   TIM_OCInitStructure.TIM_OutputNState = TIM_OutputNState_Disable;
   // 輸入 / 捕捉 x 互補輸出不啟動
   TIM_OCInitStructure.TIM_OCPolarity = TIM_OCPolarity_Low;
   // 輸入 / 捕捉 x 輸出極性輸出，有效電位為低


   // 以下與輸入 / 捕捉 x 互補輸出有關
   TIM_OCInitStructure.TIM_OCNPolarity = TIM_OCNPolarity_High;
   TIM_OCInitStructure.TIM_OCIdleState = TIM_OCIdleState_Set;
   TIM_OCInitStructure.TIM_OCNIdleState = TIM_OCIdleState_Reset;


   // 禁止 TIMx_CCRx 暫存器的預先安裝載功能，可隨時寫入 TIMx_CCR1 暫存器
   // 並且新寫入的數值立即起作用，預設禁止，不必設定
```

```
// 注意以下 3 路 PWM 初始化共用結構 TIM_OCInitStructure 的設定，也可分別設定
TIM_OCInitStructure.TIM_Pulse = 0X3000;    // 載入當前捕捉 / 比較 1 暫存器的值 ( 預先安裝載值 )
TIM_OC1Init(TIM1, &TIM_OCInitStructure);


TIM_OCInitStructure.TIM_Pulse = 0X3000;    // 載入當前捕捉 / 比較 2 暫存器的值 ( 預先安裝載值 )
TIM_OC2Init(TIM1, &TIM_OCInitStructure);


TIM_OCInitStructure.TIM_Pulse = 0X3000;    // 載入當前捕捉 / 比較 3 暫存器的值 ( 預先安裝載值 )
TIM_OC3Init(TIM1, &TIM_OCInitStructure);

//TIM_OCInitStructure.TIM_Pulse = CCR4_Val;
//TIM_OC4Init(TIM1, &TIM_OCInitStructure);


/* TIM1 主輸出啟動 */
TIM_CtrlPWMOutputs(TIM1, ENABLE);
// 如果設定了相應的啟動位元 (TIMx_CCER 暫存器的 CCxE、CCxNE 位元 )，則開啟 OC 和 OCN 輸出


/* TIM1 啟動 */
TIM_Cmd(TIM1, ENABLE);
#endif
/* TIM2 設定：
   向上計數溢位中斷 20ms/128=156.25µs
   TIM2CLK = 36 MHz, 預分頻係數 = 1, TIM2 計數時鐘 = 36 MHz */
 /* 時間基準設定 */
TIM_DeInit(TIM2);
TIM_TimeBaseStructure.TIM_Period = Timer2_period_Val;
TIM_TimeBaseStructure.TIM_Prescaler = 0;
TIM_TimeBaseStructure.TIM_ClockDivision = 0;
TIM_TimeBaseStructure.TIM_CounterMode = TIM_CounterMode_Up;
TIM_TimeBaseInit(TIM2, &TIM_TimeBaseStructure);


/* 預分頻器設定 */
TIM_PrescalerConfig(TIM2, 0, TIM_PSCReloadMode_Immediate);    //0=Prescaler-1
/* TIM 中斷啟動 */
TIM_ITConfig(TIM2, TIM_IT_Update, ENABLE);
/* TIM2 計數啟動 */
//TIM_Cmd(TIM2, ENABLE);


/* TIM4 設定：
```

```
   向上計數溢位中斷 6500-1 6.5ms
   TIM4CLK = 36 MHz, 預分頻係數 = 36, TIM4 計數時鐘 = 1 MHz */
/* 時間基準設定 */
TIM_DeInit(TIM4);
TIM_TimeBaseStructure.TIM_Period = Timer4_period_Val;
TIM_TimeBaseStructure.TIM_Prescaler = 0;
TIM_TimeBaseStructure.TIM_ClockDivision = 0;
TIM_TimeBaseStructure.TIM_CounterMode = TIM_CounterMode_Up;
TIM_TimeBaseInit(TIM4, &TIM_TimeBaseStructure);

/* 預分頻器設定 */
TIM_PrescalerConfig(TIM4, 35, TIM_PSCReloadMode_Immediate);    //35=Prescaler-1
/* TIM IT 啟動 */
TIM_ITConfig(TIM4, TIM_IT_Update, ENABLE);
/* TIM4 計數啟動 */
//TIM_Cmd(TIM4, ENABLE);

/* TIM3 設定：
   輸入捕捉模式
    TIM3CLK = 36 MHz, 預分頻係數 = 18, TIM3 計數時鐘 = 2 MHz */
   TIM_DeInit(TIM3);
   TIM_TimeBaseStructure.TIM_Period = 65535;
   TIM_TimeBaseStructure.TIM_Prescaler = 17;
   TIM_TimeBaseStructure.TIM_ClockDivision = 0;
   TIM_TimeBaseStructure.TIM_CounterMode = TIM_CounterMode_Up;
   TIM_TimeBaseInit(TIM3, &TIM_TimeBaseStructure);

   TIM_ICInitStructure.TIM_Channel = TIM_Channel_3;                // 選擇通道 3
   TIM_ICInitStructure.TIM_ICPolarity = TIM_ICPolarity_Rising;     // 輸入上昇緣捕捉
   TIM_ICInitStructure.TIM_ICSelection = TIM_ICSelection_DirectTI;
   // 通道方向選擇 CC3 通道被設定為輸入，IC3 映射在 TI3 上
   TIM_ICInitStructure.TIM_ICPrescaler = TIM_ICPSC_DIV1;
   // 無預分頻器，捕捉輸入口上檢測到的每個邊沿都觸發一次捕捉
   TIM_ICInitStructure.TIM_ICFilter = 0x00;
   // 無濾波器，以 fDTS 採樣
   TIM_ICInit(TIM3, &TIM_ICInitStructure);

   /* 啟動 CC3 中斷要求 */
```

```
    TIM_ITConfig(TIM3, TIM_IT_CC3, ENABLE);
    /* TIM3 計數啟動 */
    //TIM_Cmd(TIM3, ENABLE);
    TIM_Cmd(TIM2, ENABLE);
    TIM_Cmd(TIM4, ENABLE);
    TIM_Cmd(TIM3, ENABLE);
}
```

10.5 電力網路儀表的演算法

PMM2000 電力網路儀表的演算法是一種基於均方值的多點演算法，其基本思想是根據週期函式的有效值定義，將連續函式離散化，可得出以下計算公式。

$$I = \sqrt{\frac{1}{N} \sum_{M=1}^{N} i_M^2}$$

$$U = \sqrt{\frac{1}{N} \sum_{M=1}^{N} u_M^2}$$

其中，N 為每個週期等分割採樣的次數；i_M 為第 M 點電流採樣值；u_M 為第 M 點電壓採樣值。

三相三線系統採用二元件法，其 P（有功功率）、Q（無功功率）、S（視在功率）計算公式如下。

$$P = \frac{1}{N} \sum_{M=1}^{N} (u_{ABM} \cdot i_{AM} + u_{CBM} \cdot i_{CM})$$

$$Q = \frac{1}{N} \sum_{M=1}^{N} (u_{ABM} \cdot i_{A(M+N/4)} + u_{CBM} \cdot i_{C(M+N/4)})$$

$$J = \sqrt{P^2 + Q^2}$$

其中，u_{ABM}、u_{CBM} 為第 M 點 AB 及 CB 線電壓採樣值；i_{AM}、i_{CM} 為第 M 點 A 相及 C 相電流採樣值。

三相四線系統採用三元件法，其 P、Q、S 計算公式如下。

$$P = \frac{1}{N} \sum_{M=1}^{N} (u_A i_{AM} + u_B i_{BM} + u_C i_{CM})$$

$$Q = \frac{1}{N} \sum_{M=1}^{N} (u_{A(M+N/4)} + u_{B(M+N/4)} + u_{C(M+N/4)})$$

$$S = \sqrt{P^2 + Q^2}$$

其中，u_{AM}、u_{BM}、u_{CM} 為第 M 點 A、B、C 相電壓採樣值；i_{AM}、i_{BM}、i_{CM} 為第 M 點 A、B、C 相電流採樣值。

當 $M + N/4 > N$ 時，取 $M + N/4-N$，N 為一個週期內的採樣點數。

上述兩種系統的功率因數 PF 的計算公式如下。

$$PF = \frac{P}{S} = \frac{P}{\sqrt{P^2 + Q^2}}$$

10.6 LED 數位管動態顯示程式設計

如圖 10-1(a) 所示，18 位元 LED 數位管和 LED 指示燈共分為 3 行，每行中間為 5 位數位管，數位管左右兩邊各 4 個 LED 指示燈，相當於一個數位管的 8 個區段 (dp、g、f、e、d、c、b、a) 各佔一位數位管的一位元。

在 1ms 系統滴答計時器中斷服務程式中，18 位元 LED 數位管和 LED 指示燈採用動態顯示，每次點亮兩位元 LED 數位管或 LED 指示燈，9ms 動態掃描一遍。LED 顯示緩衝區為 BISBUF[18]，共 18 個位址單元。

BISBUF[0] ～ BISBUF[4] 對應第 1 行從左到右 5 個數位管，BISBUF[5] 對應第 1 行左右 8 個 LED 指示燈。第 1 行佔用 LED 數位管的第 1 ～ 3 位元控制。

BISBUF[6] ～ BISBUF[10] 對應第 2 行從左到右 5 個數位管，BISBUF[11] 對應第 2 行左右 8 個 LED 指示燈。第 2 行佔用 LED 數位管的第 4 ～ 6 位元控制。

BISBUF[12] ～ BISBUF[16] 對應第 3 行從左到右 5 個數位管，BISBUF[17] 對應第 3 行左右 8 個 LED 指示燈。第 3 行佔用 LED 數位管的第 7 ～ 9 位元控制。

　　LED 數位管顯示電力網路儀表的參數和設定資訊，LED 指示燈指示數位管顯示的是什麼參數或狀態。

　　LED 數位管的顯示內容，需要根據顯示緩衝區 BISBUF[0] ～ BISBUF[4]、BISBUF[6] ～ BISBUF[10]、BISBUF[12] ～ BISBUF[16] 的資料查詢 LED 數位管段碼表；LED 指示燈顯示緩衝區 BISBUF[5]、BISBUF[11]、BISBUF[17] 的資料直接送區段驅動器顯示，不需要查表。

　　程式中關閉數位管位元控制的原因是區段和位元的寫入操作不同步，導致顯示內容極短時間錯位，不該亮的區段會出現微亮，影響視覺。

10.6.1 LED 數位管段碼表

LED 數位管段碼表包括數字和特殊字元。

```
const unsigned char   led_tab[]=
    { 0xc0,0xf9,0xa4,0xb0,0x99,0x92,0x82,0xf8,0x80,0x90,
    0x88,0x83,0xc6,0xa1,0x86,0x8e,0xc2,0x89,0xcf,0xf1,
    0x85,0xc7,0xaa,0xab,0xa3,0x8c,0x98,0x8f,0x93,0xce,
    0xc1,0x81,0xe2,0x95,0x91,0xb6,0xd2,0x9b,0xad,0xff,
    0x40,0x79,0x24,0x30,0x19,0x12,0x02,0x78,0x00,0x10,
    0xbf,0x03,0xb9,0x8b,0x13,0x0c,0x42,0x3f,0x21,0x0f,
    0xfd
    };
```

10.6.2 LED 指示燈狀態編碼表

數位管 LED 狀態編碼表是每行數位管左右兩邊指示燈的編碼。

```
/*********** 第 1 行數位管 LED 狀態編碼表 **************/
#define LED1_IA0xDE// 顯示 A 相電流
#define LED1_IB        0xDD        // 顯示 B 相電流
#define LED1_IC        0xDB        // 顯示 C 相電流
#define LED1_IN        0xD8        // 顯示 N 相電流
#define LED1_Hz        0xEF        // 顯示頻率
```

```
#define LED1_PF       0xF7      // 顯示功率因數
#define LED1_PFA      0xF6      // 顯示 A 相功率因數
#define LED1_PFB      0xF5      // 顯示 B 相功率因數
#define LED1_PFC      0xF3      // 顯示 C 相功率因數
#define LED1_IHRA     0xFE      // 顯示 A 相電流諧波含量
#define LED1_IHRB     0xFD      // 顯示 B 相電流諧波含量
#define LED1_IHRC     0xFB      // 顯示 C 相電流諧波含量
#define LED1_IA1      0xCE      // 顯示 A 相電流基波
#define LED1_IB1      0xCD      // 顯示 B 相電流基波
#define LED1_IC1      0xCB      // 顯示 C 相電流基波


/*********** 第 2 行數位管 LED 狀態編碼表 **************/
#define LED2_UA       0xD6      // 顯示 A 相電壓
#define LED2_UAX10    0xD6      // 顯示 A 相電壓 X10 擋
#define LED2_UB       0xD5      // 顯示 B 相電壓
#define LED2_UBX10    0xD5      // 顯示 B 相電壓 X10 擋
#define LED2_UC       0xD3      // 顯示 C 相電壓
#define LED2_UCX10    0xD3      // 顯示 A 相電壓 X10 擋
#define LED2_UAB      0xCE      // 顯示 AB 線電壓
#define LED2_UABX10   0xCE      // 顯示 AB 線電壓 X10 擋
#define LED2_UBC      0xCD      // 顯示 BC 線電壓
#define LED2_UBCX10   0xCD      // 顯示 BC 線電壓 X10 擋
#define LED2_UCA      0xCB      // 顯示 CA 線電壓
#define LED2_UCAX10   0xCB      // 顯示 CA 線電壓 X10 擋
#define LED2_UHRA     0xFE      // 顯示 A 相電壓諧波含量
#define LED2_UHRB     0xFD      // 顯示 B 相電壓諧波含量
#define LED2_UHRC     0xFB      // 顯示 C 相電壓諧波含量
#define LED2_UA1      0xDE      // 顯示 A 相電壓基波
#define LED2_UA1X10   0xDE      // 顯示 A 相電壓基波 X10 擋
#define LED2_UB1      0xDD      // 顯示 B 相電壓基波
#define LED2_UB1X10   0xDD      // 顯示 B 相電壓基波 X10 擋
#define LED2_UC1      0xDB      // 顯示 C 相電壓基波
#define LED2_UC1X10   0xDB      // 顯示 C 相電壓基波 X10 擋


/*********** 第 3 行數位管 LED 狀態編碼表 **************/
#define LED3_EPQS_A   0xFE      // 第 2 行顯示 E1，P1，Q1，S1，Wq1 時，第 2 行的指示燈狀態
#define LED3_EPQS_B   0xFD      // 第 2 行顯示 E2，P2，Q2，S2，Wq2 時，第 2 行的指示燈狀態
#define LED3_EPQS_C   0xFB      // 第 2 行顯示 E3，P3，Q3，S3，Wq3 時，第 2 行的指示燈狀態
#define LED3_E        0xF4      // 顯示總有功電能
```

```
#define LED3_EX10        0xEC      // 顯示總有功電能 X10 擋
#define LED3_EX100       0xDC      // 顯示總有功電能 X100 擋
#define LED3_EX1000      0xCC      // 顯示總有功電能 X1000 擋
#define LED3_P           0xF5      // 顯示有功功率
#define LED3_PX10    0xED          // 顯示有功功率 X10 擋
#define LED3_PX100       0xDD      // 顯示有功功率 X100 擋
#define LED3_PX1000      0xCD      // 顯示有功功率 X1000 擋
#define LED3_Q           0xF3      // 顯示無功功率
#define LED3_QX10        0xEB      // 顯示無功功率 X10 擋
#define LED3_QX100       0xDB      // 顯示無功功率 X100 擋
#define LED3_QX1000      0xCB      // 顯示無功功率 X1000 擋
#define LED3_S           0xF1      // 顯示視在功率
#define LED3_SX10        0xE9      // 顯示視在功率 X10 擋
#define LED3_SX100       0xD9      // 顯示視在功率 X100 擋
#define LED3_SX1000      0xC9      // 顯示視在功率 X1000 擋
#define LED3_WQ          0xF2      // 顯示無功電能
#define LED3_WQX10       0xEA      // 顯示無功電能 X10 擋
#define LED3_WQX100      0xDA      // 顯示無功電能 X100 擋
#define LED3_WQX1000     0xCA      // 顯示無功電能 X1000 擋
```

10.6.3 1ms 系統滴答計時器中斷服務程式

1. 系統滴答計時器初始化程式

```
/*****************************************************************
函式名稱：SysTick_Configuration
功能描述：設定系統滴答計時器，每 1ms 產生溢位中斷
輸入參數：無
輸出參數：無
傳回：無
*****************************************************************/
void SysTick_Configuration(void)
{
    /* 選擇系統滴答計時器的時鐘源為 AHB 時鐘，即 72MHz，還可以為 72MHz/8*/
    SysTick_CLKSourceConfig(SysTick_CLKSource_HCLK);

    /* 設定系統滴答計時器優先順序為 (2,1)*/
```

```
NVIC_SystemHandlerPriorityConfig(SystemHandler_SysTick, 2, 1);

/* 1ms 中斷 */
SysTick_SetReload(71999);

/* 啟動系統滴答計時器中斷，只支援溢位中斷，自動重裝 */
SysTick_ITConfig(ENABLE);
}
```

2. 1ms 系統滴答計時器中斷服務程式

1ms 系統滴答計時器中斷服務程式如下。

```
void SysTickHandler(void)
{
    u8 i=0;
    GPIO_ResetBits(GPIOA, 0X0F00); //8～11     // 關數位管位元控制
    GPIO_ResetBits(GPIOC, 0X07C0); //6～9

    LedCnt++;
    if(LedCnt==1|LedCnt==2|LedCnt==4)   //0、1、2、3、6、7 位數位管
    {
        GPIO_PinWrite(GPIOD,0xff00,((led_tab[DISBUF[2*LedCnt-2]])<<8)) ;
        GPIO_PinWrite(GPIOD,0x00f0,((led_tab[DISBUF[2*LedCnt-1]]&0x0f)<<4)) ;
        GPIO_PinWrite(GPIOB,0x01E0,((led_tab[DISBUF[2*LedCnt-1]]&0xf0)<<1)) ;

        GPIO_PinWrite(GPIOC,0x03C0,(1<<(LedCnt+5))) ;
        GPIO_PinWrite(GPIOA,0x0F00,0) ;
        GPIO_ResetBits(GPIOC, 0X0400);
    }
    else if(LedCnt==3) //4、5 位數位管
    {
        GPIO_PinWrite(GPIOD,0xff00,((led_tab[DISBUF[2*LedCnt-2]])<<8)) ;
        GPIO_PinWrite(GPIOD,0x00f0,((DISBUF[2*LedCnt-1]&0x0f)<<4)) ;
        GPIO_PinWrite(GPIOB,0x01E0,((DISBUF[2*LedCnt-1]&0xf0)<<1)) ;

        GPIO_SetBits(GPIOC, 0X0100);
        GPIO_PinWrite(GPIOA,0x0F00,0) ;
```

```
        GPIO_ResetBits(GPIOC, 0X0400);
    }
    else if(LedCnt==5|LedCnt==7|LedCnt==8) //8、9、12、13、14、15 位數位管
    {
        GPIO_PinWrite(GPIOD,0xff00,((led_tab[DISBUF[2*LedCnt-2]])<<8)) ;
        GPIO_PinWrite(GPIOD,0x00f0,((led_tab[DISBUF[2*LedCnt-1]]&0x0f)<<4)) ;
        GPIO_PinWrite(GPIOB,0x01E0,((led_tab[DISBUF[2*LedCnt-1]]&0xf0)<<1)) ;

        GPIO_SetBits(GPIOA,(1<<(LedCnt+3)));
        GPIO_ResetBits(GPIOC, 0X03C0); //6～9
        GPIO_ResetBits(GPIOC, 0X0400);
    }
    else if(LedCnt==6)    //11 位數位管
    {
        GPIO_PinWrite(GPIOD,0xff00,((led_tab[DISBUF[2*LedCnt-2]])<<8)) ;
        GPIO_PinWrite(GPIOD,0x00f0,((DISBUF[2*LedCnt-1]&0x0f)<<4)) ;
        GPIO_PinWrite(GPIOB,0x01E0,((DISBUF[2*LedCnt-1]&0xf0)<<1)) ;

        GPIO_SetBits(GPIOA, 0X0200);
        GPIO_ResetBits(GPIOC, 0X03C0); //6～9
        GPIO_ResetBits(GPIOC, 0X0400);
    }
    else if(LedCnt==9)    //16、17 位數位管
    {
        GPIO_PinWrite(GPIOD,0xff00,((led_tab[DISBUF[2*LedCnt-2]])<<8)) ;
        GPIO_PinWrite(GPIOD,0x00f0,((DISBUF[2*LedCnt-1]&0x0f)<<4)) ;
        GPIO_PinWrite(GPIOB,0x01E0,((DISBUF[2*LedCnt-1]&0xf0)<<1)) ;

        GPIO_ResetBits(GPIOA, 0X0F00); //8～11
        GPIO_ResetBits(GPIOC, 0X03C0); //6～9
        GPIO_SetBits(GPIOC, 0X0400);
    }
    else if(LedCnt>=9)
    {
        LedCnt=0;
    }
}
```

10.7 PMM2000 電力網路儀表在數位化變電站中的應用

10.7.1 應用領域

PMM2000 系列數位式多功能電力網路儀表主要應用領域如下。

（1）變電站綜合自動化系統。

（2）低壓智慧配電系統。

（3）智慧社區配電監控系統。

（4）智慧型箱式變電站監控系統。

（5）電信動力電源監控系統。

（6）無人值班變電站系統。

（7）市政工程泵站監控系統。

（8）智慧樓宇配電監控系統。

（9）遠端抄表系統。

（10）工礦企業綜合電力監控系統。

（11）鐵路訊號電源監控系統。

（12）發電機組 / 電動機遠端監控系統。

10.7.2 iMeaCon 數位化變電站背景電腦監控網路系統

現場的變電站根據分佈情況分成不同的組，組內的現場 I/O 裝置透過資料獲取器連接到變電站背景電腦監控系統。

若有多個變電站背景電腦監控網路系統，總控室需要擷取現場 I/O 裝置的資料，現場的變電站背景電腦監控網路系統被定義為「伺服器」，總控室背景電腦監控網路系統需要擷取現場 I/O 裝置的資料，透過存取伺服器即可。

iMeaCon 電腦監控網路系統軟體基本組成如下。

（1） 系統圖。能顯示配電迴路的位置及電氣聯接。

（2） 即時資訊。根據系統圖可查看具體迴路的測量參數。

（3） 報表。配出迴路有功電能報表 (日報表、月報表和配出迴路萬能報表)。

（4） 趨勢圖形。顯示配出迴路的電流和電壓。

（5） 通訊裝置診斷。現場裝置故障在系統圖上提示。

（6） 警告資訊查詢。警告資訊可查詢，包括警告發生時間、警告恢復時間、警告確認時間、警告資訊列印、警告資訊刪除等。

（7） 列印。能夠列印所有報表。

（8） 資料庫。有即時資料庫、歷史資料庫。

（9） 自動執行。電腦開機後自動執行軟體。

（10） 系統管理和遠端介面。有密碼登入、登出、退出系統等管理許可權，防止非法操作。透過區域網 TCP/IP，以 OPC Server 的方式存取。

iMeaCon 電腦監控網路系統的網路拓撲結構如圖 10-12 所示。

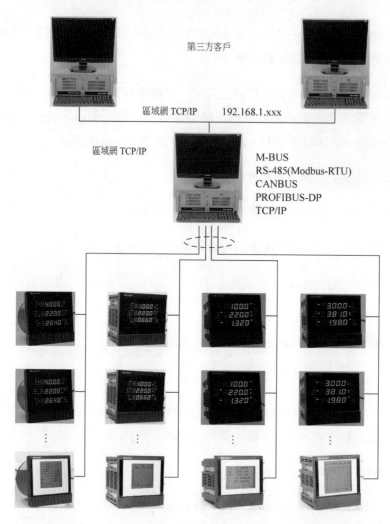

第三方客戶

區域網 TCP/IP　　192.168.1.xxx

區域網 TCP/IP

M-BUS
RS-485(Modbus-RTU)
CANBUS
PROFIBUS-DP
TCP/IP

▲ 圖 10-12 iMeaCon 電腦監控網路系統的網路拓撲結構

μC/OS-II 在 STM32 上的移植與應用實例

本章將說明 μC/OS-II 在 STM32 上的移植與應用實例，包括 μC/OS-II 介紹、嵌入式控制系統的軟體平臺和 μC/OS-II 的移植與應用。

11.1 μC/OS-II 介紹

μC/OS-II(Micro-Controller Operating System Two) 是一種基於優先順序的可先佔式的硬實時核心。它屬於一個完整、可移植、可固化、可裁減的先佔式多工核心，包含了任務排程、任務管理、時間管理、記憶體管理和任務間的通訊和同步等基本功能。μC/OS-II 嵌入式系統可用於各類 8 位元微控制器、16 位元和 32 位元微控制器和數位訊號處理器。

嵌入式系統 μC/OS-II 源於 Jean J.Labrosse 在 1992 年撰寫的嵌入式多工即時操作系統 (Real Time Operating System，RTOS)，1999 年改寫後命名為 μC/OS-II，並在 2000 年被美國航空管理局認證。μC/OS-II 系統具有足夠的安全性和穩定性，可以執行在諸如飛行器等對安全要求極為苛刻的系統之上。

μC/OS-II 系統是專門為電腦的嵌入式應用而設計的。μC/OS-II 系統中 90% 的程式是用 C 語言撰寫的，CPU 硬體相關部分是用組合語言撰寫的。總量約 200 行的組合語言部分被壓縮到最低限度，便於移植到任何一種其他 CPU 上。使用者只要有標準的 ANSI 的 C 交叉編譯器，有組合語言器、連接器等軟體工具，就可以將 μC/OS-II 系統嵌入所要開發的產品中。μC/OS-II 系統具有執行效率高、佔用空間小、即時性能優良和可擴充性強等特點，目前幾乎已經移植到了所有知名的 CPU 上。

μC/OS-II 系統的主要特點如下。

（1）開放原始碼性。μC/OS-II 系統的原始程式碼全部公開，使用者可直接登入 μC/OS-II 的官方網站下載，網站上公佈了針對不同微處理器的移植程式。使用者也可以從有關出版物上找到詳盡的原始程式碼講解和註釋。這樣使系統變得透明，極大地方便了 μC/OS-II 系統的開發，提高了開發效率。

（2）可攜性。絕大部分 μC/OS-II 系統的原始程式是用移植性很強的 ANSI C 敘述寫的，和微處理器硬體相關的部分是用組合語言寫的。組合語言撰寫的部分已經壓縮到最小限度，使 μC/OS-II 系統便於移植到其他微處理器上。

μC/OS-II 系統能夠移植到多種微處理器上的條件是只要該微處理器有堆疊指標，有 CPU 內部暫存器存入堆疊、移出堆疊指令。另外，使用的 C 編譯器必須支援內嵌組合語言 (In-line Assembly) 或該 C 語言可擴充、可連接組合語言模組，使關中斷、開中斷能在 C 語言程式中實現。

（3）可固化。μC/OS-II 系統是為嵌入式應用而設計的，只要具備合適的軟、硬體工具，μC/OS-II 系統就可以嵌入使用者的產品中，成為產品的一部分。

（4） 可裁剪。使用者可以根據自身需求只使用 μC/OS-II 系統中應用程式中需要的系統服務。這種可裁剪性是靠條件編譯實現的。只要在使用者的應用程式中 (使用 # define constants 敘述) 定義那些 μC/OS-II 系統中的功能是應用程式需要的就可以了。

（5） 先佔式。μC/OS-II 系統是完全先佔式的即時核心。μC/OS-II 系統總是執行就緒條件下優先順序最高的任務。

（6） 多工。μC/OS-II 系統 2.8.6 版本可以管理 256 個任務，目前為系統預留 8 個，因此應用程式最多可以有 248 個任務。系統賦予每個任務的優先順序是不相同的，μC/OS-II 系統不支援時間切片輪轉排程法。

（7） 可確定性。μC/OS-II 系統全部的函式呼叫與服務的執行時間都具有可確定性。也就是說，μC/OS-II 系統的所有函式呼叫與服務的執行時間是可知的。簡而言之，μC/OS-II 系統服務的執行時間不相依於應用程式任務的多少。

（8） 任務堆疊。μC/OS-II 系統的每個任務有自己單獨的堆疊，μC/OS-II 系統允許每個任務有不同的堆疊空間，以便壓低應用程式對 RAM 的需求。使用 μC/OS-II 系統的堆疊空間驗證函式，可以確定每個任務到底需要多少堆疊空間。

（9）系統服務。μC/OS-II 系統提供很多系統服務，如電子郵件、訊息佇列、訊號量、區塊大小固定記憶體的申請與釋放、時間相關函式等。

（10） 中斷管理，支援巢狀結構。中斷可以使正在執行的任務暫時暫停。如果優先順序更高的任務被該中斷喚醒，則高優先順序的任務在中斷巢狀結構全部退出後立即執行，中斷巢狀結構層數可達 255 層。

一些典型的應用領域如下。

（1） 汽車電子方面：引擎控制、防鎖死系統 (Antilock Brake System，ABS)、全球定位系統 (GPS) 等。

（2） 辦公用品：傳真機、印表機、影印機、掃描器等。

（3） 通訊電子：交換機、路由器、數據機、智慧型手機等。

（4） 程序控制：食品加工、機械製造等。

（5） 航空航太：飛機控制系統、噴氣式引擎控制等。

（6） 消費電子：MP3/MP4/MP5 播放機、機上盒、洗衣機、電冰箱、電視機等。

（7） 機器人和武器制導系統等。

11.2　嵌入式控制系統的軟體平臺

11.2.1　軟體平臺的選擇

隨著微控制器性能的不斷提高，嵌入式應用越來越廣泛。目前市場上的大型商用嵌入式即時系統，如 VxWorks、pSOS、Pharlap、Qnx 等，已經十分成熟，並提供給使用者了強有力的開發和偵錯工具。但這些商用嵌入式即時系統價格昂貴而且都針對特定的硬體平臺。此時，採用免費軟體和開放程式不失為一種選擇。μC/OS-II 是一種免費的、原始程式公開的、穩定可靠的嵌入式即時操作系統，已被廣泛應用於嵌入式系統中，並獲得了成功，因此嵌入式控制系統的現場控制層採用 μC/OS-II 是完全可行的。

μC/OS-II 是專門為嵌入式應用而設計的即時操作系統，是基於靜態優先順序的佔先式 (Preemptive) 多工即時核心。採用 μC/OS-II 作為軟體平臺，一方面是因為它已經通過了很多嚴格的測試，被確認是一個安全的、高效的即時操作系統；另一方面是因為它免費提供了核心的原始程式碼，透過修改相關的原始程式碼，就可以比較容易地構造使用者所需要的軟體環境，實現使用者需要的功能。

基於嵌入式控制系統現場控制層即時多工的需求以及 μC/OS-II 優點的分析，可以選用 μC/OS-II v2.52 作為現場控制層的軟體系統平臺。

11.2.2 μC/OS-II 核心排程基本原理

μC/OS-II 是 Jean J.Labrosse 在 1990 年前後撰寫的即時操作系統核心。可以說 μC/OS-II 也像 Linus Torvalds 實現 Linux 一樣,完全是出於個人對即時核心的研究興趣而產生的,並且開放原始程式碼。如果作為非商業用途,μC/OS-II 是完全免費的,其名稱來源於術語 Micro-Controller Operating System(微控制器作業系統)。它通常也被稱為 MUCOS 或 UCOS。

嚴格地說,μC/OS-II 只是一個即時操作系統核心,它僅包含了任務排程、任務管理、時間管理、記憶體管理和任務間通訊和同步等基本功能,沒有提供輸入輸出管理、檔案管理、網路等額外的服務。但由於 μC/OS-II 良好的可擴充性和原始程式開放,這些功能完全可以由使用者根據需要自己實現。目前,已經出現了基於 μC/OS-II 的相關應用,包括檔案系統、圖形系統以及第三方提供的 TCP/IP 網路通訊協定等。

μC/OS-II 的目標是實現一個基於優先順序排程的先佔式即時核心,並在這個核心之上提供最基本的系統服務,如訊號量、電子郵件、訊息佇列、記憶體管理、中斷管理等。雖然 μC/OS-II 並不是一個商業即時操作系統,但 μC/OS-II 的穩定性和實用性卻被數百個商業級的應用所驗證,其應用領域包括可攜式電話、運動控制卡、自動支付終端、交換機等。

μC/OS-II 獲得廣泛使用不僅是因為它的原始程式開放,還有一個重要原因,就是它的可攜性。μC/OS-II 的大部分程式都是用 C 語言寫成的,只有與處理器的硬體相關的一部分程式用組合語言撰寫。可以說,μC/OS-II 在最初設計時就考慮到了系統的可攜性,這一點和同樣原始程式開放的 Linux 很不一樣,後者在開始時只適用於 x86 系統結構,後來才將和硬體相關的程式單獨提取出來。目前 μC/OS-II 支援 Arm、PowerPC、MIPS、68k 和 x86 等多種系統結構,已經被移植到上百種嵌入式處理器上,包括 Intel 公司的 StrongARM 和 80x86 系列、Motorola 公司的 M68H 系列、NXP 和三星公司基於 Arm 核心的各種微處理器等。

1. 時鐘觸發機制

嵌入式多工系統中，核心提供的基本服務是任務切換，而任務切換是基於硬體計時器中斷進行的。在 80x86 PC 及其相容機 (包括很多流行的基於 x86 平臺的微型嵌入式主機板) 中，使用 8253/54 PIT 產生時鐘中斷。計時器的中斷週期可以由開發人員透過向 8253 輸出初始化值來設定，預設情況下的週期為 54.93ms，每次中斷叫一個時鐘節拍。

PC 時鐘節拍的中斷向量為 08H，讓這個中斷向量指向中斷服務副程式，在計時器中斷服務程式中決定已經就緒的優先順序最高的任務進入可執行狀態，如果該任務不是當前 (被中斷) 的任務，就進行任務上下文切換：把當前任務的狀態 (包括程式碼區段指標和 CPU 暫存器) 推存入堆疊區 (每個任務都有獨立的堆疊區域)；同時讓程式碼區段指標指向已經就緒並且優先順序最高的任務並恢復它的堆疊。

2. 任務管理和排程

執行在 μC/OS-II 之上的應用程式被分成若干個任務，每個任務都是一個無限迴圈。核心必須交替執行多個任務，在合理的回應時間範圍內使處理器的使用率最大。任務的交替執行按照一定的規律，在 μC/OS-II 中，每個任務在任何時刻都處於以下 5 種狀態之一。

（1） 睡眠 (Dormant)：任務程式已經存在，但還未建立任務或任務被刪除。

（2） 就緒 (Ready)：任務還未執行，但就緒列表中相應位元已經置位，只要核心排程到就立即準備執行。

（3） 等待 (Waiting)：任務在某事件發生前不能被執行，如延遲時間或等待訊息等。

（4） 執行 (Running)：該任務正在被執行，且一次只能有一個任務處於這種狀態。

（5） 中斷服務 (Interrupted)：任務進入中斷服務態。

μC/OS-II 的 5 種任務狀態及其轉換關係如圖 11-1 所示。

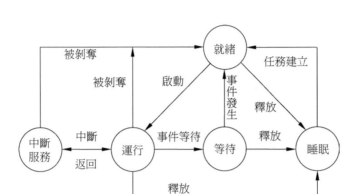

▲ 圖 11-1 μC/OS-II 的 5 種任務狀態及其轉換關係

首先，核心建立一個任務。在建立過程中，核心給任務分配一個單獨的堆疊區，然後從控制區塊鏈結串列中獲取並初始化一個任務控制快。任務控制區塊是作業系統中最重要的資料結構，它包含系統所需要的關於任務的所有資訊，如任務 ID、任務優先順序、任務狀態、任務在記憶體中的位置等。每個任務控制區塊還包含一個將彼此連結起來的指標，形成一個控制區塊鏈結串列。初始化時，核心把任務放入就緒佇列，準備排程，從而完成任務的建立過程。接下來便進入了任務排程即狀態切換階段，也是最為複雜和重要的階段。當所有任務建立完畢並進入就緒狀態後，核心總是讓優先順序最高的任務進入執行態，直到等待事件發生 (如等待延遲時間或等待某訊號量、電子郵件或訊息佇列中的訊息) 而進入等候狀態，或時鐘節拍中斷或 I/O 中斷進入中斷服務程式，此時任務被放回就緒佇列。在第 1 種情況下，核心繼續從就緒佇列中找出優先順序最高的任務使其執行，經過一段時間，若剛才阻塞的任務等待的事件發生了，則進入就緒佇列，否則仍然等待；在第 2 種情況下，由於 μC/OS-II 是可剝奪性核心，因此在處理完中斷後，CPU 控制權不一定被送回到被中斷的任務，而是送給就緒佇列中優先順序最高的那個任務，這時就可能發生任務剝奪。任務管理就是按照這種規則進行的。另外，在執行、就緒或等候狀態時，可以呼叫刪除任務函式，釋放任務控制區塊，收回任務堆疊區，刪除任務指標，從而使任務退出，回到沒有建立時的狀態，即睡眠狀態。

11.3 μC/OS-II 的移植與應用

　　μC/OS-II 只是一個即時核心，要實現其在處理器上的執行，必須透過一定的移植操作，實現 μC/OS-II 與處理器間的介面程式。而且，要根據實際的功能需求對 μC/OS-II 進行一定的設定，裁剪掉不需要的系統功能，以減少系統對 Flash 和 RAM 的需求。

　　在介紹 μC/OS-II 的移植與應用前，有必要了解一下 μC/OS-II 的系統結構，圖 11-2 展示了 μC/OS-II 的系統結構，該系統結構反映了使用者應用程式、μC/OS-II 核心程式、μC/OS-II 移植程式、電路板等級支援套件、目標板之間的關係。

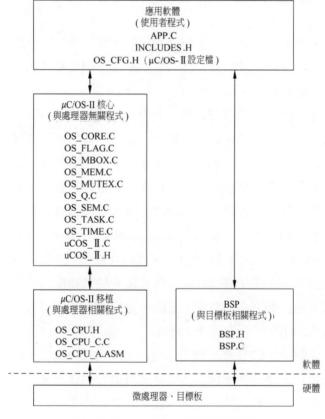

▲ 圖 11-2 μC/OS-II 的系統結構

11.3.1　*μC/OS-II* 的移植

由圖 11-2 可以看出，*μC/OS-II* 的移植主要涉及 3 個檔案，分別為 OS_CPU.H、OS_CPU_C.C、OS_CPU_A.ASM。其中，OS_CPU.H 檔案主要完成與編譯器相關的資料型態定義、進出臨界程式碼部分方法選擇、堆疊增長方向定義、任務 (上下文) 切換函式指定等工作；OS_CPU_C.C 檔案主要完成 *μC/OS-II* 工作過程中需呼叫鉤子函式的宣告或定義；OS_CPU_A.ASM 檔案為組合語言程式，主要用於對處理器暫存器和堆疊的操作，完成實際的任務切換。要實現 *μC/OS-II* 的移植，並不需要完全重新實現這 3 個檔案，因為這 3 個檔案中的程式都具有一定的範本特點，部分程式只需做適當修改即可。

要使 *μC/OS-II* 嵌入式系統能夠正常執行，STM32 處理器必須滿足以下要求。

（1）　處理器的 C 編譯器能產生可重入型程式。可重入型程式可以被一個以上的任務呼叫，而不必擔心資料的破壞。或說可重入型程式任何時刻都可以被中斷，一段時間以後又可以執行，而相應資料不會遺失。

（2）　在程式中可以開啟或關閉中斷。在 *μC/OS-II* 中，開啟或關閉中斷主要透過 OS_ENTER_CRITICAL 或 OS_EXIT_CRITICAL 兩個巨集進行。這需要處理器的支援，在 Cortex-M3 處理器上，需要設計相應的中斷暫存器關閉或開啟系統的所有中斷。

（3）　處理器支援中斷，並且能產生定時中斷 (通常為 10 ～ 1000Hz)。*μC/OS-II* 中透過處理器的計時器中斷實現多工之間的排程。Cortex-M3 處理器上有一個 SysTick 計時器，可用來產生計時器中斷。

（4）　處理器支援能夠容納一定量資料的硬體堆疊。對於一些只有 10 根位址線的 8 位元控制器，晶片最多可存取 1KB 儲存單元，在這樣的條件下移植是有困難的。

（5）處理器有將堆疊指標和其他 CPU 暫存器儲存和讀出到堆疊 (或記憶體) 的指令。在 μC/OS-II 中進行任務排程時，會把當前任務的 CPU 暫存器存放到此任務的堆疊中，然後再從另外一個任務的堆疊中恢復原來的工作暫存器，繼續執行另外的任務。所以，暫存器的存入堆疊和移出堆疊是 μC/OS-II 中多工排程的基礎。

1. OS_CPU.H 檔案

OS_CPU.H 作為一個標頭檔案，主要由巨集定義 (#define)、重定義 (typedef) 和預先編譯 (#if) 等敘述組成，用於完成與編譯器相關的資料型態定義、進出臨界程式碼部分的方法選擇、堆疊增長方向定義、任務切換函式的指定等。

因為微處理器間位元組長度的不同，相同的敘述在不同的微處理器環境下具有不同的含義，如 C 語言中用 int 定義一個變數，該變數在 16 位元微處理器環境中就是一個有號 16 位元整數，佔用 2 位元組的空間，而在 32 位元微處理器環境中就是一個有號 32 位元整數，佔用 4 位元組的空間。這會增加程式在不同微處理器平臺間的移植難度。μC/OS-II 正是為了增強其程式的可攜性，所以在程式撰寫時統一使用了自己定義的資料型態，並在 OS_CPU.H 檔案中集中實現與編譯器資料型態的連結。舉例來說，μC/OS-II 中的無號 32 位元整數類型為 INT32U，在本設計所使用的 Keil4v53 編譯器中無號 32 位元整數的類型為 unsigned int，透過使用類型重定義就可以使兩者具有相同的含義：typedef unsigned int INT32U。在以後的所有程式中用 INT32U 定義的變數都表示無號 32 位元整數。當然，OS_CPU.H 檔案中包含的資料型態定義不僅是 32 位元不附帶正負號的整數，還包含布林類型、無號 8 位元整數、有號 8 位元整數、無號 16 位元整數、有號 16 位元整數、單雙精度浮點數等。

一般在多工系統中都會有一定的臨界程式處理方法，以保證任務對共用資源的獨佔式存取。所謂的臨界程式是指不可分割的程式，從開始到結束必須一氣呵成，不允許任何中斷打斷其執行。

　　為了確保臨界程式在執行過程中不被打斷，需要對臨界程式做一定的保護處理，通常的做法是在進入臨界程式之前關閉中斷，在退出臨界程式之後再立即開啟中斷。μC/OS-II 中透過兩個簡單的巨集定義 (OS_ENTER_CRITICAL 和 OS_EXIT_CRITICAL) 完成中斷的關閉操作與開啟操作，以實現對臨界程式的保護。在實際應用中，將這兩個巨集緊挨臨界程式放置，一前一後。

　　透過巨集定義可以封裝隱藏具體的實現程式，提高程式的可攜性。μC/OS-II 對於 OS_ENTER_CRITICAL 和 OS_EXIT_CRITICAL 的具體實現提供了 3 種可選的方法，在 OS_CPU.H 檔案中透過巨集定義對 OS_CRITICAL_METHOD 賦予 1、2 或 3 的選項值選擇具體的保護臨界程式的方法。

　　方法 1 最為簡單，OS_ENTER_CRITICAL 透過呼叫處理器指令關閉中斷來實現，OS_EXIT_CRITICAL 透過呼叫處理器指令開啟中斷來實現。但這種方法存在一個問題，那就是在退出臨界程式碼部分之後中斷肯定是開啟的。如果在進入臨界程式碼部分之前中斷是關閉的，在退出臨界程式碼部分之後使用者也希望中斷是關閉的，顯然方法 1 無法滿足這一要求。

　　方法 2 透過存入堆疊、移出堆疊實現了對中斷開關狀態的儲存。透過將控制中斷開關的 CPU 暫存器存入堆疊，然後關閉中斷實現 OS_ENTER_CRITICAL；透過將儲存的內容移出堆疊，恢復控制中斷開關的 CPU 暫存器的內容實現 OS_EXIT_CRITICAL。方法 2 解決了方法 1 無法保持之前中斷開關狀態的問題。但方法 2 涉及存入堆疊、移出堆疊操作，改變了堆疊指標，如果使用的微處理器有堆疊指標相對定址模式，這種方法有可能因為使堆疊偏移量出現偏差而導致嚴重錯誤。所以，目前 μC/OS-II 中常用或預設的臨界程式保護方法是第 3 種。

　　方法 3 與方法 2 類似，只是不再借助堆疊而已。方法 3 透過將控制中斷開關狀態的 CPU 暫存器暫存到變數中，然後將中斷關閉實現 OS_ENTER_CRITICAL，透過將變數賦值給相應的 CPU 暫存器恢復之前的中斷開關狀態實現 OS_EXIT_CRITICAL。使用方法 3 不但要呼叫 OS_ENTER_CRITICAL 和 OS_EXIT_CIRITCAL，還要定義一個與 CPU 暫存器等寬的變數，該變數的類

型為 OS_CPU_SR，該類型也是 μC/OS-II 自己定義的一種資料型態，與前面的 INT32U 定義方法一樣。

在 OS_CPU.H 檔案中還要設定堆疊的增長方向，以方便任務獲取堆疊頂與堆疊底的位置，方便堆疊使用情況的檢查。在 Arm 中堆疊從高位址向低位址方向增長，需要據此為巨集 OS_STK_GROWTH 賦予相應的值。

同樣，為了提高程式的可攜性，在 OS_CPU.H 檔案中透過巨集定義方式定義了任務的切換方法，但具體的實現程式則在 OS_CPU_A.ASM 檔案中實現，因為此實現程式涉及對微處理器的暫存器操作。

2. OS_CPU_C.C 檔案

OS_CPU_C.C 檔案中共包含 10 個函式：一個任務堆疊初始化函式和 9 個使用者鉤子函式。其中，任務堆疊初始化函式 OSTaskStkInit 是必須要實現的，而其他 9 個使用者鉤子函式可以只宣告，不一定要有具體的實現程式。

所謂的鉤子函式，是指插入函式中作為該函式擴充功能的函式，並非必需。鉤子函式主要面向第三方軟體開發人員，為他們提供擴充軟體功能的介面。透過 μC/OS-II 提供的大量鉤子函式，使用者不需要修改 μC/OS-II 的核心程式，就可以實現對 μC/OS-II 的功能擴充。

任務堆疊初始化函式 OSTaskStkInit 用來完成任務堆疊的初始化操作，主要用於將任務的一些基本資訊存入任務堆疊，並模擬中斷的壓堆疊操作，以造成任務被中斷的假像。這樣在任務排程時，就可執行所謂的移出堆疊操作，恢復任務初始的工作環境。

3. OS_CPU_A.ASM 檔案

OS_CPU_A.ASM 檔案中是一些與微處理器密切相關的組合語言程式碼，主要用於完成任務的啟動和任務的切換操作。

OS_CPU_A.ASM 檔案主要實現 3 個函式，分別為啟動系統第 1 個任務的 OSStartHighRdy 函式、實現任務 (上下文) 切換的 OSCtxSw 函式以及中斷情況下實現任務切換的 OSIntCtxSw 函式。這 3 個函式都是由組合語言實現，涉及與微處理器的暫存器操作。

無論是啟動最高優先順序的任務，還是任務切換，又或是中斷情況下的任務切換，實質上都是任務切換。在 μC/OS-II 中所有需要做任務切換的地方都由 OSCtxSw 函式完成，而從 Arm Cortex-M3 開始，任務切換的實質程式都由可懸起系統呼叫 (PendSV) 的中斷函式完成，所以任務切換 OSCtxSw 函式需要做的就是觸發可懸起系統呼叫 PendSV。

PendSV 的典型應用場合就是任務 (上下文) 切換，要透過 PendSV 實現任務切換需要兩步操作。首先，將 PendSV 的中斷優先順序設為最低；其次，在需要任務切換時向 NVIC(中斷向量控制器) 的 PendSV 懸起暫存器中寫入 1。當 PendSV 懸起 (被觸發) 時，如果有優先順序更高的中斷等待執行，PendSV 就會延期執行。因為 PendSV 的中斷優先順序是最低的，所以在 PendSV 執行之前，所有其他的中斷肯定已經執行完成。這樣就不會因為任務切換而導致中斷執行被延期，耽誤緊急事件的處理。

任務切換的發生不外乎兩種情況，一種情況是任務透過呼叫系統函式主動放棄 CPU 使用權，另一種情況是資源從無效變為有效，或系統滴答計時器中斷發生並判斷任務的休眠事件結束，使處於暫停狀態的任務被重新啟動。對於第 1 種情況，由於沒有更重要的事情 (優先順序比 PendSV 更高的中斷) 需要處理，所以 PendSV 被觸發後會得到立即執行。而對於第 2 種情況，系統滴答計時器中斷 SysTick 發生時可能已經把某個低優先順序的中斷 A 打斷，此時執行任務切換時，PendSV 雖然被觸發，但存在優先順序比 PendSV 更高的中斷 A 等待執行，PendSV 被延緩執行，直到中斷 A 執行完畢，PendSV 才有可能被執行。PendSV 在任務切換中的作用機制如圖 11-3 所示。

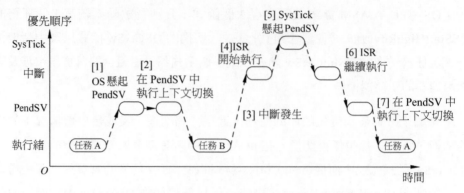

▲ 圖 11-3　PendSV 在任務切換中的作用機制

11.3.2 μC/OS-II 的應用

在完成了嵌入式作業系統 μC/OS-II 的移植工作後，就可以應用 μC/OS-II 進行應用程式的開發。所謂的 μC/OS-II 應用就是呼叫 μC/OS-II 提供的各種系統服務，以協助應用程式功能的實現。

目前使用的 μC/OS-II 版本為 v2.92，該版本的 μC/OS-II 提供的系統服務包括任務建立、任務排程、時間管理、計時器、記憶體管理、訊號量、互斥訊號量、訊息佇列、電子郵件、事件標識組等。在實際使用中並不需要將所有系統提供的服務都使用一遍，只要能完成應用程式的功能即可。而且，在實際應用中，一般都會對 μC/OS-II 做一定的訂製處理，也就是透過 μC/OS-II 的設定功能完成對核心的裁剪，以使系統對 Flash 和 RAM 等資源的需求降到最低。

1. μC/OS-II 系統組態

μC/OS-II 是可裁剪的系統，系統功能可設定。透過設定檔 OS_CFG.H，使用者可以實現對 μC/OS-II 的統一設定工作。在系統功能設定檔 OS_CFG.H 中，使用者只需將相應的巨集定義開關置 1 或置 0 即可啟用或禁用相應的系統功能。

新版本的 μC/OS-II 在系統功能設定方面增加了總開關的功能，如不使用某項系統功能，只需將該項的總開關關閉 (相應的巨集置 0) 即可。總開關關閉後，

其下屬子開關不論是開還是關都不再有效。這可以有效地簡化設定工作，加快使用者的設定速度。以訊號量設定為例，μC/OS-II 中訊號量的設定選項如表 11-1 所示。

▼ 表 11-1 μC/OS-II 中訊號量的設定選項

分類	設定巨集定義	功能介紹
訊號量	OS_SEM_EN	訊號量總開關
	OS_SEM_ACCEPT_EN	無等待地獲取一個訊號量
	OS_SEM_DEL_EN	允許刪除訊號量
	OS_SEM_PEND_ABORT_EN	終止訊號量等待
	OS_SEM_QUERY_EN	查詢訊號量狀態
	OS_SEM_SET_EN	訊號量手動賦值

OS_CFG.H 檔案中列出了 μC/OS-II 所有可設定的選項，這些可設定的選項就是 μC/OS-II 提供的系統服務的清單。

在進行 μC/OS-II 的設定時，要根據系統的實際應用情況進行，可以保留一定的裕量，但裕量過多會造成一定的系統資源浪費。而且，並不是所有參數值越大越好，如表示作業系統每秒的時鐘節拍數的 OS_TICKS_PER_SEC，該值越大，系統時間越精確，同時進出中斷的次數也就越多，對 CPU 資源的消耗也就越大；相反，該值越小，在系統時間精確度降低的同時，對 CPU 資源的消耗也在降低。所以，要根據對時間精度的要求和 CPU 的處理速度權衡並設定該參數的數值。

2. μC/OS-II 系統服務呼叫

在完成了 μC/OS-II 的設定工作後，就可以真正開始應用程式的開發工作。在應用了 μC/OS-II 的環境下，應用程式將以任務的形式表現。在本系統的設計中，除了使用 μC/OS-II 提供的任務建立、任務排程外，還主要使用了訊號量和記憶體管理，後面會逐一介紹。

1) 任務

在 μC/OS-II 中任務的建立具有確定的模式，一般在 main 函式中完成 μC/OS-II 的初始化操作和啟動任務的建立，在啟動任務中完成硬體模組的初始化操作和其他任務的建立工作。

μC/OS-II 支援兩種格式的任務建立方法，一種是標準格式，另一種是擴充格式。由於在擴充格式下可以進行任務的堆疊檢查，所以在本系統的設計中統一使用了擴充格式建立任務。在建立任務之前需要定義好任務的堆疊和優先順序。擴充格式的任務建立函式 OSTaskCreatExt 的原型如下。

```
INT8U OSTaskCreatExt(void     (*task)(void *pd),    // 任務位址
                    void      *pdata;               // 傳遞給任務的參數
                    OS_ STK   *ptos,                // 堆疊頂指標
                    INT8U     prio,                 // 任務優先順序
                    INT16U    id,
                    OS_ STK   *pbos,                // 擴充參數，末用
                    INT32U    stk_size,
                    void      *pext,                // 堆疊底指標
                    INT16U    opt);                 // 堆疊容量
```

其中，參數 opt 用於選擇是否執行任務堆疊檢查、建立任務時是否進行堆疊清零、是否進行浮點暫存器儲存等。

在建立任務之後，就可以開始任務實現程式的撰寫，μC/OS-II 中任務的範例程式如下。

```
void YourTask(void *pdata)
{for( ; ; )
  {/* 使用者程式 1
      呼叫 μC/OS-II 的系統服務之一：  */
      OSFlagPend( );
      OSMboxPend( );
      OSMutexPend( );
      OSQPend( );
      OSSemPend( );
```

```
    OSTaskSuspend(OS_PRIO_SELF);
    OSTaskDel(OS_PRIO_SELF);
    OSTimDly( );
    OSTimDlyHMSM( );
  /* 使用者程式 2 */
  }
}
```

任務通常是一個不會終止的迴圈，但也存在任務執行一定次數後將自己刪除的情況。如果在上述程式中呼叫的系統服務為 OSTaskDel(OS_PRIO_SELF)，則屬於後一種情況，此情況下使用者程式 2 則是不需要的。任務將自己刪除後，任務程式依然存在，只是任務不再被 µC/OS-II 排程，任務再也不被執行。

絕大多數情況下，µC/OS-II 中的任務是一個無限迴圈，並且在 5 種狀態間切換，這 5 種狀態分別為睡眠態、就緒態、執行態、暫停態和被中斷態。任務的狀態間切換如圖 11-4 所示。

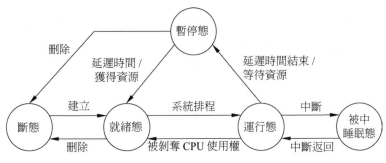

▲ 圖 11-4 任務的狀態間切換

休眠態是任務的最原始形態，沒有被系統排程。當任務已經具備了所有需要的資源，等待被系統排程時就進入就緒態，此時可能存在優先順序更高的任務正在執行，所以就緒態的任務暫時無法執行。當任務被系統排程並開始執行時期，就進入執行態。處於執行態的任務如果被中斷打斷，則進入被中斷態。或處於執行態的任務因為自身延遲時間需要或需要的資源無效時，則主動或被動地放棄 CPU 使用權並進入暫停態。處於暫停態的任務，當延遲時間時間結束或獲取到所需的資源後，就會進入就緒態。

2) 訊號量

在本系統設計中訊號量的主要用途是實現對共用資源的管理和標識事件的發生。在共用資源管理方面，訊號量可以確保在任何情況下只有一個任務對共用資源有使用權。在標識事件發生方面，訊號量可以觸發任務的執行。

在 μC/OS-II 中，訊號量可以視為一個計數值，該值可以只取 0 和 1 兩個值，這種訊號量稱為二值訊號量；也可以是 0 ~ 65536 的計數值，這種訊號量稱為計數訊號量。二值訊號量可用於標識事件是否發生及共用資源是否被佔用，計數訊號量可用於表示剩餘資源數的多少。

一般而言，可以對訊號量執行的操作有 3 種：建立、等待與釋放。在建立訊號量時需要為其賦予表示訊號狀態或數量的數值。以表示共用資源是否有效的二值訊號量為例，初始時共用資源有效，所以應該給二值訊號量賦初值 1。在任務或中斷釋放訊號量以後，如果訊號量不被任務等待，那麼該訊號量的值會執行簡單的加 1 操作，如果該訊號量正被任務等待，那麼等待該訊號量的任務因為獲得訊號量而進入就緒態，訊號量的值也就不會執行加 1 操作 (或理解為該訊號量的值進行了加 1 和減 1 兩個操作)。任務在等待訊號量時通常會有一個等待逾時設定，如果超出設定的等待逾時時間後訊號量仍然無效，系統會向等待該訊號量的任務傳回一個逾時錯誤程式，此時任務進入就緒狀態並準備執行，再次執行時期一般會對逾時錯誤作出處理。

3) 記憶體管理

在控制演算法模組中進行控制演算法的新建、修改及刪除操作時，會有大量的區塊分配與回收操作，該操作全部由 μC/OS-II 中的記憶體管理模組完成。

μC/OS-II 的記憶體管理模組會將使用者交由 μC/OS-II 管理的記憶體分區劃分為一定數量的記憶體池，記憶體池中含有固定大小的區塊。記憶體池的個數、記憶體池的大小及記憶體池中區塊的數量和大小都可以由使用者指定。區塊的大小有一個最小為 4 位元組的限制，因為記憶體池中的區塊要透過單向鏈結串列串接起來，而用於保持區塊間聯繫的指標資訊就存放在區塊中，所以要求區

塊至少要能夠容納一個指標。而且，應用程式在釋放區塊時，必須將其放回到它原先所屬的記憶體池中，不同記憶體池中的區塊不能混放。

　　μC/OS-II 中這種固定大小的區塊有一個弊端，就是應用程式可能不能申請到與需求完全一致的區塊，申請到的區塊可能與所需要的記憶體空間一致，也可能比所需要的記憶體空間大。舉例來說，目前的 3 個記憶體池中區塊的大小分別為 32B、80B 和 100B，當應用程式要申請 50B 的記憶體空間時，只能申請到 80B 或 100B 的區塊，即使是申請到 80B 的區塊，也存在 30B 的空間浪費。但是，這種固定大小的區塊也有優點，即可以保證所有空閒的區塊都是可用的，不存在因為記憶體碎片過多而導致大量空間不可用的情況。

　　μC/OS-II 中的每個記憶體池都有一個對應的記憶體控制對其區塊進行管理，記憶體控制區塊的資料結構定義如下。

```
typedef struct
{void          *OSMemAddr;      // 記憶體池起始位址
 void          *OSMemFreeList;  // 空閒區塊位址
 INT32U        OSMemBlkSize;    // 區塊大小
 INT32U        OSMemNBlks;      // 區塊總個數
 INT32U        OSMemNFree;      // 空閒區塊個數
}OS_ MEM;
```

　　μC/OS-II 應用實例是一個 LED 燈閃爍的例子，在奮鬥 STM32 開發板 V5 上偵錯透過，程式清單可參考本書數位資源中的程式碼，專案中的 μC/OS-II 作業系統為 v2.86 版本。

MEMO

RTC 與萬年曆應用實例

本章將說明 RTC 與萬年曆應用實例，包括 RTC、備份暫存器 (BKP)、RTC 的操作和萬年曆應用實例。

12.1 RTC

RTC(Real-Time Clock) 即即時時鐘。在學習 51 微控制器時，絕大部分同學學習過即時時鐘晶片 DS1302，時間資料直接由 DS1302 晶片計算儲存，且其電源和晶振獨立設定，主電源斷電計時不停止，51 微控制器直接讀取晶片儲存單中繼資料，即可獲得即時時鐘資訊。STM32F103 微控制器內部整合了一個 RTC 模組，大大簡化了系統軟硬體設計難度。

12.1.1 RTC 簡介

STM32 的即時時鐘 (RTC) 是一個獨立的計時器，擁有一組連續計數的計數器，在相應軟體設定下可提供時鐘日曆的功能。修改計數器的值可以重新設定系統當前的時間和日期。RTC 模組和時鐘設定系統 (RCC_BDCR 暫存器) 是在後備區域，即在系統重置或從待機模式喚醒後 RTC 的設定和時間維持不變。但是，在系統重置後，將自動禁止存取後備暫存器和 RTC，以防止對備份暫存器 (BKP) 的意外寫入操作。所以，在設定時間之前，先要取消備份暫存器 (BKP) 防寫。學習 STM32 的內部 RTC，首先要了解 STM32 的備份暫存器，備份暫存器是 42 個 16 位元的暫存器，可用來儲存 84 位元組的使用者應用程式資料，它們處在備份域中，當 V_{DD} 電源被切斷，它們仍然由 V_{BAT} 維持供電。當系統在待機模式下被喚醒，或系統重置或電源重置時，它們也不會被重置，而 STM32 的內部 RTC 就在備份暫存器中。所以得出一個結論：要操作 RTC，就要操作備份暫存器。

RTC 模組擁有一組連續計數的計數器，在相應軟體設定下，可提供時鐘日曆的功能。修改計數器的值可以重新設定系統當前的時間和日期。RTC 模組和時鐘設定系統 (RCC_BDCR 暫存器) 處於後備區域，即在系統重置或從待機模式喚醒後，RTC 的設定和時間維持不變。

系統重置後，對備份暫存器和 RTC 的存取被禁止，這是為了防止對備份暫存器的意外寫入操作。執行以下操作將啟動對備份暫存器和 RTC 的存取。

（1）設定 RCC_APB1ENR 暫存器的 PWREN 和 BKPEN 位元，啟動電源和後備介面時鐘。

（2）設定 PWR_CR 暫存器的 DBP 位元，啟動對備份暫存器和 RTC 的存取。

12.1.2 RTC 主要特性

RTC 主要特性如下。

（1） 可程式化的預分頻係數：分頻係數最高為 220。

（2） 32 位元的可程式化計數器，可用於較長時間段的測量。

（3） 兩個分離的時鐘：用於 APB1 介面的 PCLK1 和 RTC 時鐘 (RTC 時鐘的頻率必須小於 PCLK1 時鐘頻率的 1/4 以上)。

（4） 可以選擇 3 種 RTC 的時鐘源：HSE 128 分頻時鐘、LSE 振盪器時鐘、LSI 振盪器時鐘。

（5） 兩個獨立的重置類型：APB1 介面由系統重置；RTC 核心 (預分頻器、鬧鈴、計數器和分頻器) 只能由後備域重置。

（6） 3 個專門的可遮罩中斷：鬧鈴中斷，用來產生一個軟體可程式化的鬧鈴中斷；秒中斷，用來產生一個可程式化的週期性中斷訊號 (最長可達 1s)；溢位中斷，指示內部可程式化計數器溢位並回轉為 0 的狀態。

12.1.3 RTC 內部結構

STM32F103 微控制器 RTC 內部結構如圖 12-1 所示，其由兩個主要部分組成。

第 1 部分 (APB1 介面，圖 12-1 中無背景區域) 用來和 APB1 匯流排相連。此單元還包含一組 16 位元暫存器，可透過 APB1 匯流排對其進行讀寫入操作。APB1 介面由 APB1 匯流排時鐘驅動，用來與 APB1 匯流排連接，其電路由系統電源供電。

第 2 部分 (RTC 核心) 由一組可程式化計數器組成，分成兩個主要模組。第 1 個模組是 RTC 的預分頻模組，它可程式化產生最長為 1s 的 RTC 時間基準

TR_CLK。RTC 的預分頻模組包含了一個 20 位元的可程式化分頻器 (RTC 預分頻器)。如果在 RTC_CR 暫存器中設定了相應的允許位元,則在每個 TR_CLK 週期中 RTC 產生一個中斷 (秒中斷)。第 2 個模組是一個 32 位元的可程式化計數器,可被初始化為當前的系統時間。系統時間按 TR_CLK 週期累加並與儲存在 RTC_ALR 暫存器中的可程式化時間相比較,如果 RTC_CR 控制暫存器中設定了相應允許位元,比較匹配時將產生一個鬧鈴中斷。

可以看出,其實 RTC 中儲存時鐘訊號的只是一個 32 位元的暫存器,如果按秒來計算,可以記錄 $2^{32} = 4294967296s$,約 136 年,作為一般應用,這已經是足夠了。但是,從這裡可以看出要具體知道現在的時間是哪年、哪月、哪日,還有時、分、秒,那麼就要自己進行處理了,將讀取出來的計數值轉為我們熟悉的年、月、日、時、分、秒,即萬年曆。

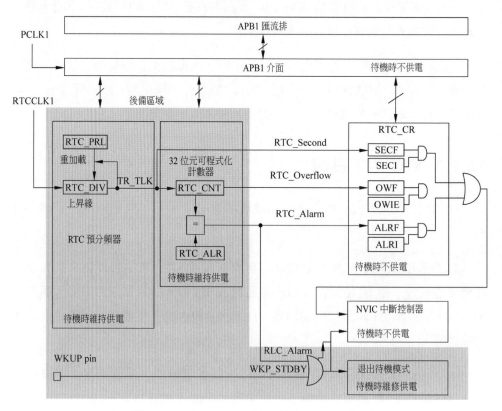

▲ 圖 12-1 STM32F103 微控制器 RTC 內部結構

12.1.4 RTC 重置過程

RTC 核心又稱為後備區域，即圖 12-1 中的陰影部分，系統電源正常時由 V_{DD}(即 3.3V) 供電，當 V_{DD} 電源被切斷，它們仍然由 V_{BAT}(紐扣電池) 維持供電。系統重置或從待機模式喚醒後，RTC 的設定和時間維持不變，即後備區域獨立工作。

因此，除了 RTC_PRL、RTC_ALR、RTC_CNT 和 RTC_DIV 暫存器外，所有系統暫存器都由系統重置或電源重置進行非同步重置。RTC_PRL、RTC_ALR、RTC_CNT 和 RTC_DIV 暫存器僅能透過備份域重置訊號重置。

12.2 備份暫存器 (BKP)

12.2.1 BKP 簡介

備份暫存器 (BKP) 是 42 個 16 位元的暫存器，可用來儲存 84 位元組的使用者應用程式資料。它們處在後備區域裡，當 V_{DD} 電源被切斷，它們仍然由 V_{BAT} 維持供電。當系統在待機模式下被喚醒，或系統重置或電源重置時，它們也不會被重置。

此外，BKP 控制暫存器用來管理入侵偵測和 RTC 校準功能。

重置後，對備份暫存器和 RTC 的存取被禁止，並且後備區域被保護以防止可能存在的意外的寫入操作。

12.2.2 BKP 特性

BKP 特性如下。

（1） 20 位元組資料後備暫存器 (中容量和小容量產品) 或 84 位元組資料後備暫存器 (大容量和互聯型產品)。

（2） 用來管理入侵偵測並具有中斷功能的狀態 / 控制暫存器。

（3） 用來儲存 RTC 驗證值的核心對暫存器。

（4） 在 PC13 接腳 (當該接腳不用於入侵偵測時) 上輸出 RTC 校準時鐘、RTC 鬧鈴脈衝或秒脈衝。

12.2.3 BKP 入侵偵測

當 TAMPER 接腳上的訊號從 0 變為 1 或從 1 變為 0(取決於備份控制暫存器 BKP_CR 的 TPAL 位元) 時，會產生一個入侵偵測事件。入侵偵測事件會將所有資料備份暫存器內容清除。

然而，為了避免遺失入侵事件，入侵偵測訊號是邊沿檢測的訊號與入侵偵測允許位元的邏輯與，從而在入侵偵測接腳被允許前發生的入侵事件也可以被檢測到。

設定 BKP_CSR 暫存器的 TPIE 位元為 1，當檢測到入侵事件時，就會產生一個中斷。

12.3 RTC 的操作

本節說明 RTC 正常執行的設定步驟，對每個步驟透過函式庫實現。

軔體函式庫中 RTC 相關定義在 stm32f4xx_rtc.c 原始檔案以及 stm32f4xx_rtc.h 標頭檔中，BKP 相關的函式庫在 stm32f10x.c 和 stm32f10x_bkp.h 檔案中。

對 RTC 的操作主要是初始化 RTC，然後讀取時鐘數值即可。

12.3.1 RTC 的初始化

RTC 正常執行的一般設定步驟如下。

（1） 啟動電源時鐘和備份區域時鐘。要存取 RTC 和備份區域，就必須先啟動電源時鐘和備份區域時鐘。

```
RCC_APB1PeriphClockCmd(RCC_APB1Periph_PWR|RCC_APB1Periph BKP，ENABLE)；
```

（2） 取消備份區防寫。要向備份區域寫入資料，就要先取消備份區域防寫 (防寫在每次硬重置之後被啟動)，否則無法向備份區域寫入資料。我們需要向備份區域寫入一位元組標記時鐘已經設定過了，從而避免每次重置之後重新設定時鐘。取消備份區域防寫的函式庫實現方法為

```
PWR_BackupAccessCmd(ENABLE)；               // 啟動 RTC 和後備暫存器存取
```

（3） 重置備份區域，開啟外部低速振盪器。在取消備份區域防寫之後，我們可以先對這個區域重置，以清除前面的設定，當然這個操作不要每次都執行，因為備份區域的重置將導致之前存在的資料遺失，所以要不要重置，要看情況而定。然後啟動外部低速振盪器，這裡一般要先判斷 RCC_BDCI 的 LSERDY 位元確定低速振盪器已經就緒，才開始下面的操作。

備份區域重置的函式為

```
BKP_DeInit()；                              // 重置備份區域
```

開啟外部低速振盪器的函式為

```
RCC_LSEConfig(RCC_LSE_ON)；                 // 開啟外部低速振盪器
```

（4） 選擇 RTC，並啟動。透過 RCC_BDCR 的 RTCSEL 選擇外部 LSI 作為 RTC，然後透過 RTCEN 位元啟動 RTC。

選擇 RTC 的函式庫為

```
RCC_RTCCLXConfig(ROC_RTCCLKSource_LSE);    // 選擇 LSE 作為 RTC 時鐘
```

對於 RTC 的選擇，還有 RCC_RTCCLKSource_LSI 和 RCC_RTCCLKSource _HSE_Div128 兩個選項，前者為 LSI，後者為 HSE 的 128 分頻時鐘。

啟動 RTC 的函式為

```
RCC_RCCLKCmd(ENABLE);                    // 啟動 RTC 時鐘
```

（5）設定 RTC 的分頻，並設定 RTC。開啟了 RTC 之後要設定 RTC 時鐘的分頻數，透過 RTC_PRLH 和 RTC_PRLL 設定，等待 RTC 暫存器操作完成並同步之後設定秒鐘中斷。然後設定 RTC 的允許設定位元 (RTC_CRH 的 CNF 位元)並設定時間 (其實就是設定 RTC_CNTH 和 RTC_CNTL 兩個暫存器)。

在進行 RTC 設定之前，首先要開啟允許設定位元 (CNF)，函式庫為

```
RTC_EnterConfigMode();           // 允許設定
```

在設定完成之後，千萬別忘記更新設定，同時退出設定模式，函式庫為

```
RTC_ExitConfigMode();                // 退出設定模式，更新設定
```

設定 RTC 時鐘分頻數，函式庫為

```
void RTC_SetPreacaler(uint32_t PrescalerValue);
```

這個函式只有一個引用參數，就是 RTC 的分頻數，很好理解。

然後設定秒中斷允許，RTC 啟動中斷的函式為

```
woid RTC_ITConfig(uint16_t RTC_IT，FunctionalState Newstate);
```

這個函式的第 1 個參數是設定秒中斷類型，它是透過巨集定義的。啟動 RTC 秒中斷的函式為

```
RTC_ITConfig(RTC_IT_SEC，ENABLE);           // 啟動 RTC 秒中斷
```

下一步便是設定時間了，實際上就是設定 RTC 的計數值，時間與計數值之間是需要換算的。設定 RTC 計數值的函式庫為

```
void RTC_SetCounter(uint32_t CounterValue);
```

（6）更新設定，設定 RTC 中斷分組。在設定完時鐘之後，我們將設定更新同時退出設定模式。這裡還是透過 RTC_CRH 的 CNF 來實現，函式庫為

```
RTC_ExitConfigMode();                 // 退出設定模式，更新設定
```

退出設定模式後，在備份區域 BKP_DR1 寫入 0x5050，代表已經初始化過時鐘了，下次開機 (或重置) 時先讀取 BKP_DR1 的值，然後判斷是否是 0x5050，決定要不要設定。接著設定 RTC 的秒鐘中斷並進行分組。

向備份區域寫入使用者資料的函式庫為

```
void BKP_WriteBackupRegister(uint16_t BKP_DR，uint16_t Data);
```

這個函式的第 1 個參數為暫存器標號，它是透過巨集定義的。舉例來說，要向 BKP_DR1 寫入 0x5050，方法為

```
BKP_WriteBackupRegister(BKP_DR1，0x5050);
```

有寫入便有讀取，讀取備份區域指定暫存器的使用者資料的函式庫為

```
uint16_t BKP_ReadBackupRegister(uint16_t BKP_DR);
```

（7）設定初始化時間。

設定初始化時間也就是將要初始化的時鐘存入 32 位元暫存器。原理是直接將對應的時間資料轉為十六進位數並寫入 32 位元暫存器中。

（8）撰寫中斷服務函式。最後要撰寫中斷服務函式。在秒中斷產生時，讀取當前的時間值並顯示到 TFT LCD 模組上。

透過以上幾個步驟，就完成了對 RTC 的設定，並透過秒中斷更新時間。

12.3.2 RTC 時間寫入初始化

　　RTC 時間寫入初始化分為兩種情況：一種情況是第 1 次使用 RTC，需要對 RTC 完全初始化，即 12.3.1 節所介紹的所有步驟，還需要將當前時間對應數值寫入 RTC_CNT 暫存器，並向 BKP_DR1 暫存器中寫入 0xA5A5，表示已經初始化過 RTC 暫存器；另一種情況是斷電恢復或通電重置，而不希望重置 RTC 暫存器後備區域，此時只需等待 RTC 暫存器同步和啟動 RTC 秒中斷即可。

12.4 萬年曆應用實例

　　本實例要利用 STM32F103 微控制器的 RTC 模組實現數字萬年曆功能，要求主電源斷電計時不間斷，實現時間精確設定。本實例的主要任務是時間選擇性更新，若是初次使用 RTC 模組，則需要對 RTC 進行初始化，並向備份暫存器寫入當前時間數值；若是斷電恢復或系統重置，則只需 RTC 同步和開啟秒中斷即可。由於 STM32F103 微控制器的 RTC 模組只存放秒計數值，所以還需要對該數值進行讀取並轉為日期和時間，該部分程式是由 STM32 的 RTC 秒中斷函式完成。

　　萬年曆應用實例程式清單可參考本書數位資源中的程式碼。

13

新型分散式控制系統設計實例

　　本章將說明新型分散式控制系統 (Distributed Control System，DCS) 設計實例，包括新型 DCS 概述、現場控制站的組成、新型 DCS 通訊網路、新型 DCS 控制卡的硬體設計、新型 DCS 控制卡的軟體設計、控制演算法的設計、8 通道類比量輸入電路板 (8AI) 的設計、8 通道熱電偶輸入電路板 (8TC) 的設計、8 通道熱電阻輸入電路板 (8RTD) 的設計、4 通道類比量輸出電路板 (4AO) 的設計、16 通道數位量輸入電路板 (16DI) 的設計、16 通道數位量輸出電路板 (16DO) 的設計、8 通道脈衝量輸入電路板 (8PI) 的設計和嵌入式控制系統可靠性與安全性技術。

13.1 新型 DCS 概述

新型 DCS 的整體結構如圖 13-1 所示。

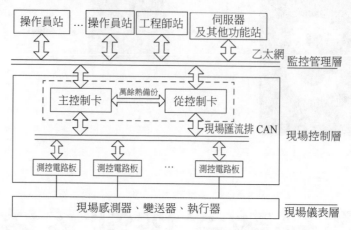

▲ 圖 13-1 新型 DCS 整體結構

現場控制層是整個新型 DCS 的核心部分，控制卡位於監控管理層與現場控制層內測控電路板之間，是整個 DCS 的通信樞紐和控制核心。控制卡的功能主要集中在通訊和控制兩方面，通訊方面，需要確定系統的通訊方式，建構系統的通訊網路，滿足通訊方面的速率、可靠性和即時性等要求；控制方面，需要確定系統的應用場合、控制規模、系統的容量和控制速度等。具體而言，控制卡應滿足以下要求。

13.1.1 通訊網路的要求

1. 控制卡與監控管理層之間的通訊

控制卡與監控管理層之間通訊的下行資料包括測控電路板及通道的設定資訊、直接控制輸出資訊、控制演算法的新建及修改資訊等，上行資料包括測控電路板的採樣資訊、控制演算法的執行資訊以及控制卡和測控電路板的故障資訊等。由於控制卡與監控管理層之間的通訊資訊量較大，且對通訊速率有一定

的要求，所以選擇乙太網作為與監控層的通訊網路。同時，為提高通訊的可靠性，對乙太網通訊網路做容錯處理，採用兩條並行的乙太網通訊線路建構與監控管理層的通訊網路。

2. 控制卡與測控電路板之間的通訊

控制卡與測控電路板之間的通訊資訊包括測控電路板及通道的設定資訊、通道的採樣資訊、來自上位元機和控制卡控制演算法的輸出控制資訊，以及測控電路板的狀態和故障資訊等。由於 DCS 控制站內的測控電路板是已經開發好的模組，且固定採用現場匯流排 CAN 進行通訊，所以與控制站內的測控電路板間的通訊採用現場匯流排 CAN 進行。同樣，為提高通訊的可靠性，需對通訊網路做一定的容錯處理，但測控電路板上只有一個 CAN 收發器，無法設計為並行容錯的通訊網路。對此，將單一的 CAN 通訊網路設計為雙向的環狀通訊網路，這樣可以有效避免通訊線斷線對整個通訊網路的影響。

13.1.2 通訊網路的要求控制功能的要求

1. 系統的點容量

為滿足系統的通用性要求，系統必須允許連線多種類型的訊號，目前的測控電路板類型共有 7 種，分別是 8 通道類比量輸入電路板 (支援 0 ～ 10mA、4 ～ 20mA 電流訊號，0 ～ 5V、1 ～ 5V 電壓訊號)、4 通道類比量輸出電路板 (支援 0 ～ 10mA、4 ～ 20mA 電流訊號)、8 通道熱電阻輸入電路板 (支援 Pt100、Cu100、Cu50 共 3 種類型的熱電阻訊號)、8 通道熱電偶輸入電路板 (支援 B 型、E 型、J 型、K 型、R 型、S 型、T 型共 7 種類型的熱電偶訊號)、16 通道開關量輸入電路板 (支援被動類型開關訊號)、16 通道開關量輸出電路板 (支援繼電器類型訊號)、8 通道脈衝量輸入電路板 (支援脈衝累積型和頻率型兩種類型的數位訊號)。這 7 種類型測控電路板的訊號可以概括為 4 類：類比量輸入訊號 (AI)、數位量輸入訊號 (DI)、類比量輸出訊號 (AO)、數位量輸出訊號 (DO)。

在電路板數量方面，本系統要求可以支援 4 個機籠，64 個測控電路板。根據前述各種類型的測控電路板的通道數可以計算出本系統需要支援的點數：512 個類比輸入點、256 個類比輸出點、1024 個數字輸入點和 1024 個數字輸出點。點容量直接影響本系統的運算速度和儲存空間。

2. 系統的控制迴路容量

系統的控制功能可以經過通訊網路由上位元機直接控制輸出裝置完成，更重要的控制功能則由控制站的控制卡自動執行。自動控制功能由控制站控制卡執行控制迴路組成的控制演算法來實現。設計要求本系統可以支援 255 個由功能方圖編譯產生的控制迴路，包括 PID、串級控制等複雜控制迴路。控制迴路的容量同樣直接影響本系統的運算速度和儲存空間。

3. 控制演算法的解析及儲存

以功能方片圖形式表示的控制演算法 (即控制迴路) 透過乙太網下載到控制卡時，並不是一種可以直接執行的狀態，需要控制卡對其進行解析。而且，系統要求控制演算法支援線上修改操作，且停電後控制演算法資訊不遺失，在重新通電後可以載入原有的控制演算法繼續執行。這要求控制卡必須自備一套解析軟體，能夠正確解析以功能方塊圖形式表示的控制演算法，還要擁有一個具有停電資料保護功能的儲存裝置，並且能夠以有效的形式對控制演算法進行儲存。

4. 系統的控制週期

系統要在一個控制週期內完成現場採樣訊號的索要和控制演算法的執行。本系統要滿足 1s 的控制週期要求，這要求本系統的處理器要有足夠快的運算速度，與底層測控電路板間的通訊要有足夠高的通訊速率和高效的通訊演算法。

13.1.3 系統可靠性的要求

1. 雙機容錯設定

為提高系統的可靠性，延長平均無故障時間，要求本系統的控制裝置要做到容錯設定，並且容錯雙機要工作在熱備份狀態。

考慮到目前本系統所處 DCS 控制站中機籠的固定設計格式及對故障切換時間的要求，本系統將採用主從式雙機熱備份方式。這要求兩台控制裝置必須具有自主判定主從身份的機制，而且為滿足熱備份的工作要求，兩台控制裝置間必須要有一條通訊通道完成兩台裝置間的資訊互動和同步操作。

2. 故障情況下的切換時間要求

處於主從式雙機熱備份狀態下的兩台控制裝置，不但要執行自己的應用，還要監測對方的工作狀態，在對方出現故障時能夠及時發現並接管對方的工作，保證整個系統的連續工作。本系統要求從對方控制裝置出現故障到發現故障和接管對方的工作不得超過 1s。此要求涉及雙機間的故障檢測方式和故障判斷演算法。

13.1.4 其他方面的要求

1. 雙電源容錯供電

系統工作的基礎是電源，電源的穩定性對系統正常執行至關重要，而且現在的工業生產裝置都是工作在連續不間斷狀態，因此供電電源必須要滿足這一要求。所以，控制卡要求供電電源容錯設定，雙線同時供電。

2. 故障記錄與故障報告

為了提高系統的可靠性，不僅要延長平均無故障時間，而且要縮短平均損毀修復時間，這要求系統在第一時間發現故障並向上位機報告故障情況。當底層測控電路板或通道出現故障時，在控制卡向測控電路板索要採樣資料時，測控電路板會優先回送故障資訊。所以，控制卡必須能及時地發現測控電路板或通道的故障及故障恢復情況。而且，組成控制卡的容錯雙機間的狀態監測機制也要完成對對方控制裝置的故障及故障恢復情況的監測。本系統要求在出現故障及故障恢復時，控制卡必須能夠及時主動地向上位機報告此情況。這要求控制卡在與監控管理層上位機間的通訊方面，不僅是被動地接收上位機的命令，而且要具有主動聯繫上位機並顯示出錯的功能。而且，在進行故障資訊記錄時，要求加蓋時間戳記，這就要求控制卡中必須要有即時時鐘。

3. 人機介面要求

工作情況下的控制卡必須要有一定的狀態指示，以便工作人員判定系統的工作狀態，其中包括與監控管理層上位機的通訊狀態指示、與測控電路板的通訊狀態指示、控制裝置的主從身份指示、控制裝置的故障指示等。這要求控制卡必須要對外提供相應的指示燈指示系統的工作狀態。

13.2 現場控制站的組成

13.2.1 兩個控制站的 DCS 結構

新型 DCS 分為 3 層：監控管理層、現場控制層、現場儀表層。其中，監控管理層由工程師站和操作員站組成，也可以只有一個工程師站，工程師站兼有操作員站的職能；現場控制層由主從控制卡和測控電路板組成，其中控制卡和測控電路板全部安裝在機籠內部；現場儀表層由配電板和提供各種訊號的儀表組成。控制站包括現場控制層和現場儀表層。一套 DCS 系統可以包含幾個控制站，包含兩個控制站的 DCS 結構如圖 13-2 所示。

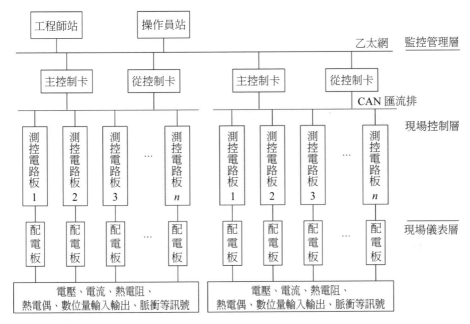

▲ 圖 13-2 包含兩個控制站的 DCS 結構

現場控制層由控制卡和測控電路板組成，根據需要控制卡可以是容錯設定的主控制卡和從控制卡，也可以只有主控制卡。測控電路板也是根據具體的需要進行安裝設定。

目前，一個控制站中最多有 4 個機籠，64 個測控電路板 (即圖 13-2 中的 n 最大為 64)。一個機籠中共有 18 個卡槽，兩個控制卡卡槽用於安裝主從控制卡，16 個測控電路板卡槽用於安裝各種測控電路板。一個控制站中只有其中一個機籠中安裝有控制卡，其他機籠中只有測控電路板，控制卡的卡槽空置，不安裝任何電路板。每個機籠內的測控電路板根據需要進行安裝，數量任意，但最多只能安裝 16 個。安裝有主從控制卡的滿載機籠如圖 13-3 所示。

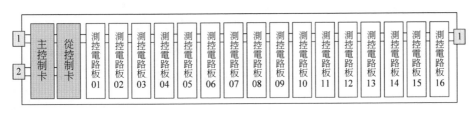

▲ 圖 13-3 安裝有主從控制卡的滿載機籠

　　每個機籠都有自己的位址設定位，位址並不是在出廠時設定好的，而是由機籠內背板上的跳線蓋設定，每次安裝設定時都必須進行位址設定，機籠中的 16 個測控電路板的卡槽也都有自己的位址。

13.2.2　DCS 測控電路板的類型

　　每種類型的測控電路板都有相對應的配電板，配電板不可混用。各種測控電路板允許輸入和輸出的訊號類型如表 13-1 所示。

▼ 表 13-1　各種測控電路板允許輸入和輸出的訊號類型

板卡類型	訊號類型	測量範圍	備註
8 通道類比量輸入電路板 (8AI)	電壓	0 ～ 5V	需要根據訊號的電壓、電流類型設定配電板的相應跳線
	電壓	1 ～ 5V	
	II 型電流	0 ～ 10mA	
	III 型電流	4 ～ 20mA	
8 通道熱電阻輸入電路板 (8RTD)	Pt100 熱電阻	-200 ～ 850℃	無
	Cu100 熱電阻	-50 ～ 150℃	
	Cu50 熱電阻	-50 ～ 150℃	
8 通道熱電偶輸入電路板 (8TC)	B 型熱電偶	500 ～ 1800℃	無
	E 型熱電偶	-200 ～ 900℃	
	J 型熱電偶	-200 ～ 750℃	
	K 型熱電偶	-200 ～ 1300℃	
	R 型熱電偶	0 ～ 1750℃	
	S 型熱電偶	0 ～ 1750℃	
	T 型熱電偶	-200 ～ 350℃	

（續表）

板卡類型	訊號類型	測量範圍	備註
8 通道脈衝量輸入電路板 (8PI)	累積 / 頻率型	0 ～ 5V	需要根據訊號的量程範圍設定配電板的跳線
	累積 / 頻率型	0 ～ 12V	
	累積 / 頻率型	0 ～ 24V	
4 通道類比量輸出電路板 (4AO)	II 型電流	0 ～ 10mA	無
	III 型電流	4 ～ 20mA	
16 通道數位量輸入電路板 (16DI)	幹接點開關	閉合、斷開	需要根據外接訊號的供電類型設定電路板上的跳線
16 通道數位量輸出電路板 (16DO)	24V 繼電器	閉合、斷開	無

13.3 新型 DCS 通訊網路

通訊方面，上位機與控制卡間的通訊方式為乙太網，實現與工程師站、操作員的通訊，這也是上位機與控制卡之間唯一的通訊方式；控制卡與底層測控電路板間的通訊方式為透過現場匯流排 CAN 實現與底層測控電路板的通訊，這也是控制卡與測控電路板之間唯一的通訊方式。

為了提高通訊的可靠性，對通訊網路做了容錯處理。上位機與控制卡之間的乙太網通訊網路由兩個乙太網組成，這兩個網路相互獨立，都可獨立完成控制卡與上位機之間的通訊任務，這兩個網路也可同時使用。控制卡與測控電路板之間的 CAN 通訊網路由控制卡上的兩個 CAN 收發器組成非閉合環狀通訊網路，可有效解決通訊線斷線造成的斷線處後方測控電路板無法通訊的問題。新型 DCS 通訊網路如圖 13-4 所示。

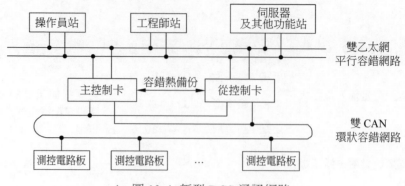

▲ 圖 13-4 新型 DCS 通訊網路

13.3.1 乙太網實際連接網路

控制卡與上位機之間的乙太網通訊網路除了需要網線外，還需要一台集線器。將上位機和控制卡的所有網路介面全部連線集線器。乙太網實際連接網路如圖 13-5 所示。

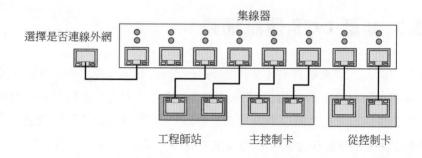

▲ 圖 13-5 乙太網實際連接網路

在圖 13-5 中只畫出了工程師站，沒有畫出操作員站，操作員站的連接與工程師站類似。集線器可選擇是否連線外網，連線外網可以實現更多的上位機對控制卡的存取。但連線外網會導致網路上的資料量增加，影響對控制卡的存取，降低通訊網路的即時性。

13.3.2 雙 CAN 通訊網路

　　雙 CAN 組建的非閉合環狀通訊網路主要是為了應對通訊線斷線對系統通訊造成的影響。在只有一個 CAN 收發器組建的單向通訊網路中，當通訊線出現斷線時，便失去了與斷線處後方測控電路板的聯繫。雙 CAN 組建的環狀通訊網路可以實現雙向通訊，當通訊線出現斷線時，之前的正向通訊已經無法與斷線處後方的測控電路板聯繫，此時改換為反向通訊，便可以實現與斷線處後方測控電路板的通訊。雙 CAN 組建的非閉合環狀通訊網路原理如圖 13-6 所示。

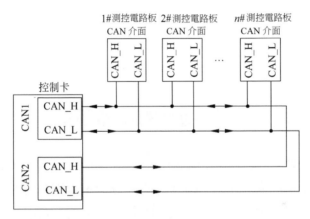

▲ 圖 13-6 雙 CAN 組建的非閉合環狀通訊網路原理

　　採用雙 CAN 組建的環狀通訊網路，要求對通訊佇列中的測控電路板進行排序，按位址從小到大排列。約定與小位址測控電路板臨近的 CAN 節點為 CAN1，與大位址測控電路板臨近的 CAN 節點為 CAN2。在進行通訊時，首先由 CAN1 發起通訊，按位址從小到大的順序進行輪詢，當發現通訊線斷線時，改由 CAN2 執行通訊功能，CAN2 按位址從大到小的順序進行輪詢，直到線位置結束。實際的雙 CAN 網路連線圖如圖 13-7 所示。

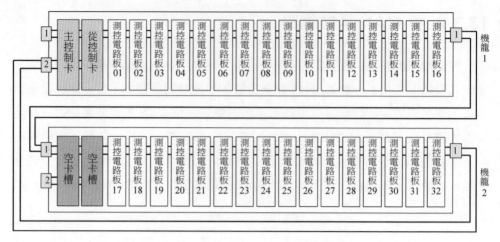

▲ 圖 13-7 雙 CAN 網路連線圖

13.4 新型 DCS 控制卡的硬體設計

　　控制卡的主要功能是通訊中轉和控制演算法運算，是整個 DCS 現場控制站的核心。控制卡可以作為通訊中轉裝置實現上位機對底層訊號的檢測和控制，也可以脫離上位機獨立執行，執行上位機之前下載的控制方法。當然，在上位機存在時控制卡也可以自動執行控制方案。

　　通訊方面，控制卡通過現場匯流排 CAN 實現與底層測控電路板的通訊，透過乙太網實現與上層工程師站、操作員的通訊。

　　系統規模方面，控制卡預設採用最大系統規模執行，即 4 個機籠、64 個測控電路板和 255 個控制回路。系統以最大規模執行，除了會佔用一定的 RAM 空間外，並不會影響系統的速度和性能。255 個控制回路執行所需 RAM 空間大約為 500KB，外擴的 SRAM 有 4MB 的空間，控制回路仍有一定的擴充裕量。

13.4.1 控制卡的硬體組成

控制卡以 ST 公司生產的 Arm Cortex-M4 微控制器 STM32F407ZG 為核心，搭載相應週邊電路組成。控制卡的組成大致可以劃分為 6 個模組，分別為供電模組、雙機餘模組、CAN 通訊模組、乙太網通訊模組、控制演算法模組和人機介面模組。控制卡的硬體組成如圖 13-8 所示。

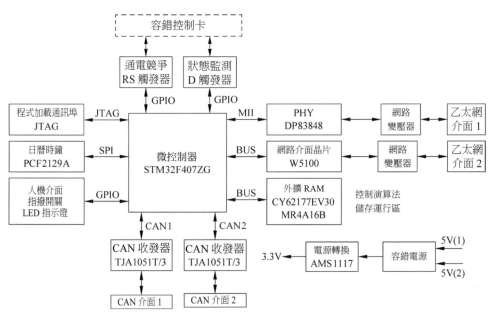

▲ 圖 13-8 控制卡的硬體組成

STM32F407ZG 核心的最高時鐘頻率可以達到 168MHz，而且還整合了單週期 DSP 指令和浮點運算單元 (FPU)，提升了運算能力，可以進行複雜的計算和控制。

STM32F407ZG 除了具有優異的性能外，還具有豐富的內嵌和外接裝置資源，具體如下。

（1）記憶體：擁有 1MB 的 Flash 和 192KB 的 SRAM；並提供了記憶體的擴充介面，可外接多種類型的存放裝置。

（2）時鐘、重置和供電管理：支援 1.8 ～ 3.6V 的系統供電；具有通電 / 斷電重置、可程式化電壓檢測器等多個電源管理模組，可有效避免供電電源不穩定而導致的系統誤動作情況的發生；內嵌 RC 振盪器可以提供高速的 8MHz 內部時鐘。

（3）直接記憶體存取 (DMA)：16 通道的 DMA 控制器，支援突發傳輸模式，且各通道可獨立設定。

（4）豐富的 I/O 通訊埠：具有 A ～ G 共 7 個通訊埠，每個通訊埠有 16 個 I/O，所有 I/O 都可以映射到 16 個外部中斷；多個通訊埠具有相容 5V 電位的特性。

（5）多類型通訊介面：具有 3 個 I2C 介面、4 個 USART 介面、3 個 SPI 介面、兩個 CAN 介面、一個 ETH 介面等。

控制卡的外部供電電源為 +5V，而且為雙電源供電。由 AMS1117 電源轉換晶片實現 +5V 到 +3.3V 的電壓轉換。

在 CAN 通訊介面的設計中，控制卡使用的 CAN 收發器均為 TJA1051T/3，STM32F407ZG 上有兩個 CAN 模組：CAN1 和 CAN2，支援組建雙 CAN 環狀通訊網路。

在乙太網通訊介面的設計中，STM32F407ZG 上有一個 MAC(媒體存取控制) 介面，透過此 MAC 介面可以外接一個 PHY(物理層介面) 晶片，這樣便可以建構一路乙太網通訊介面。另一路乙太網通訊介面透過擴充實現，選擇支援匯流排界面的三合一 (MAC、PHY、TCP/IP 協定層) 網路介面晶片 W5100，透過 STM32F407ZG 的記憶體控制介面實現與其連接。

控制演算法要實現對 255 個基於功能方塊圖的控制回路的支援，根據功能方塊圖中各模組結構的大小，可以計算出 255 個控制回路執行所需的 RAM 空間，大約為 500KB。而 STM32F407ZG 中供使用者程式使用的 RAM 空間為 192KB，所以需要外擴 RAM 空間。在此擴充兩片 RAM，一片是 CY62177EV30，是 4MB 的 SRAM，屬於常規的靜態隨機記憶體，斷電後資料會遺失；另一片是 MR4A16B，是 2MB 的 MRAM，屬於磁記憶體，具有 SRAM

的讀寫介面、讀寫速度，同時還具有停電資料不遺失的特性，但在使用中需要考慮電磁干擾的問題。系統要求對控制演算法進行儲存，所以，外擴的 RAM 必須劃出一定空間用於控制演算法的儲存，即要求外擴 RAM 具有停電資料不遺失的特性，MRAM 已經具有此特性，SRAM 選擇使用後備電池進行供電。

時間資訊的獲取透過日曆時鐘晶片 PCF2129A 完成，此時鐘晶片可以提供年 - 月 - 星期 - 日 - 時 - 分 - 秒形式的日期和時間資訊。PCF2129A 支援 SPI 和 I2C 兩種通訊方式，可以選擇使用後備電池供電，內部具有電源切換電路，並可對外提供電源。

通電競爭電路實現通電時控制卡的主從身份競爭與判定，透過一個由反及閘組建的基本 RS 觸發器實現。狀態監測電路用於兩個控制卡間的工作狀態監測，透過 D 觸發器的置位與重置實現此功能。

在人機介面方面，由於控制站一般放置於無人值守的工業現場，所以人機介面模組設計相對簡單。透過多個 LED 指示燈實現系統執行狀態與通訊情況的指示，透過指撥開關實現 IP 位址設定及系統特定功能的選擇設定。

控制卡上共有 7 個 LED 指示燈。各 LED 指示燈執行狀態如表 13-2 所示。

▼ 表 13-2 各 LED 指示燈執行狀態

序號	LED	顏色	名稱	功能
1	LED_FAIL	紅	故障指示燈	當控制卡本身重置或故障時常亮
2	LED_RUN	綠	執行指示燈	在系統執行時期以每秒一次的頻率閃爍
3	LED_COM	綠	CAN 通訊指示燈	CAN 通訊時發送時點亮，接收後熄滅
4	LED_PWR	紅	電源指示燈	控制卡通電後常亮
5	LED_M/S	綠	主從狀態指示燈	主控制卡常亮，從控制卡常滅
6	LED_STAT	紅	對方狀態指示燈	當對方控制卡死機時該燈常亮，正常時熄滅
7	LED_ETH	綠	乙太網通訊指示燈	暫未對乙太網通訊指示燈定義

13.4.2 W5100 網路介面晶片

W5100 是 WIZnet 公司推出的一款多功能的單片網路介面晶片,內部整合有 10/100 乙太網控制器,主要應用於高整合、高穩定、高性能和低成本的嵌入式系統中。使用 W5100 可以實現沒有作業系統的 Internet 連接。W5100 與 IEEE 802.3 10BASE-T 和 IEEE 802.3u 100BASE-TX 相容。

W5100 內部整合了全硬體的且經過多年市場驗證的 TCP/IP 協定層、乙太網媒體傳輸層 (MAC) 和物理層 (PHY)。硬體 TCP/IP 協定層支援 TCP、UDP、IPv4、ICMP、ARP、IGMP 和 PPPoE 協定,這些協定已經在很多領域經過了多年的驗證。W5100 內部還整合有 16KB 記憶體用於資料傳輸。使用 W5100 不需要考慮乙太網的控制,只需要進行簡單的通訊埠程式設計。

W5100 提供 3 種介面:直接平行匯流排介面、間接平行匯流排介面和 SPI 匯流排界面。W5100 與 MCU 介面非常簡單,就像存取外部記憶體一樣。W5100 內部結構如圖 13-9 所示。

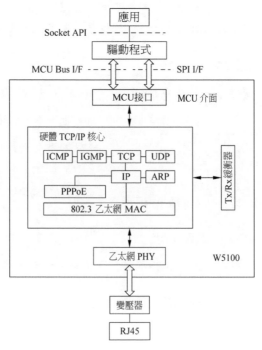

▲ 圖 13-9 W5100 內部結構

W5100 的應用領域非常廣泛，可用於多種嵌入式應用產品，具體如下。

（1） 家用網路裝置：機上盒、PVR、數位媒體轉接器。

（2） 序列埠轉乙太網：存取控制、LED 顯示器、無線 AP 等。

（3） 並行轉乙太網：POS/Mini 印表機、影印機。

（4） USB 轉乙太網：存放裝置、網路印表機。

（5） GPIO 轉乙太網：家用網路感測器。

（6） 保全系統：DVR、網路照相機、終端機。

（7） 工業和樓宇自動化。

（8） 醫用檢測裝置。

（9） 嵌入式伺服器。

W5100 具有以下特點。

（1） 支援全硬體 TCP/IP 協定層：TCP、UDP、ICMP、IPv4、ARP、IGMP、PPPoE、Ethernet。

（2） 內嵌 10BaseT/100BaseTX 乙太網物理層。

（3） 支援自動回應 (全雙工 / 半雙工模式)。

（4） 支援自動 MDI/MDIX。

（5） 支援 ADSL 連接 (支援 PPPoE 協定，附帶 PAP/CHAP 驗證)。

（6） 支援 4 個獨立通訊埠。

（7） 內部 16KB 記憶體作 TX/RX 快取。

（8） $0.18\mu m$ CMOS 製程。

（9）3.3V 工作電壓，I/O 介面可承受 5V 電壓。

（10）小巧的 LQFP80 無鉛封裝。

（11）多種 PHY 指示燈訊號輸出 (TX、RX、Full/Half Duplex、Collision、Link、Speed)。

13.4.3　雙機容錯電路的設計

為提高系統的可靠性，控制卡採用容錯設定，並工作於主從模式的熱備份狀態。兩個控制卡具有完全相同的軟硬體設定，通電時同時執行，並且一個作為主控制卡，一個作為從控制卡。主控制卡可以對測控電路板發送通訊命令，並接收測控電路板的回送資料；而從控制卡處於只接收狀態，不得對測控電路板發送通訊命令。

在工作過程中，兩個控制卡互為熱備份。一方控制卡除了執行自身的功能外，還要監測對方控制卡的工作狀態。在對方控制卡出現故障時，一方控制卡必須能夠及時發現，並接管對方的工作，同時還要向上位機報告故障情況。當主控制卡出現故障時，從控制卡會自動進行工作模式切換，成為主控制卡，接管主控制卡的工作並控制整個系統的執行，從而保證整個控制系統連續不斷工作。當從控制卡出現故障時，主控制卡會監測到從控制卡的故障並向上位機報告這一情況。故障控制卡修復後，可以重新加入整個控制系統，並作為從控制卡與仍執行的主控制卡再次組成雙機熱備份系統。

雙機容錯電路包括通電競爭電路和狀態監測電路。通電競爭電路用於完成控制卡的主從身份競爭與確定。狀態監測電路用於主從控制卡間的工作狀態監測，主要是故障及故障恢復情況的辨識。控制卡的雙機容錯電路如圖 13-10 所示。

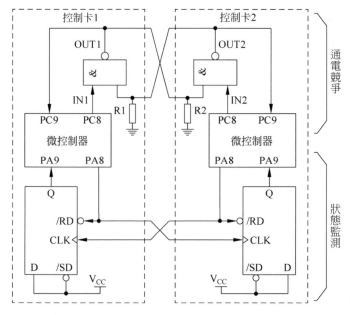

▲ 圖 13-10 控制卡的雙機容錯電路

　　通電競爭電路部分由兩個反及閘 (每個控制卡各提供一個反及閘) 組成的基本 RS 觸發器實現，利用此 RS 觸發器在正常執行 (兩個輸入端 IN1 和 IN2 不能同時為 0) 時具有互補輸出 0 和 1 的工作特性實現通電時兩個控制卡的主從身份競爭與確定。輸出端 (OUT1、OUT2) 為 1 的控制卡將作為主控制卡執行，輸出端為 0 的控制卡將作為從控制卡執行。

　　通電競爭電路除了要實現兩個控制卡的主從競爭外，還要考慮到單一控制卡通電執行的情況，要求單一控制卡通電執行時期作為主控制卡。如果要透過軟體實現，可以讓通電執行的單一控制卡在監測到容錯控制卡不存在時再切換為主控制卡；如果透過硬體實現，要求單一控制卡通電執行時期強制該控制卡上的 RS 觸發器的輸出端為 1，即該控制卡上的反及閘的輸出端為 1。根據反及閘的工作機制，只需使兩個輸入端中的任意一個輸入為 0 即可。圖 13-10 中下拉電阻 R1 和 R2 正是為滿足這一要求而設計的。這種透過硬體保證單一控制卡通電執行時期作為主控制卡的方式顯然要比先監測後切換的軟體方式要快、要好。

處於熱備份狀態的兩個控制卡必須要不斷地監測對方控制卡的工作狀態，以確保能夠及時發現對方控制卡的故障，並對故障作出處理。常用的故障檢測技術是心跳檢測，心跳檢測技術的引入可有效提高系統的故障容錯能力。透過心跳檢測可有效判斷對方控制卡是否出現死機，及死機後是否重新啟動等情況。

心跳檢測線一般採用序列埠線或乙太網，採用通訊線的心跳檢測存在心跳檢測線本身出現故障的可能，在心跳檢測時也需要將其考慮在內。有時為了可靠地判斷是否是心跳檢測線出現故障會對心跳檢測線做容錯處理，這在一定程度上提高了系統的複雜度。在本控制卡的設計中，採用的是可靠的硬連接方式，兩個控制卡間透過背板 PCB 上的連線連接，連接更加可靠。在保證狀態監測電路可靠工作的同時也不會提高系統的複雜度。

狀態監測電路由兩個 D 觸發器實現，利用 D 觸發器的狀態轉換機制可有效地完成兩個控制卡間的狀態監測。

具體工作過程如下：控制卡上的微控制器定期在 PA8 接腳上輸出一個上升緣，就可以使本控制卡上的 D 觸發器因為 /RD 接腳上的低電位而使輸出端 Q 為 0，同時使對方控制卡上的 D 觸發器因為 CLK 接腳上的上升緣而使輸出端 Q 為 1(因為每個 D 觸發器的 D 端接高電位， CLK 接腳上的上升緣使輸出端 Q=D=1)。這一操作類似於心跳檢測中的發送心跳訊號的過程。在此操作之前，要檢測本控制卡上的 D 觸發器的輸出端狀態，如果輸出端 Q 為 1，則說明接收到對方控制卡發送來的心跳訊號，判定對方控制卡工作正常;如果輸出端 Q 為 0，則說明沒有接收到對方控制卡發送的心跳訊號，判定對方控制卡故障。

13.4.4 記憶體擴充電路的設計

由於控制演算法執行所需的 RAM 空間已經遠遠超出 STM32F407ZG 所能提供的使用者 RAM 空間，而且，控制演算法也需要額外的空間進行儲存。因此，需要在系統設計時做一定的 RAM 空間擴充。

在電路設計中擴充了兩片 RAM，一片 SRAM 為 CY62177EV30，另一片 MRAM 為 MR4A16B。設計之初，將 SRAM 用於控制演算法執行，將 MRAM 用於控制演算法儲存。但後期透過將控制演算法的儲存態與執行態結合後，要求外擴的 RAM 要兼有控制演算法的執行與儲存功能，所以，必須對外擴的 SRAM 做一定的處理，使其也具有資料儲存的功能。

CY62177EV30 屬於常規的靜態隨機記憶體，具有高速、寬範圍供電和靜默模式低功耗的特點。一個讀寫週期為 55ns，供電電源可以為 2.2～3.7V，而且靜默模式下的電流消耗只有 3μA。CY32177EV30 具有 4MB 的空間，而且資料位元寬可設定，既可設定為 16 位元資料寬度，也可設定為 8 位元資料寬度。CY62177EV30 透過三匯流排界面與微控制器連接，CY62177EV30 與 STM32F407ZG 的連接如圖 13-11 所示。

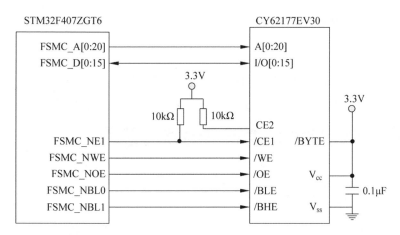

▲ 圖 13-11 CY62177EV30 與 STM32F407ZG 的連接

功能選擇接腳 /BYTE 是 CY62177EV30 的資料位元寬設定接腳，/BYTE 接 V_{cc} 時，CY62177EV30 工作於 16 位元資料寬度；/BYTE 接 V_{ss} 時，工作於 8 位元資料寬度。

擴充的第 2 個 RAM 為 MR4A16B，屬於磁記憶體，具有 SRAM 的讀寫介面與讀寫速度，同時具有停電資料不遺失的特性，既可用於控制演算法執行，也可用於控制演算法的儲存。

MR4A16B 的讀寫週期可以做到 35ns，而且讀寫次數無限制，在合適的環境下資料儲存時間長達 20 年。在電路設計中，可以替代 SRAM、Flash、EEPROM 等記憶體以簡化電路設計，提高電路設計的高效性。而且，作為資料存放裝置時，MR4A16B 額定比後備電池供電的 SRAM 具有更高的可靠性，甚至可用於離線存檔使用。

MR4A16B 的資料寬度是固定的 16 位元，其電路設計與 CY62177EV30 類似，而且比 CY62177EV30 的電路簡單，因為 MR4A16B 的供電直接使用控制卡上的 3.3V 電源，不需要使用後備電池。MR4A16B 也是透過三匯流排界面與微控制器 STM32F407ZG 的 FSMC 模組連接，而且連接到 FSMC 的 Bank1 的 region2。

限於篇幅，其他電路的詳細設計就不再贅述了。

13.5 新型 DCS 控制卡的軟體設計

13.5.1 控制卡軟體的框架設計

控制卡採用 μC/OS-II 嵌入式作業系統，該軟體的開發具有確定的開發流程。軟體的開發流程甚至與任務的多少、任務的功能無關。μC/OS-II 環境下軟體的開發流程如圖 13-12 所示。

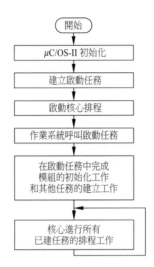

▲ 圖 13-12 μC/OS-II 環境下軟體的開發流程

在該開發流程中，除了啟動任務及其功能是確定的之外，其他任務的任務數目及功能甚至可以不確定。但是，開發流程中的開發順序是確定的，不能隨意更改。

控制卡軟體中涉及的內容除作業系統 μC/OS-II 外，應用程式大致可分為 4 個主要模組，分別為雙機熱備份、CAN 通訊、乙太網通訊、控制演算法。控制卡軟體涉及的主要模組如圖 13-13 所示。

μC/OS-II 嵌入式作業系統中程式的執行順序與程式碼的位置無關，只與程式碼所在任務的優先順序有關。所以，在 μC/OS-II 嵌入式作業系統環境下的軟體框架設計，實際上就是確定各個任務的優先順序安排。優先順序的安排會根據任務的重要程度以及任務間的前後銜接關係來確定。以 CAN 通訊任務與控制演算法執行任務為例，控制演算法執行所需要的輸入訊號是由 CAN 通訊任務向測控電路板索要的，所以 CAN 通訊任務要優先於控制演算法任務執行，所以 CAN 通訊任務擁有更高的優先順序。控制卡軟體中的任務及優先順序如表 13-3 所示。

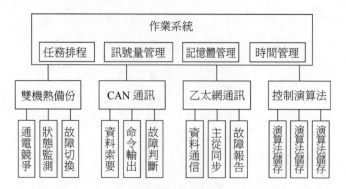

▲ 圖 13-13 控制卡軟體涉及的主要模組

▼ 表 13-3 控制卡軟體中的任務及優先順序

任務	優先順序	任務說明
TaskStart	4	啟動任務，建立其他使用者任務
TaskStateMonitor	5	主從控制卡間的狀態監測
TaskCANReceive	6	接收 CAN 命令並處理
TaskPIClear	7	計數通道值清零
TaskAODOOut	8	類比量 / 數位量輸出控制
TaskCardConfig	9	電路板及通道設定
TaskCardUpload	10	測控電路板採樣資料輪詢
TaskLoopRun	11	控制演算法執行
TaskLoopAnalyze	12	控制演算法解析
TaskNetPoll	13	網路事件輪詢
TaskDataSyn	14	故障卡重新啟動後進行資料同步
OS_TaskIdle	63	系統空閒任務

　　確定了各個任務的優先順序，就確定了系統軟體的整體框架。但是，使用 μC/OS-II 嵌入式作業系統，並不表示所有事情都要以任務的形式完成。為了增加對事件回應的即時性，部分功能必須透過中斷實現，如 CAN 接收中斷和乙太網接收中斷。而且，μC/OS-II 也提供對中斷的支援，允許在中斷函式中呼叫部分系統服務，如用於釋放訊號量的 OSSemPost 函式等。

13.5.2 雙機熱備份程式的設計

　　雙機熱備份可有效提高系統的可靠性，保證系統的連續穩定工作。雙機熱備份的可靠實現需要兩個控制卡協作工作，共同實現。本系統中的兩個控制卡工作於主從模式的雙機熱備份狀態中，實現過程涉及控制卡的主從身份辨識、工作中兩個控制卡間的狀態監測與資料同步、故障情況下的故障處理以及損毀修復後的資料恢復等方面。

1. 控制卡主從身份辨識

　　主從設定的兩個控制卡必須保證在任意時刻、任何情況下都只有一個主控制卡與一個從控制卡，所以必須在所有可能的情況下對控制卡的主從身份作出辨識或限定。這些情況包括：單控制卡通電執行時期如何判定為主控制卡、兩個控制卡同時通電執行時期主從身份的競爭與辨識、死機控制卡重新啟動後判定為從控制卡。控制卡的主從身份以 RS 觸發器輸出端的 0/1 狀態為判定依據，檢測到 RS 觸發器輸出端為 1 的控制卡為主控制卡，檢測到 RS 觸發器輸出端為 0 的控制卡為從控制卡。

2. 狀態監測與故障切換

　　處於熱備份狀態的兩個控制卡必須不斷地監測對方控制卡的工作狀態，以便在對方控制卡故障時能夠及時發現並進行故障處理。

狀態監測所採用的檢測方法已經在雙機容錯電路的設計中介紹過，控制卡通過將自身的 D 觸發器輸出端清零，然後等待對方控制卡發來訊號使該 D 觸發器輸出端置 1 判斷對方控制卡的正常執行。同時，透過發送訊號使對方控制卡上的 D 觸發器輸出端置 1 向對方控制卡表明自己正常執行。

控制卡間的狀態監測採用類似心跳檢測的一種週期檢測的方式實現。同時，為保證檢測結果的準確性，只有在兩個連續週期的檢測結果相同時才會採納該檢測結果。為避免誤檢測情況的發生，又將一個檢測週期分為前半週期和後半週期。如果前半週期檢測到對方控制卡工作正常，則不進行後半週期的檢測；如果前半週期檢測到對方控制卡出現故障，則在後半週期繼續執行檢測，並以後半週期的檢測結果為準。週期內檢測結果判定如表 13-4 所示。控制卡工作狀態判定如表 13-5 所示。

▼ 表 13-4 週期內檢測結果判定

前半週期檢測結果	後半週期檢測結果	本週期檢測結果
正常	×	正常
故障	正常	正常
故障	故障	故障

註：× 表示無須進行後半週期的檢測。

▼ 表 13-5 控制卡工作狀態判定

第一週期檢測結果	第二週期檢測結果	綜合檢測結果
正常	正常	正常
正常	故障	維持原狀態
故障	正常	維持原狀態
故障	故障	故障

　　在檢測過程中，對自身 D 觸發器執行先檢測，再清零的操作順序，如果對方控制卡發送的置 1 訊號出現在檢測與清零操作之間，將導致無法檢測到此置 1 操作，也就是說本次檢測結果為故障，誤檢測情況由此產生。如果兩個控制卡的檢測週期相同，這種誤檢測情況將持續出現，最後必然會錯誤地認為對方控制卡出現故障。相同週期下連續誤檢測情況分析如圖 13-14 所示。

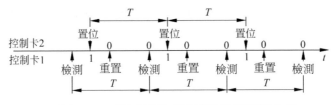

▲ 圖 13-14 相同週期下連續誤檢測情況分析

　　為了避免連續誤檢測情況的發生，必須使兩個控制卡的檢測週期不同。並且，基於以下考慮：盡可能不增加主控制卡的負擔，並且在主控制卡故障時希望從控制卡可以較快發現主控制卡的故障並接管主控制卡的工作，所以決定縮短從控制卡的檢測週期，加速其對主控制卡的檢測。在本系統的設計中，從控制卡的檢測週期為 380ms，主控制卡的檢測週期 T 為 400ms。

　　由於故障的隨機性，故障出現的時刻與檢測點間的時間也是隨機的，導致從故障出現到檢測到故障的時間是一個有確定上下限的範圍，該範圍為 $1.5T \sim 2.5T$。以從控制卡出現故障到主控制卡檢測到此故障為例，需要的時間為 $600 \sim 1000$ms。

　　兩個控制卡工作於主從方式的熱備份模式下，內建完全相同的程式，但只有主控制卡可以向測控電路板發送命令，進行控制輸出。在程式中，主從控制卡通過一個標識變數 MasterFlag 標識主從身份，從而控製程式的執行。當從控制卡檢測到主控制出現故障時，只需將 MasterFlag 置 1 即可實現由從控制卡到主控制卡的身份切換，就可以在程式中執行主控制卡的功能。

在從控制卡檢測到主控制卡故障後，不但要進行身份切換，接管主控制卡的工作，還要向上位機進行故障報告。當主控制卡檢測到從控制卡故障時，僅需要向上位機進行故障報告。故障報告透過乙太網通訊模組實現。

3. 控制卡間的資料同步

處於熱備份狀態的兩個控制卡不但要不斷地監測對方的工作狀態，還要保證兩個資料卡間資料的一致性，以保證在主控制卡故障時，從控制卡可以準確無誤地接管主控制卡的工作並保證整個系統的連續執行。

要保證兩個控制卡間資料的一致性，要求兩個控制卡間必須進行資料同步操作。資料的一致性包括測控電路板採樣資料的一致、控制演算法的一致以及運算結果的一致。下載到兩個控制卡的控制演算法資訊是一致的，在保證測控電路板採樣資料一致且同步運算的情況下，就可以做到運算結果一致。所以，兩個控制卡間需要就測控電路板的採樣資訊和運算週期做一定的同步處理。

關於測控電路板採樣資訊的同步，由於只有主控制卡可以向測控電路板發送資料索要命令，從控制卡不可以主動向測控電路板索要採樣資訊。但是，在與測控電路板進行通訊時，可以利用 CAN 通訊的多點傳輸功能實現主從控制卡同步接收來自測控電路板的採樣資料，這樣就可以做到採樣資料的同步。

兩個控制卡的晶振雖然差別不大，但不可能完全一致，在經過一段較長時間的執行後，系統內部的時間計數可能有很大的差別，所以透過單純地設定相同的運算週期，並不能保證兩個控制卡間運算的同步。在本設計中從控制卡的控制演算法運算不再由自身的時間管理模組觸發，而是由主控制卡觸發，以保證主從控制卡間控制演算法運算的同步。主控制卡在完成測控電路板採樣資料索要工作後，會透過 CAN 通訊告知從控制卡進行控制演算法的運算操作。

除了正常執行過程中要進行資料同步外，死機控制卡重新啟動後，正常執行的主控制卡必須要及時幫助重新啟動的從控制卡進行資料恢復和同步，以保證兩者間資料的一致性。此情況下需要同步的資訊主要是控制演算法中與時間或運算次數密切相關的資訊，以及一些時序控制回路中的時間資訊。舉例來說，

PID 模組的運算結果是前面多次運算的累積結果，並不是單次運算就可得出的；時序控制回路中的延遲時間開關，其開關動作的觸發由控制演算法的時間決定。

在正常執行的主控制卡監測到死機的從控制卡重新啟動後，主控制卡會主動要求與從控制卡進行資訊同步，並且同步操作在主控制卡執行完控制演算法的運算操作後執行。部分資訊的同步操作要求在一個週期內完成，否則同步操作就失去了意義，同步的資訊甚至是錯誤的。部分資訊允許分多個週期完成同步操作。部分資訊要求在一個週期內完成同步操作，但並不要求在開始的第 1 個週期完成同步。舉例來說，資訊 A 和 B 關係緊密，需要在一個週期內完成同步操作，資訊 C 和 D 關係密切，也需要在一個週期內完成同步操作，此時卻並不一定要在一個週期內共同完成 A、B、C、D 的同步，可以將 A 和 B 的同步操作放在這個週期，將 C 和 D 的同步操作放到下一個週期執行，只要保證具有捆綁關係的資訊能夠在一個週期內完成同步即可。

主控制卡肩負著系統的控制任務，主從控制卡間的資料恢復與同步操作會佔用主控制卡的時間，增加主控制卡上微控制器的負擔。為了保證主控制卡的正常執行，不過多地增加主控制卡的負擔，需要將待同步的資料合理分組並提前將資料準備好，以便主從控制卡間的同步操作可以快速完成。

13.5.3 CAN 通訊程式的設計

控制卡與測控電路板間的通訊透過 CAN 匯流排進行，通訊內容包括：將上位機發送的電路板及通道設定資訊下發到測控電路板、將上位機發送的輸出命令或控制演算法運算後需執行的輸出命令下發到測控電路板、將上位機發送的累積型通道的計數值清零命令下發到測控電路板、週期性向測控電路板索要採樣資料等。此外，CAN 通訊網路還肩負著主從控制卡間控制演算法同步訊號的傳輸任務。

CAN 通訊程式的設計需要充分利用雙 CAN 建構的環狀通訊網路，實現正常情況下的高效、快速的資料通信，實現故障情況下的及時、準確地故障性質確定和故障定位。

STM32F407ZG 中的 CAN 模組具有一個 CAN 2.0B 的核心，既支援 11 位元識別字的標準格式幀，也支援 29 位元識別字的擴充格式幀。控制卡的設計中採用的是 11 位元的標準格式幀。

1. CAN 資料幀的過濾機制

主控制卡向測控電路板發送索要採樣資料的命令，主控制卡會依次向各個測控電路板發送該命令，不存在主控制卡同時向多個測控電路板發送索要採樣資料命令的情況。測控電路板向主控制卡回送資料時，只希望主控制卡和從控制卡可以接收該資料，不希望其他的測控電路板接收該資料，或說目前的系統功能下其他的測控電路板不需要該資料。主控制卡向從控制卡發送控制演算法同步運算命令時，也只希望從控制卡接收該命令，不希望測控電路板接收該命令。

由於 CAN 通訊網路共用通訊線，所以從硬體層次上講，任何一個電路板發送的資料，連接在 CAN 匯流排上的其他電路板都可以接收到。如果讓非目標電路板在接收到該資料封包後，透過對資料封包中的目標 ID 或資料資訊進行分析判斷是否是發送給自己的資料封包，這種方式雖然可行，但是卻會讓電路板接收到大量無關資料，而且還會浪費程式的資料處理時間。透過使用 STM32F407ZG 中的 CAN 接收篩檢程式可有效解決這一問題，篩檢程式可在資料連結層有效攔截無關資料封包，使無關資料封包無法到達應用層。

STM32F407ZG 中的 CAN 識別字過濾機制支援兩種模式的識別字過濾：清單模式和遮罩位元模式。在清單模式下，只有 CAN 封包中的識別字與篩檢程式設定的識別字完全匹配時報文才會被接收。在遮罩位元模式下，可以設定必須匹配位元與不關心位元，只要 CAN 封包中的識別字與篩檢程式設定的識別字中的必須匹配位元是一致的，該封包就會被接收。因此，清單模式適用於特定某一封包的接收，而遮罩位元模式適用於識別字在一段範圍內的一組封包的接收。當然，透過設定所有識別字位元為必須匹配位元後，遮罩位元模式就變成了清單模式。

2. CAN 資料的打包與解壓縮

每個 CAN 資料幀中的資料場最多容納 8 位元組的資料，而在控制卡的 CAN 通訊過程中，有些命令的長度遠不止 8 位元組。所以，當要發送的資料位元組數超出單一 CAN 資料幀所能容納的 8 位元組時，就需要將資料打包，拆解為多個資料封包，並使用多個 CAN 資料幀將資料發送出去。在接收端也要對接收到的資料進行解壓縮，將多個 CAN 資料幀中的有效資料提取出來並重新組合為一個完整的資料封包，以恢復資料封包的原有形式。

為了實現程式的模組化、層次化設計，控制卡與測控電路板間傳輸的命令或資料具有統一的格式，只是命令碼或攜帶的資料量不同。控制卡 CAN 通訊資料封包格式如表 13-6 所示。

▼ 表 13-6 控制卡 CAN 通訊資料封包格式

位置	內容	說明
[0]	目的節點 ID	接收命令的電路板的位址
[1]	來源節點 ID	發送命令的電路板的位址
[2]	保留位元組	保留字節，預設為 0
[3]	資料區位元組數	N 為資料區位元組數，可為 0
[4]	命令碼	根據不同功能而定
[4+1]	資料 1	
[4+2]	資料 2	
[4+3]	資料 3	資料區，包含本命令攜帶的具體資料可為空，依具體命令而定
...	...	
[4+N]	資料 N	

通訊命令中的目的節點 ID 可以放到 CAN 資料幀中的識別字中，其餘資訊則只能放到 CAN 資料幀的資料場中。當命令攜帶的附加資料較多，超出一個 CAN 資料幀所能容納的範圍時，就需要將命令分為多幀進行發送。當然，也存在只需一幀就能容納的命令。為了對命令進行統一處理，在程式中將所有命令按多幀情況進行發送，只不過對於只需一幀就可以發送完的命令，將其第 1 幀標注為最後一幀即可。

將命令分為多幀進行發送時，需要對命令做打包處理，並需要包含必要的封包標頭資訊：目的節點 ID、來源節點 ID、幀序號和幀標識。其中，幀序號用於計算資訊在命令中的存放位置，幀標識用於標識此幀是否是多幀命令中的最後一幀。目的節點 ID 和幀標識可以放到識別字中，來源節點 ID 和幀序號只能放到資料場中。CAN 通訊資料封包的分幀情況如表 13-7 所示，該表顯示了帶有 10 個附加資料的命令的分幀情況。

▼ 表 13-7 CAN 通訊資料封包的分幀情況

區域	信息類型	第 1 幀		第 2 幀		第 3 幀	
識別字	識別字高 8 位元	目的節點 ID		目的節點 ID		目的節點 ID	
	識別字低 3 位元	001		001		000	
資料場	幀標頭資訊	[0]	來源節點	[0]	來源節點 ID	[0]	來源節點 ID
		[1]	幀序號 0	[1]	幀序號 1	[1]	幀序號 2
	發送資料	[2]	保留位元組	[2]	附加資料 4	[2]	附加資料 10
		[3]	資料區位元組數	[3]	附加資料 5	[3]	×
		[4]	命令碼	[4]	附加資料 6	[4]	×
		[5]	附加資料 1	[5]	附加資料 7	[5]	×
		[6]	附加資料 2	[6]	附加資料 8	[6]	×
		[7]	附加資料 3	[7]	附加資料 9	[7]	×

在組建具體的 CAN 資料幀時，除了上述識別字和資料場外，還要對 RTR(框架類型)、IDE(識別字類型) 和 DLC(資料場中的位元組數) 進行填充。

3. 雙 CAN 環路通訊工作機制

在只有一個 CAN 收發器的情況下，當通訊線出現斷線時，便失去了與斷線處後方測控電路板的聯繫。但兩個 CAN 收發器組建的環狀通訊網路可以在通訊線斷線情況下保持與斷線處後方測控電路板的通訊。

在使用兩個 CAN 收發器組建的環狀通訊網路的環境中，當通訊線出現斷線時，CAN1 只能與斷線處前方測控電路板進行通訊，失去與斷線處後方測控電路板的聯繫；而此時，CAN2 仍然保持與斷線處後方測控電路板的連接，仍然可以透過 CAN2 實現與斷線處後方測控電路板的通訊。從而消除了通訊線斷線造成的影響，提高了通訊的可靠性。

4. CAN 通訊中的資料收發任務

在 µC/OS-II 嵌入式作業系統的軟體設計中，應用程式將以任務的形式表現。

控制卡共有 4 個任務和兩個接收中斷完成 CAN 通訊功能，分別為 Task-CardUpload、TaskPIClear、TaskAODOOut、TaskCANReceive、IRQ_CAN1_RX、IRQ_CAN2_RX。

13.5.4 乙太網通訊程式的設計

乙太網是上位機與控制卡進行通訊的唯一方式，上位機透過乙太網週期性地向主控制卡索要測控電路板的採樣資訊，向主控制卡發送類比量 / 數位量輸出命令，向控制卡下載控制演算法資訊等。在測控電路板或從控制卡故障的情況下，主控制卡通過乙太網主動連接上位機的伺服器，向上位機報告故障情況。

在網路通訊過程中經常遇到的兩個概念是使用者端與伺服器。在控制卡的設計中，在常規的通訊過程中，控制卡作為伺服器，上位機作為使用者端主動連接控制卡進行通訊。而在故障報告過程中，上位機作為伺服器，控制卡作為使用者端主動連接上位機進行通訊。

在控制卡中，乙太網通訊已經組成雙乙太網的平行容錯通訊網路，兩路乙太網處於平行工作狀態，相互獨立。上位機既可以透過網路 1 與控制卡通訊，也可以透過網路 2 與控制卡通訊。第 1 路乙太網在硬體上採用 STM32F407ZG 內部的 MAC 與外部 PHY 建構，在程式設計上採用了一個小型的嵌入式 TCP/IP 協定層 uIP。第 2 路乙太網採用的是內嵌硬體 TCP/IP 協定層的 W5100，採用通訊埠程式設計，程式設計要相對簡單。

1. 第 1 路乙太網通訊程式設計及嵌入式 TCP/IP 協定層 uIP

第 1 路乙太網通訊程式設計，採用了一個小型的嵌入式 TCP/IP 協定層 uIP，用於網路事件的處理和網路資料的收發。

uIP 是由瑞典電腦科學學院的 Adam Dunkels 開發的，其原始程式碼完全由 C 語言撰寫，並且是完全公開和免費的，使用者可以根據需要對其做一定的修改，並可以容易地將其移植到嵌入式系統中。在設計上，uIP 簡化了通訊流程，裁剪掉了 TCP/IP 中不常用的功能，僅保留了網路通訊中必須使用的基本協定，包括 IP、ARP、ICMP、TCP、UDP，以保證其程式具有良好的通用性和穩定的結構。

應用程式可以將 uIP 看作一個函式程式庫，透過呼叫 uIP 的內建函式實現與底層硬體驅動和上層應用程式的互動。uIP 與系統底層硬體驅動和上層應用程式的關係如圖 13-15 所示。

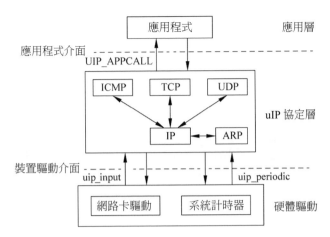

▲ 圖 13-15 uIP 與系統底層硬體驅動和上層應用程式的關係

2. 第 2 路乙太網通訊程式設計及 W5100 的 socket 程式設計

W5100 內嵌硬體 TCP/IP 協定層，支援 TCP、UDP、IPv4、ARP、ICMP 等協定。W5100 還在內部整合了 16KB 的記憶體作為網路資料收發的緩衝區。W5100 的高度整合特性使乙太網控制和協定層運作對使用者應用程式是透明的，應用程式直接進行通訊埠程式設計即可，而不必考慮細節的實現問題。

在完成了 W5100 的初始化操作之後，即可以開始基於 W5100 的乙太網應用程式的開發。W5100 中的應用程式開發是基於通訊埠的，所有網路事件和資料收發都以通訊埠為基礎。啟用某一通訊埠前需要對該通訊埠做相應設定，包括通訊埠上使用的協定類型、通訊埠編號等。

3. 網路事件處理

乙太網通訊程式主要用於實現控制卡與上位機間的通訊，以及主從控制卡間的資料同步操作。控制卡與上位機間的通訊採用 TCP，並且正常情況下，控制卡作為伺服器，接受上位機的存取，或回送上位機的資料索要請求，或處理上位機傳送的輸出控制命令和控制演算法資訊；控制卡、測控電路板或通訊線出現故障時，控制卡作為使用者端，主動連接上位機的伺服器，並向上位機報

告故障情況。主從控制卡間的資料同步操作使用 UDP，以提高資料傳輸的效率，當從控制卡死機重新啟動後，主控制卡會主動要求與從控制卡進行資訊傳輸，以實現資料的同步。主控制卡乙太網程式功能如表 13-8 所示。

▼ 表 13-8　主控制卡乙太網程式功能

協定類型	模式	源通訊埠	目的通訊埠	功能說明
TCP	伺服器	隨機	1024	上位機索要測控電路板採樣資訊 上位機傳輸測控電路板及通道設定資訊
		隨機	1025	上位機傳輸控制演算法資訊 上位機修改 PID 模組參數值 上位機索要控制演算法模組運算結果
		隨機	1026	上位機傳輸控制輸出命令 上位機傳輸累積型通道清零命令
	使用者端	隨機	1027	連接上位機的 1027 通訊埠，報告控制卡或測控電路板或通訊線故障情況
UDP	使用者端	1028	1028	向從控制卡的 1028 通訊埠傳送同步資訊

註：來源通訊埠為使用者端的通訊埠，目的通訊埠為伺服器端的通訊埠。

　　主控制卡與從控制卡的乙太網功能略有不同，如故障資訊的傳輸永遠由主控制卡完成，因為某一控制卡死機後，依然執行的控制卡一定會保持或切換成主控制卡。從控制卡死機重新啟動後，在進行同步資訊的傳輸時，主控制卡作為使用者端主動向作為伺服器的從控制卡傳輸同步資訊。

13.6　控制演算法的設計

　　通訊與控制是 DCS 控制站控制卡的兩大核心功能，在控制方面，本系統要提供對上位機基於功能方塊圖的控制演算法的支援，包括控制演算法的解析、執行、儲存與恢復。

　　控制演算法由上位機經過乙太網通訊傳輸到控制卡，經控制卡解析後，以 1s 的固定週期執行。控制演算法的解析包括演算法的新建、修改與刪除，同時要求這些操作可以做到線上執行。控制演算法的執行實行先集中運算再集中輸出的方式，在運算過程中對運算結果暫存，在完成所有運算後對需要執行的輸出操作集中輸出。

13.6.1 控制演算法的解析與執行

　　在上位機將控制演算法傳輸到控制卡後，控制卡會將控制演算法資訊暫存到控制演算法緩衝區，並不會立即對控制演算法進行解析。因為對控制演算法的修改操作需要做到線上執行，並且不能影響正在執行的控制演算法的執行。所以，控制演算法的解析必須選擇合適的時機。本系統中將控制演算法的解析操作放在本週期的控制演算法運算結束後執行，這樣不會對本週期內的控制演算法執行產生影響，新的控制演算法將在下一週期得到執行。

　　本系統中的控制演算法以迴路的形式表現，一個控制演算法方案一般包含多個迴路。在基於功能方塊圖的演算法設定環境下，一個迴路又由多個模組組成。一個迴路的典型組成是：輸入模組＋功能模組＋輸出模組。其中，功能模組包括基本的算數運算 (加、減、乘、除)、數學運算 (指數運算、開方運算、三角函式等)、邏輯運算 (邏輯與、或、非等) 和先進的控制運算 (PID 等) 等。功能方塊圖設定環境下一個基本 PID 迴路如圖 13-16 所示。

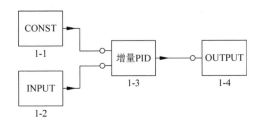

▲ 圖 13-16　功能方塊圖設定環境下一個基本 PID 迴路

在圖 13-16 中沒有看到回饋的存在，但在實際應用中該回饋是存在的。INPUT 模組是一個輸入採樣模組，OUTPUT 模組是一個輸出控制模組，在實際應用中 INPUT 與 OUTPUT 之間存在一個隱含的連接，即 INPUT 模組用於對 OUTPUT 模組輸出結果進行採樣。

圖 13-16 中功能模組下方的標號標示了該模組所在的迴路，及該模組在迴路中的流水號。舉例來說，INPUT 模組下方的 1-2 表示該模組在 1 號迴路中，該模組在迴路中的流水號為 2。上位機在將控制演算法整理成傳輸給控制卡的資料時，會按照迴路號由小到大，流水號由小到大的順序依次整理，而且是以迴路為單位一個一個整理迴路。迴路號和流水號不僅在資訊傳輸時需要使用，在控制演算法執行時期也決定了功能模組被呼叫的順序。

上位機下發給控制卡的控制演算法包含控制演算法的操作資訊、迴路資訊和迴路中各功能模組資訊。操作資訊包含操作類型，如新建、修改、刪除；迴路資訊包含迴路個數、迴路號、迴路中的功能模組個數；迴路中各功能模組資訊包含模組在迴路中的流水號、模組功能號、模組中的參數資訊。控制卡在接收到該控制演算法資訊後便將其放入緩衝區，等待本週期的控制演算法執行結束後就可以對該控制演算法進行解析。

控制演算法的解析過程中涉及最多的操作就是區塊的獲取、釋放，以及鏈結串列操作。理解了這兩個操作的實現機制就理解了控制演算法的解析過程。其中，區塊的獲取與釋放由 μC/OS-II 的記憶體管理模組負責，需要時就向相應的記憶體池申請區塊，釋放時就將區塊交還給所屬的記憶體池。一個新建迴路的解析過程如圖 13-17 所示。

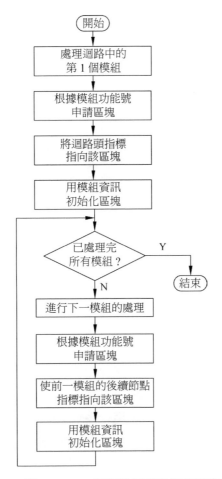

▲ 圖 13-17 一個新建迴路的解析過程

　　對迴路的修改過程與新建過程類似，只是沒有申請新的區塊，而是找到原先的區塊，然後用功能模組的參數重新初始化該區塊。對迴路的刪除操作就是根據迴路新建時的鏈結串列，依次找到迴路中的各個功能模組，然後將其所佔用的區塊交還給 µC/OS-II 的記憶體池，最後將迴路標頭指標清空，標示該迴路不再存在。

　　功能模組對應區塊的初始化操作就是按照該功能模組結構中變數的位置和順序對區塊中的相應單元賦予對應的數值。本系統中共有 32 個功能模組，每個功能模組的結構由功能模組共有部分和功能模組特有部分組成。以輸入模組為例，輸入模組的結構定義如下。

```
typedef struct
{ // 共有部分，也是 ST_MOD 結構的定義
    FP64Result;                 // 模組運算結果
    structST_MOD *pNext;        // 指向該迴路下一模組的指標
    OS_MEM*pMem;                // 指向所屬記憶體池的指標
    INT8UFuncID;                // 模組功能號
    INT8USerialNum;             // 模組流水號
    // 輸入模組特有部分
    INT8UCageNum;               // 機籠號
    INT8UCardNum;               // 卡槽號
    INT8UChannelNum;            // 通道號
    FP64UpperLimit;             // 輸入上限
    FP64LowerLmit;              // 輸入下限
    INT8UType;                  // 輸入模組類型
} FB_MOD_IN;
```

　　每個功能模組都有一個功能號，用於標示該模組的功能和與該模組相對應的功能函式。在執行控制演算法運算時，會根據此功能號呼叫對應的功能函式對各個功能模組進行運算處理。

　　控制演算法的執行以 1s 為週期，在執行控制演算法時，實行先集中運算，將運算結果暫存，再對運算結果集中輸出的方式。控制演算法的運算即依次執行各個迴路，透過對迴路標頭指標的檢查，判斷該迴路是否存在，如果存在，則按照迴路解析時建立的鏈結串列，依次找到該迴路中的功能模組，並按照功能模組中的模組功能號找到對應的功能函式，透過呼叫功能函式對該功能模組進行運算，並將結果暫存到模組的 Result 變數中，以便後續模組對該結果的存取。一條迴路執行完畢後，如果該迴路需要執行輸出操作，則將對應的輸出操作加入輸出佇列中，等待所有運算完成後再集中輸出。如果檢查到迴路標頭指標為空，則表明該迴路已經不存在，繼續檢查下一迴路，直至完成對 255 個控制回路的檢查和執行。

13.6.2 控制演算法的儲存與恢復

在系統的需求分析中曾經提到，系統要求對控制演算法的資訊進行儲存，做到停電不遺失，重新通電後可以重新載入原有的控制演算法。

對於控制演算法的儲存，如果以控制演算法的原始形態進行儲存，即以控制演算法資訊解析之前的形態儲存，控制卡需要在接收到上位機的控制演算法資訊後逐筆儲存。以這種方式進行儲存，如果存在頻繁的控制演算法修改操作，就會造成控制演算法儲存資訊的激增，並且儲存的資訊量沒有上限。而且，以原始形態儲存控制演算法，在重新載入時需要對控制演算法重新解析，這也需要一定的時間。本系統設計中沒有採用這種方式，而是採用解析後控制回路的形式進行儲存。

以解析後控制回路的形式進行控制演算法的儲存，不存在資訊激增和資訊量無上限的情況，因為對迴路的修改操作只是對已有迴路的修改，並不會產生新的迴路。並且，在系統設計時限定最多容納 255 個控制回路，所以，控制演算法的資訊量不會是無限制的。而且，以這種形式儲存的控制演算法，在再次載入時不需要重新解析。

解析後的控制回路實際上就是一種執行狀態的控制回路，以這種方式儲存的控制演算法兼有執行時期的形態，只是模組內部具體數值不同而已。如果再將控制演算法資訊分為儲存資訊與執行資訊，會造成一定的重複，產生雙倍的 RAM 需求。

既然控制演算法的儲存態與執行態是一致的，那麼就可以將控制演算法的執行區與儲存區相結合，將執行資訊作為儲存資訊。這要求控制演算法執行資訊存放的媒體兼有資料儲存功能，即停電資料不遺失。外擴的 RAM 中，無論是具有後備電池供電的 SRAM，還是磁記憶體 MRAM，都具有資料儲存特性，都可滿足將控制演算法儲存區與執行區相結合的基本要求。

除了保證儲存媒體的資料儲存功能外，還要保證資料不會被破壞。本系統中的控制演算法儲存在一個個的區塊中，這些區塊由 μC/OS-II 的記憶體管理模組進行分配與回收，如果 μC/OS-II 的記憶體管理模組不知道之前分配的區塊中儲存著控制演算法資訊，在程式再次執行時期，沒有記錄原先的區塊的使用情況，當再次向 μC/OS-II 的記憶體管理模組進行區塊的申請或交還操作時，就會對原有的區塊造成破壞。所以，μC/OS-II 記憶體管理模組的相關資訊也必須得到儲存。

要使 μC/OS-II 記憶體管理模組的資訊得到有效儲存，涉及整個 μC/OS-II 中記憶體的規劃。而且要使儲存的資訊有效，還要保證 μC/OS-II 記憶體規劃的固定性，如記憶體池的個數、記憶體池的大小、記憶體池管理空間的起始位址、內部區塊的大小、區塊的個數等資訊都必須是固定的，即每次程式重新載入時，上述資訊都是固定不變的。因為，一旦上述資訊發生了變化，之前儲存的資訊也就失去了意義。

在 μC/OS-II 記憶體初始規劃階段，就必須確定記憶體池的個數，嚴格限定每個記憶體池的起始位址與大小，以及內部區塊的大小和個數，並且不得更改。只有這樣，記錄的記憶體池內部區塊的使用資訊才會有意義。

其實，儲存只是一種手段，恢復才是最終目的。保證儲存媒體的資料儲存能力和控制演算法資訊不會被破壞，僅是使控制演算法資訊獲得了儲存，但仍不足以在程式再次執行時期使控制演算法資訊得到恢復。要使控制演算法資訊能夠得到有效恢復，必須提供能夠重建之前控制演算法執行環境的資訊。因此，必須單獨開闢一塊區域作為備份區，用於儲存能夠重建之前控制演算法執行環境的資訊。這些資訊包括記憶體池使用情況資訊和迴路標頭指標資訊。在每次完成控制演算法的解析工作後，就需要將這些資訊複製一份儲存到備份區中。在程式再次執行時期，再次載入控制演算法就是將備份區中的資訊恢復到記憶體池中和迴路標頭指標中。這樣原先的控制演算法執行環境就得以重建。以迴路標頭指標為例，本系統中控制演算法以迴路的形式表示，而且迴路就是串接著各個功能模組的鏈結串列。對於一個鏈結串列，獲得了標頭指標，就可以依

次找到鏈結串列中的各個節點，在本系統中就是有了迴路標頭指標，可以依次找到迴路中的各個功能模組。

經過數次運算後的功能模組的資訊與剛解析完成時的功能模組的資訊是不一樣的，主要是模組運算結果不再為 0。在重新載入控制演算法資訊後，希望能夠重新開始控制演算法的執行，所以需要設立控制演算法初始執行標識，在各功能模組運算時需要根據此標識選擇性地將模組暫存的運算結果清除，以產生功能模組與剛解析完成時一樣的效果。

控制卡的開發專案請參考本書數位資源中的程式碼，專案中的 μC/OS-II 作業系統為 v2.92 版本。

13.7 8 通道類比量輸入電路板 (8AI) 的設計

13.7.1 8 通道類比量輸入電路板的功能概述

8 通道類比量輸入電路板 (8AI) 是 8 路點點隔離的標準電壓、電流輸入電路板。可採樣的訊號包括標準 II 型、III 型電壓訊號，以及標準 II 型、III 型電流訊號。

8 通道類比量輸入電路板（8AI）透過外部配電板可允許連線各種輸出標準電壓、電流訊號的儀表、感測器等。該電路板的設計技術指標如下。

（1） 訊號類型及輸入範圍：標準 II 型、III 型電壓訊號 (0 ～ 5V、1 ～ 5V) 及標準 II 型、III 型電流訊號 (0 ～ 10mA、4 ～ 20mA)；

（2） 採用 32 位元 Arm Cortex M3 微控制器，提高電路板設計的集成度、運算速度和可靠性。

（3） 採用高性能、高精度、內建 PGA 的具有 24 位元解析度的 Σ-Δ 模數轉換器進行測量轉換，感測器或變送器訊號可直接連線。

（4） 同時測量 8 通道電壓訊號或電流訊號，各採樣通道之間採用 Photo-MOS 繼電器，實現點點隔離的技術。

（5）透過主控站模組的設定命令可設定通道資訊，每個通道可選擇輸入訊號範圍和類型等，並將設定資訊儲存於鐵電記憶體中，停電重新啟動時，自動恢復到正常執行狀態。

（6）電路板設計具有低通濾波、過壓保護及訊號斷線檢測功能，Arm 與現場類比訊號測量之間採用光電隔離措施，以提高抗干擾能力。

8 通道類比量輸入電路板的性能指標如表 13-9 所示。

▼ 表 13-9　8 通道類比量輸入電路板的性能指標

性能指標	說明
輸入通道	點點隔離獨立通道
通道數量	8 通道
通道隔離	任何通道間 25V AC，47 ～ 53Hz，60s
	任何通道對地 500V AC，47 ～ 53Hz，60s
輸入範圍	0 ～ 10mA DC
	4 ～ 20mA DC
	0 ～ 5V DC
	1 ～ 5V DC
通訊故障自檢與警告	指示通訊中斷，資料保持
擷取通道故障自檢及警告	指示通道自檢錯誤，要求容錯切換
輸入阻抗	電流輸入 250Ω
	電壓輸入 1MΩ

13.7.2　8 通道類比量輸入電路板的硬體組成

8 通道類比量輸入電路板用於完成對工業現場訊號的擷取、轉換、處理，其硬體組成方塊圖如圖 13-18 所示。

硬體電路主要由 Arm Cortex M3 微控制器、訊號處理電路 (濾波、放大)、通道選擇電路、A/D 轉換電路、故障檢測電路、DIP 開關、鐵電記憶體 FRAM、LED 狀態指示燈和 CAN 通訊介面電路組成。

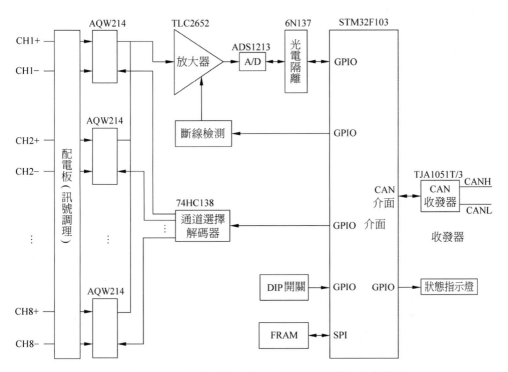

▲ 圖 13-18 8 通道類比量輸入電路板硬體組成方塊圖

該電路板採用 ST 公司的 32 位元 Arm 控制器 STM32F103VBT6、高精度 24 位元 Σ-Δ 模數轉換器 ADS1213、LinCMOS 製程的高精度斬波穩零運算放大器 TLC2652CN、PhotoMOS 繼電器 AQW214EH、CAN 收發器 TJA1051T/3、鐵電記憶體 FM25L04 等元件設計而成。

現場儀表層的電流訊號或電壓訊號經過端子板的濾波處理，由多路類比開關選通一個通道送入 A/D 轉換器 ADS1213，由 Arm 讀取轉換結果，經過軟體濾波和量程變換後由 CAN 匯流排發送給控制卡。

電路板故障檢測中的重要工作就是斷線檢測。除此以外，故障檢測還包括超量程檢測、欠量程檢測、訊號跳變檢測等。

13.7.3　8 通道類比量輸入電路板微控制器主電路設計

8 通道類比量輸入電路板微控制器主電路如圖 13-19 所示。

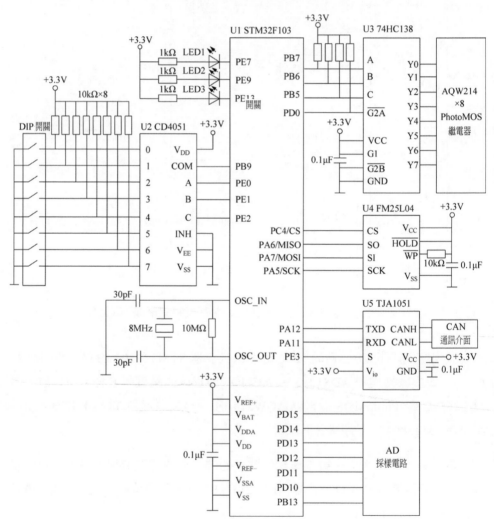

▲ 圖 13-19　8 通道類比量輸入電路板微控制器主電路

圖 13-19 中的 DIP 開關用於設定機籠號和測控電路板位址，透過 CD4051 讀取 DIP 開關的狀態。74HC138 3-8 解碼器控制 PhotoMOS 繼電器 AQW214EH，用於切換 8 通道類比量輸入訊號。

13.7.4 22 位元 Σ-Δ 型 A/D 轉換器 ADS1213

ADS1213 為具有 22 位元高精度的 Σ-Δ 型 A/D 轉換器，它包括一個增益可程式化的放大器 (PGA)、一個二階 Σ-Δ 調變器、一個程式控制的數字濾波器以及一個片內微控制器。透過微控制器，可對內部增益、轉換通道、基準電源等進行設定。

ADS1213 具有 4 個差分輸入通道，適合直接與感測器或小電壓訊號相連，可應用於智慧型儀器表、血液分析儀、智慧變送器、壓力感測器等。

ADS1213 包括一個靈活的非同步序列介面，該介面與 SPI 相容，可靈活地設定成多種介面模式。ADS1213 提供多種校準模式，並允許使用者讀取片內校準暫存器。

1. ADS1213 的接腳

ADS1213 具有 24 接腳 DIP、SOIC 封裝及 28 接腳 SSOP 多種封裝，接腳如圖 13-20 所示。

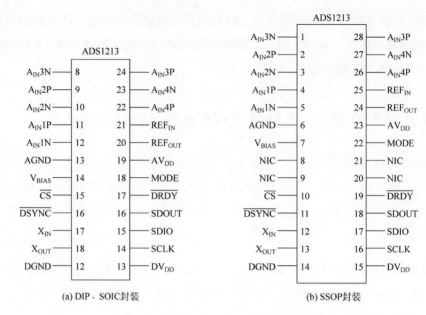

▲ 圖 13-20 ADS1213 接腳

各接腳介紹如下。

（1）$A_{IN}3N$：通道 3 的反相輸入端。可程式化增益類比輸入端。與 $A_{IN}3P$ 接腳一起使用，用作差分類比輸入對的負輸入端。

（2）$A_{IN}2P$：通道 2 的同相輸入端。可程式化增益類比輸入端。與 $A_{IN}2N$ 接腳一起使用，用作差分類比輸入對的正輸入端。

（3）$A_{IN}2N$：通道 2 的反相輸入端。可程式化增益類比輸入端。與 $A_{IN}2P$ 接腳一起使用，用作差分類比輸入對的負輸入端。

（4）$A_{IN}1P$：通道 1 的同相輸入端。可程式化增益類比輸入端。與 $A_{IN}1N$ 接腳一起使用，用作差分類比輸入對的正輸入端。

（5）$A_{IN}1N$：通道 1 的反相輸入端。可程式化增益類比輸入端。與 $A_{IN}1P$ 接腳一起使用，用作差分類比輸入對的負輸入端。

（6）AGND：類比電路的地基準點。

（7） V_{BIAS}：偏置電壓輸出端。此接腳輸出偏置電壓，大約為 1.33 倍的參考輸入電壓，一般情況下為 3.3V，用以擴充類比量的輸入範圍，由命令暫存器 (CMR) 的 BIAS 位元控制接腳是否輸出。

（8） $\overline{CS}$：晶片選擇訊號，用於選擇 ADS1213 的低電位有效邏輯輸入端。

（9） $\overline{DSYNC}$：串行輸出資料的同步控制端。當 $\overline{DSYNC}$：為低電位時，晶片不操作；當 $\overline{DSYNC}$ 為高電位時，調變器重置。

（10） X_{IN}：系統時鐘輸入端。

（11） X_{OUT}：系統時鐘輸出端。

（12） DGND：數位電路的地基準。

（13） DV_{DD}：數位供電電壓。

（14） SCLK：串列資料傳輸的控制時鐘。外部串列時鐘加至此輸入端以存取來自 ADS1213 的串列資料。

（15） SDIO：串列資料登錄輸出端。SDIO 不僅可作為串列資料登錄端，還可作為串列資料的輸出端，接腳功能由命令暫存器 (CMR) 的 SDL 位元進行設定。

（16） SDOUT：串列資料輸出端。當 SDIO 作為串列資料輸出接腳時，SDOUT 處於高阻狀態；當 SDIO 只作為串列資料登錄接腳時，SDOUT 用於串列資料輸出。

（17） $\overline{DRDY}$：資料狀態線。當此接腳為低電位時，表示 ADS1213 資料暫存器 (DOR) 內有新的資料可供讀取，全部資料讀取完成時，$\overline{DRDY}$ 接腳將傳回高電位。

（18） MODE：SCLK 控制輸入端。該接腳置為高電位時，晶片處於主站模式，在這種模式下，SCLK 接腳設定為輸出端；該接腳置為低電位時，晶片處於從站模式，允許主控制器設定串列時鐘頻率和串列資料傳輸速度。

（19） AV_{DD}：類比供電電壓。

（20） REF_{OUT}：基準電壓輸出端。

（21） REF_{IN}：基準電壓輸入端。

（22） $A_{IN}4P$：通道 4 的同相輸入端。可程式化增益類比輸入端。與 $A_{IN}4N$ 接腳一起使用，用作差分類比輸入對的正輸入端。

（23） $A_{IN}4N$：通道 4 的反相輸入端。可程式化增益類比輸入端。與 $A_{IN}4P$ 接腳一起使用，用作差分類比輸入對的負輸入端。

（24） $A_{IN}3P$：通道 3 的同相輸入端。可程式化增益類比輸入端。與 $A_{IN}3N$ 接腳一起使用，用作差分類比輸入對的正輸入端。

2. ADS1213 的片內暫存器

晶片內部的一切操作大多是由片內的微控制器控制的，該控制器主要包括一個算數邏輯單位 (Arithmetic Logic Unit,ALU) 及一個暫存器的緩衝區。通電後，晶片首先進行自校準，然後以 340Hz 的速率輸出資料。

在暫存器緩衝區內，一共有 5 個片內暫存器，如表 13-10 所示。

▼ 表 13-10 ADS1213 的片內暫存器

英文簡稱	名稱	大小
INSR	指令暫存器	8 位元
DOR	資料輸出暫存器	24 位元
CMR	命令暫存器	32 位元
OCR	零點校準暫存器	24 位元
FCR	滿刻度校準暫存器	24 位元

3. ADS1213 的應用特性

1) 類比輸入範圍

ADS1213 包含 4 組差分輸入接腳，由命令暫存器的 CH0 和 CH1 位元進行類比輸入端的設定，一般情況下，輸入電壓範圍為 0 ～ 5V。

2) 輸入採樣頻率

ADS1213 的外部晶振頻率，可在 0.5 ～ 2MHz 選取，它的調變器工作頻率、轉換速率、資料輸出頻率都會隨之變化。

3) 基準電壓

ADS1213 有一個 2.5V 的內部基準電壓，當使用外部基準電壓時，可在 2 ～ 3V 選取。

4. ADS1213 與 STM32F103 的介面

ADS1213 的序列介面包含 5 個訊號：$\overline{CS}$、$\overline{DRDY}$、SCLK、SDIO 和 SDOUT。該序列介面十分靈活，可設定成兩線制、三線制或多線制。

1) 硬體電路設計

ADS1213 具有一個適應能力很強的序列介面，可以用多種方式與微控制器連接。接腳的連接方式可以是兩線制，也可以是三線制或多線制的，根據需要設定。晶片的工作狀態可以由硬體查詢，也可以透過軟體查詢。ADS1213 與 STM32F103 的介面電路如圖 13-21 所示。

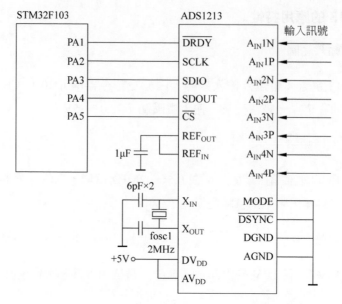

▲ 圖 13-21 ADS1213 與 STM32F103 的介面電路

2) 程式設計

（1） 寫入指令暫存器，設定操作模式，操作位址和操作位元組數。

（2） 寫入命令暫存器，設定偏置電壓、基準電壓、資料輸出格式、串列接腳、通道選擇、增益大小等。

（3） 輪詢 $\overline{\text{DRDY}}$ 輸出。

（4） 從資料暫存器讀取資料。迴圈執行最後兩步，直至取得所需的資料數。

13.7.5　8 通道類比量輸入電路板測量與斷線檢測電路設計

8 通道類比量輸入電路板測量與斷線檢測電路如圖 13-22 所示。

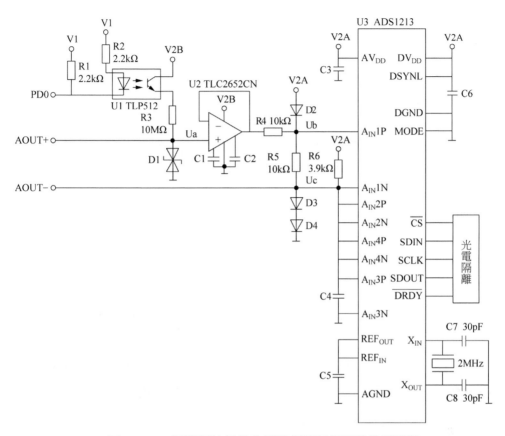

▲ 圖 13-22 8 通道類比量輸入電路板測量與斷線檢測電路

在測量電路中，訊號經過高精度的斬波穩零運算放大器 TLC2652CN 跟隨後連線 ADS1213，兩個二極體經上拉電阻接 +5V，使類比訊號的負端恆為 +1.5V，這樣設計的原因在於：TLC2652CN 雖然為高精度的斬波穩零運算放大器，但由於它在電路中為單電源供電，這表示它在零點附近不能穩定工作，從而使其輸出端的電壓有很大的紋波；而連線兩個二極體後，由於訊號的負端始終保持在 +1.5V，當輸入訊號為零時，TLC2652CN 的輸入端的電壓仍為 +1.5V，從而使其始終工作在線性工作區域。由於輸入的訊號為差分形式，因而兩個二極體的存在不會影響訊號的精確度。

在該電路板中，設計了自檢電路，用於輸入通道的斷線檢測。自檢功能由 PD0 控制光耦 TLP521 的導通與關斷來實現。

由圖 13-22 可知，ADS1213 輸入的差分電壓 U_{in}(A_{IN}1P 與 A_{IN}1N 之差) 與輸入的實際訊號 U_{IN}(AOUT+ 與 AOUT- 之差) 之間的關係為 $U_{in}=U_{IN}/2$。

由於正常的 U_{IN} 的範圍為 0 ～ 5V，所以 U_{in} 的範圍為 0 ～ 2.5V，因此 ADS1213 的 PGA 可設為 1，工作在單極性狀態。

由圖 13-22 可知，類比量輸入訊號經電纜送入類比量輸入電路板的端子板，訊號電纜容易出現斷線，因此需要設計斷線檢測電路，斷線檢測原理如下。

（1）當訊號電纜未斷線，電路正常執行時，U_{in} 處於正常的工作範圍，即 0 ～ 2.5V。

（2）當通訊電纜斷線時，電路無法連線訊號。首先令 PD0=1，光耦斷開，U_a=0V，而 U_c=1.5V，故 U_b=0.75V，可得 U_{in}=0.75V，而 ADS1213 工作在單極性，故轉換結果恆為 0；然後令 PD0=0，光耦導通，U_a=8.0V，U_c=1.5V，故 U_{in}=(8.0-1.5)/2=3.25V，超出了 U_{in} 正常執行的量程範圍 (0 ～ 2.5V)。由此即可判斷通訊電纜出現斷線。

13.7.6 8 通道類比量輸入電路板訊號調理與通道切換電路設計

訊號在連線測量電路前，需要進行濾波等處理，8 通道類比量輸入電路板訊號調理與通道切換電路如圖 13-23 所示。

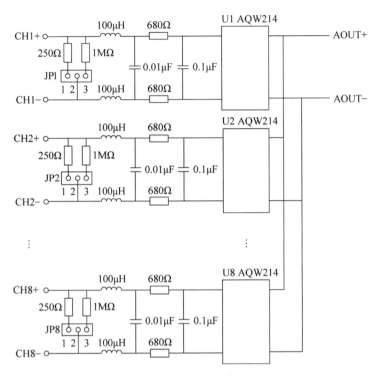

▲ 圖 13-23 8 通道類比量輸入電路板訊號調理與通道切換電路

　　LC 及 RC 電路用於濾除訊號的紋波和雜訊，減少訊號中的干擾成分。調理電路還包含了輸入訊號類型選擇跳線，當外部輸入標準的電流訊號時，跳線 JP1 ～ JP8 的 1、2 端短接；當外部輸入標準的電壓訊號時，跳線 JP1 ～ JP8 的 2 端、3 端短接。訊號經濾波處理後連線 PhotoMOS 繼電器 AQW214EH，由 3-8 解碼器 74HC138 控制，將 8 通道中的一路類比量送入測量電路。

13.7.7　8 通道類比量輸入電路板程式設計

　　8 通道類比量輸入電路板的程式主要包括 Arm 控制器的初始化程式、A/D 採樣程式、數位濾波程式、量程變換程式、故障檢測程式、CAN 通訊程式、WDT 程式等。

8 通道類比量輸入電路板的程式清單可參考本書數位資源中的程式碼。

13.8 8 通道熱電偶輸入電路板 (8TC) 的設計

13.8.1 8 通道熱電偶輸入電路板的功能概述

8 通道熱電偶輸入電路板是一種高精度、智慧型、帶有類比量訊號調理的 8 路熱電偶訊號擷取卡。該電路板可對 7 種毫伏級熱電偶訊號進行擷取，檢測溫度最低為 -200℃，最高可達 1800℃。

透過外部配電板可允許連線各種熱電偶訊號和毫伏電壓訊號。8 通道熱電偶輸入電路板的設計技術指標如下。

（1） 允許 8 通道熱電偶訊號輸入，支援的熱電偶類型為 K、E、B、S、J、R、T，並帶有熱電偶冷端補償。

（2） 採用 32 位元 Arm Cortex M3 微控制器，提高了電路板設計的集成度、運算速度和可靠性。

（3） 採用高性能、高精度、內建 PGA 的具有 24 位元解析度的 Σ-Δ A/D 轉換器進行測量轉換，感測器或變送器訊號可直接連線。

（4） 同時測量 8 通道電壓訊號或電流訊號，各採樣通道之間採用 PhotoMOS 繼電器，實現點點隔離的技術。

（5） 透過主控站模組的設定命令可設定通道資訊，每個通道可選擇輸入訊號範圍和類型等，並將設定資訊儲存於鐵電記憶體中，停電重新啟動時，自動恢復到正常執行狀態。

（6） 電路板設計具有低通濾波、過壓保護及熱電偶斷線檢測功能，Arm 與現場類比訊號測量之間採用光電隔離措施，以提高抗干擾能力。

8 通道熱電偶輸入電路板支援的熱電偶訊號類型如表 13-11 所示。

▼ 表 13-11　8 通道熱電偶輸入電路板支援的熱電偶訊號類型

訊號類型	溫度範圍 / ℃	訊號類型	溫度範圍 / ℃
R	0 ～ 1750	K	-200 ～ 1300
B	500 ～ 1800	S	0 ～ 1600
E	-200 ～ 900	N	0 ～ 1300
J	-200 ～ 750	T	-200 ～ 350

13.8.2　8 通道熱電偶輸入電路板的硬體組成

　　8 通道熱電偶輸入電路板用於完成對工業現場熱電偶和毫伏訊號的擷取、轉換、處理，其硬體組成方塊圖如圖 13-24 所示。

　　硬體電路主要由 Arm Cortex M3 微控制器、訊號處理電路 (濾波、放大)、通道選擇電路、A/D 轉換電路、斷偶檢測電路、熱電偶冷端補償電路、DIP 開關、鐵電記憶體 FRAM、LED 狀態指示燈和 CAN 通訊介面電路組成。

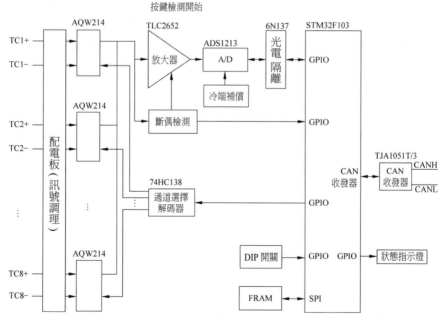

▲ 圖 13-24　8 通道熱電偶輸入電路板硬體組成方塊圖

該電路板採用 ST 公司的 32 位元 Arm 控制器 STM32F103VBT6、高精度 24 位元 Σ-Δ A/D 轉換器 ADS1213、LinCMOS 製程的高精度斬波穩零運算放大器 TLC2652CN、PhotoMOS 繼電器 AQW214EH、CAN 收發器 TJA1051T/3 等元件設計而成。

現場儀表層的熱電偶和毫伏訊號經過端子板的低通濾波處理，由多路類比開關選通一個通道送入 A/D 轉換器 ADS1213，由 Arm 讀取轉換結果，經過軟體濾波和量程變換後由 CAN 匯流排發送給控制卡。

13.8.3 8 通道熱電偶輸入電路板測量與斷線檢測電路設計

8 通道熱電偶輸入電路板測量與斷線檢測電路如圖 13-25 所示。

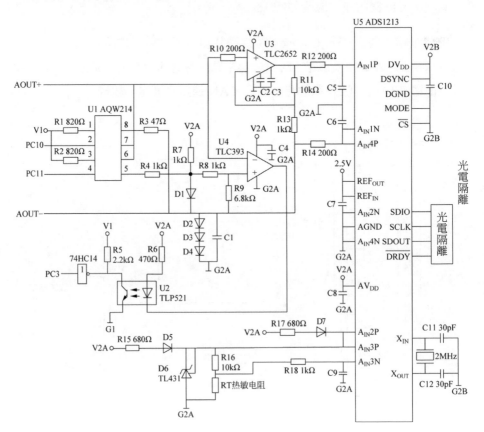

▲ 圖 13-25 8 通道熱電偶輸入電路板測量與斷線檢測電路

1. 8 通道熱電偶測量電路設計

如圖 13-25 所示，在該電路板的設計中，A/D 轉換器的第 1 路用於測量選通的某一通道熱電偶訊號，A/D 轉換器的第 2、3 路用作熱電偶訊號冷端補償的測量，A/D 轉換器的第 4 路用作 AOUT- 的測量。

2. 斷線檢測及元件檢測電路設計

為提高電路板執行的可靠性，設計了對輸入訊號的斷線檢測電路，同時設計了對該電路中所用比較元件 TLC393 是否處於正常執行狀態進行檢測的電路。電路中選用了 PhotoMOS 繼電器 AQW214 用於通道的選擇，其中 2、4 接腳接到 Arm 微控制器的兩個 GPIO 接腳，透過軟體程式設計實現通道的選通。當 PC10 為低時，AQW214 的 7、8 通道選通，用來檢測比較元件 TLC393 能否正常執行；當 PC11 為低時，AQW214 的 5、6 通道選通，此時 PC10 為高，AQW214 的 7、8 通道不通，用來檢測是否斷線。圖 13-25 中 AOUT+、AOUT- 為已選擇的某一通道熱電偶輸入訊號，其中 AOUT- 經 3 個二極體接地，大約為 2V。經過比較元件 TLC393 的輸出電位訊號，先經過光耦合器 TLP521，再經過反相器 74HC14 整形後接到 Arm 微控制器的 GPIO 接腳 PC3，透過該接腳值的改變並結合接腳 PC11、PC10 的設定就可實現檢測斷線和比較元件 TLC393 能否正常執行的目的。透過軟體程式設計，當檢測到斷線或比較元件 TLC393 不能正常執行時，點亮紅色 LED 燈警告，可以更加及時、準確地發現問題，進而提高電路板的可靠性。

下面介紹斷線檢測電路的工作原理。

當 PC10 為低時，AQW214 的 7、8 通道選通，此時用來檢測比較元件 TLC393 能否正常執行。設二極體兩端壓差為 u，則 AOUT- 為 $3u$，D1 上端的電壓為 $4u$。

$$V-=3u$$
$$V+=\frac{6.8\text{k}\Omega}{7.8\text{k}\Omega}\times u+3u\approx 3.87u$$

V+ > V-，則 TLC393 的輸出為高電位，說明 TLC393 能夠正常執行；反之，若 TLC393 的輸出為低電位，說明 TLC393 無法正常執行。

當 PC11 為低時，AQW214 的 5、6 通道選通，此時 PC10 為高，AQW214 的 7、8 通道不通，用來檢測是否斷線。

若未斷線，即 AOUT+、AOUT- 形成迴路，由於其間電阻很小，可以忽略不計，則

$$V-=3u$$
$$V+=\frac{6.8\text{k}\Omega}{7.8\text{k}\Omega}\times u+3u\approx3.87u$$

V+ > V-，則輸出為高電位。

若斷線，即 AOUT+、AOUT- 沒有形成迴路，則

$$V-=4u$$
$$V+=\frac{6.8\text{k}\Omega}{7.8\text{k}\Omega}\times u+3u\approx3.87u$$

V+ < V-，則輸出為低電位。

3. 熱電偶冷端補償電路設計

熱電偶在使用過程中的重要問題是如何解決冷端溫度補償，因為熱電偶的輸出熱電動勢不僅與工作端的溫度有關，而且也與冷端的溫度有關。熱電偶兩端輸出的熱電動勢對應的溫度值只是相對於冷端的相對溫度值，而冷端的溫度又常常不為 0。因此，該溫度值已疊加了一個冷端溫度。為了直接得到一個與被測物件溫度 (熱端溫度) 對應的熱電動勢，需要進行冷端補償。

本設計採用負溫度係數熱敏電阻進行冷端補償，具體電路設計如圖 13-25 所示。

D6 為 2.5V 電壓基準源 TL431，熱敏電阻 R_T 和精密電阻 R16 電壓和為 2.5V，利用 ADS1213 的第 3 通道擷取電阻 R16 兩端的電壓，經 Arm 微控制器查表計算出冷端溫度。

4. 冷端補償演算法

在 8 通道熱電偶輸入電路板的冷端補償電路設計中，熱敏電阻的電阻值隨著溫度升高而降低。因此，與它串聯的精密電阻兩端的電壓值隨著溫度升高而升高，所以根據熱敏電阻溫度特性表，可以作一個精密電阻兩端電壓與冷端溫度的分度表。此表以 5℃ 為間隔，毫伏為單位，這樣就可以根據精密電阻兩端的電壓值，查表求得冷端溫度值。

精密電阻兩端電壓計算公式為

$$V_阻 = \frac{2500N}{0x7FFFH}$$

其中，N 為精密電阻兩端電壓對應的 A/D 轉換結果。求得冷端溫度後，需要由溫度值反查相應熱電偶訊號類型的分度表，得到補償電壓 $V_補$。測量電壓 $V_測$ 與補償電壓 $V_補$ 相加得到 V，由 V 去查表求得的溫度值為熱電偶工作端的實際溫度值。

13.8.4 8 通道熱電偶輸入電路板程式設計

8 通道熱電偶輸入電路板的程式主要包括 Arm 控制器的初始化程式、A/D 採樣程式、數位濾波程式、熱電偶線性化程式、冷端補償程式、量程變換程式、斷偶檢測程式、CAN 通訊程式、WDT 程式等。

13.9 8 通道熱電阻輸入電路板 (8RTD) 的設計

13.9.1 8 通道熱電阻輸入電路板的功能概述

8 通道熱電阻輸入電路板是一種高精度、智慧型、帶有類比量訊號調理的 8 路熱電阻訊號擷取卡。該電路板可對 3 種熱電阻訊號進行擷取，熱電阻採用三線制接線。

透過外部配電板可允許連線各種熱電偶訊號和毫伏電壓訊號。8 通道熱電阻輸入電路板的設計技術指標如下。

（1）允許 8 通道三線制熱電阻訊號輸入，支援熱電阻類型為 Cu100、Cu50 和 Pt100。

（2）採用 32 位元 Arm Cortex M3 微控制器，提高了電路板設計的集成度、運算速度和可靠性。

（3）採用高性能、高精度、內建 PGA 的具有 24 位元解析度的 Σ-Δ 模數轉換器進行測量轉換，感測器或變送器訊號可直接連線。

（4）同時測量 8 通道熱電阻訊號，各採樣通道之間採用 PhotoMOS 繼電器，實現點點隔離的技術。

（5）透過主控站模組的設定命令可設定通道資訊，每個通道可選擇輸入訊號範圍和類型等，並將設定資訊儲存於鐵電記憶體中，停電重新啟動時，自動恢復到正常執行狀態。

（6）電路板設計具有低通濾波、過壓保護及熱電阻斷線檢測功能，Arm 與現場類比訊號測量之間採用光電隔離措施，以提高抗干擾能力。

8 通道熱電阻輸入電路板測量的熱電阻類型如表 13-12 所示。

▼ 表 13-12 8 通道熱電阻輸入電路板測量的熱電阻類型

電阻類型	溫度範圍 /℃
Pt100 熱電阻	-200 ～ 850
Cu50 熱電阻	-50 ～ 150
Cu100 熱電阻	-50 ～ 150

13.9.2 8 通道熱電阻輸入電路板的硬體組成

8 通道熱電阻輸入電路板用於完成對工業現場熱電阻訊號的擷取、轉換、處理，其硬體組成方塊圖如圖 13-26 所示。

硬體電路主要由 Arm Cortex M3 微控制器、訊號處理電路 (濾波、放大)、通道選擇電路、A/D 轉換電路、斷線檢測電路、熱電阻測量恆流源電路、DIP 開關、鐵電記憶體 FRAM、LED 狀態指示燈和 CAN 通訊介面電路組成。

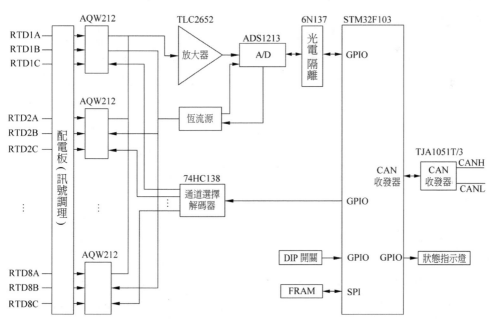

▲ 圖 13-26 8 通道熱電阻輸入電路板硬體組成方塊圖

該電路板採用 ST 公司的 32 位元 Arm 控制器 STM32F103VBT6、高精度 24 位元 Σ-Δ A/D 轉換器 ADS1213、LinCMOS 製程的高精度斬波穩零運算放大器 TLC2652CN、PhotoMOS 繼電器 AQW212、CAN 收發器 TJA1051T/3 等元件設計而成。

現場儀表層的熱電阻經過端子板的低通濾波處理，由多路類比開關選通一個通道送入 A/D 轉換器 ADS1213，由 Arm 讀取轉換結果，經過軟體濾波和量程變換後由 CAN 匯流排發送給控制卡。

13.9.3　8 通道熱電阻輸入電路板測量與斷線檢測電路設計

8 通道熱電阻輸入電路板測量與斷線檢測電路如圖 13-27 所示。

ADS1213 採用 SPI 匯流排與 Arm 微控制器交換資訊。利用 Arm 微控制器的 GPIO 通訊埠向 ADS1213 發送啟動操作命令字。在 ADS1213 內部將經過 PGA 放大後進行模數轉換的數位量再由 Arm 微控制器發出讀取操作命令字，讀取轉換結果。

為提高電路板執行的可靠性，設計了對輸入訊號的斷線檢測電路，在該電路板中，要實現溫度的精確測量，一個關鍵的因素就是要儘量消除導線電阻引起的誤差。ADS1213 內部沒有恆流源，需要設計一個穩定的恆流源電路實現電阻到電壓訊號的轉換。為了滿足 DCS 系統整體穩定性及智慧性的要求，需要設計自檢電路，能夠及時判斷輸入的測量訊號有無斷線情況。因此，熱電阻的接法、恆流源電路及自檢電路的設計是整個測量電路最重要的組成部分，這些電路設計的優劣直接關係到測量結果的精度。

熱電阻測量採用三線制接法，能夠有效地消除導線過長而引起的誤差；恆流源電路中，運算放大器 U4 的同相端接 ADS1213 產生的 +2.5V 參考電壓，輸出驅動 MOS 電晶體 VT1，從而產生 2.5mA 的恆流；自檢電路啟動時，訊號無法透過類比開關進入測量電路，測量電路處於自檢狀態，當檢測到無斷線情況，

電路正常時，自檢電路無效，訊號連線測量電路，2.5mA 的恆流流過熱電阻產生電壓訊號，然後送入 ADS1213 進行轉換，轉換結果透過 SPI 送到 Arm 微控制器。

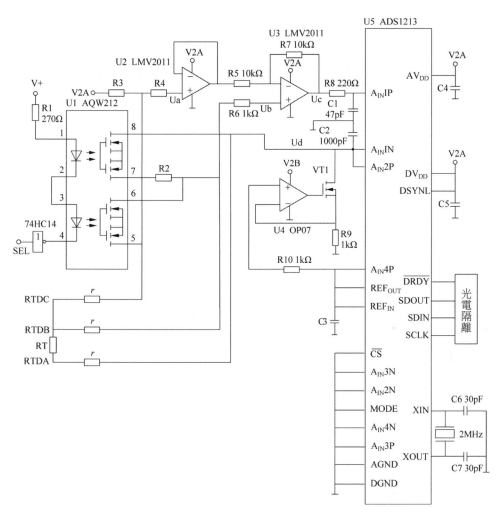

▲ 圖 13-27 8 通道熱電阻輸入電路板測量與斷線檢測電路

熱電阻作為溫度感測器，它隨溫度變化而引起的變化值較小，因此，感測器與測量電路之間的導線過長會引起較大的測量誤差。在實際應用中，熱電阻與測量儀表或電路板之間採用兩線、三線或四線制的接線方式。在該電路板設計中，熱電阻採用三線制接法，並透過兩級運算放大器處理，從而有效地消除了導線過長引起的誤差。

當電路處於測量狀態時，自檢電路無效，熱電阻訊號連線測量電路。

假設 3 根連接導線的電阻相同，阻值為 r，R_T 為熱電阻的阻值，恆流源電路的電流 $I=2.5\text{mA}$，由等效電路可得

$$U_a=I(2r+R_T)+U_d$$

$$U_b=I(r+R_T)+U_d$$

$$U_c=2U_b-U_d$$

$$U_{in}=U_c-U_d$$

整理得

$$U_{in}=IR_T$$

可知，ADS1213 輸入的差分電壓與導線電阻無關，從而有效地消除了導線電阻對結果的影響。

當自檢電路啟動，電路處於斷線檢測狀態時，其中熱電阻及導線全部被遮罩。

假設 3 根連接導線的電阻相同，阻值為 r，R_T 為熱電阻的阻值，恆流源電路的電流 $I=2.5\text{mA}$，精密電阻 $R=200\Omega$，由等效電路可得

$$U_a=U_b=U_c=IR+U_d$$

$$U_{in}=U_{IN}1P-U_{IN}1N=U_c-U_d$$

整理得

$$U_{in}=IR=2.5\text{mA}\times200\Omega=500\text{mV}=0.5\text{V}$$

可知，ADS1213 輸入的差分電壓在斷線檢測狀態下為 0.5V 的固定值，與導線電阻無關。

綜上可知，在該電路板中，熱電阻的三線制接法及運算放大器的兩級放大設計有效地消除了導線電阻造成的誤差，從而使結果更加精確。

為了確保系統可靠穩定地執行，自檢電路能夠迅速檢測出恆流源是否正常執行及輸入訊號有無斷線。自檢步驟如下。

（1） 首先使 SEL=1，解碼器無效，遮罩輸入訊號，若 U_{in}=0.5V，則恆流源部分正常執行，否則恆流源電路工作不正常。

（2） 在恆流源電路正常情況下，SEL=0，ADS1213 的 PGA=4，連線熱電阻訊號，測量 ADS1213 第 1 通道訊號，若測量值為 5.0V，達到滿量程，則表示恆流源電路的運放 U4 處於飽和狀態，MOS 電晶體 VT1 的漏極開路，未產生恆流，即輸入的熱電阻訊號有斷線，需要進行相應處理；若測量值在正常的電壓範圍內，則電路正常，無斷線。

13.9.4 8 通道熱電阻輸入電路板的程式設計

8 通道熱電阻輸入電路板的程式主要包括 Arm 控制器的初始化程式、A/D 採樣程式、數位濾波程式、熱電阻線性化程式、斷線檢測程式、量程變換程式、CAN 通訊程式、WDT 程式等。

13.10 4 通道類比量輸出電路板 (4AO) 的設計

13.10.1 4 通道類比量輸出電路板的功能概述

4 通道類比量輸出電路板為點點隔離型電流 (II 型或 III 型) 訊號輸出卡。Arm 與輸出通道之間透過獨立的介面傳送資訊，轉換速度快，工作可靠，即使某一輸出通道發生故障，也不會影響到其他通道的工作。由於 Arm 內部整合了 PWM 功能模組，所以該電路板實際是採用 Arm 的 PWM 模組實現 D/A 轉換功能。此外，範本為高精度智慧化卡件，可即時檢測實際輸出的電流值，以保證輸出正確的電流訊號。

透過外部配電板可輸出 II 型或 III 型電流訊號。4 通道類比量輸出電路板的設計技術指標如下。

（1） 允許 4 通道電流訊號，電流訊號輸出範圍為 0 ～ 10mA(II 型)、4 ～ 20mA(III 型)。

（2） 採用 32 位元 Arm Cortex M3 微控制器，提高了電路板設計的集成度、運算速度和可靠性。

（3） 採用 Arm 內嵌的 16 位元高精度 PWM 組成 D/A 轉換器，透過兩級一階主動低通濾波電路，實現訊號輸出。

（4） 同時可檢測每個通道的電流訊號輸出，各採樣通道之間採用 PhotoMOS 繼電器，實現點點隔離的技術。

（5） 透過主控站模組的設定命令可設定通道資訊，將設定通道資訊儲存於鐵電記憶體中，停電重新啟動時，自動恢復到正常執行狀態。

（6） 電路板計具有低通濾波、斷線檢測功能，Arm 與現場類比訊號測量之間採用光電隔離措施，以提高抗干擾能力。

13.10.2 4 通道類比量輸出電路板的硬體組成

4 通道類比量輸出電路板用於完成對工業現場閥門的自動控制,其硬體組成方塊圖如圖 13-28 所示。

硬體電路主要由 Arm Cortex M3 微控制器、兩級一階主動低通濾波電路、V/I 轉換電路、輸出電流訊號回饋與 A/D 轉換電路、斷線檢測電路、DIP 開關、鐵電記憶體 FRAM、LED 狀態指示燈和 CAN 通訊介面電路組成。

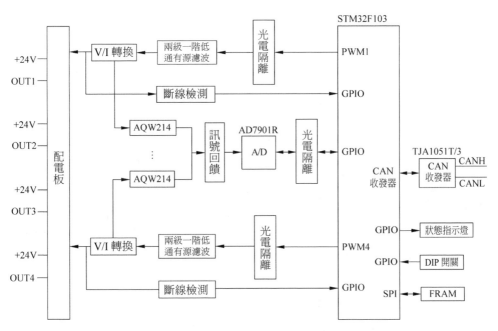

▲ 圖 13-28 4 通道類比量輸出電路板硬體組成方塊圖

該電路板採用 ST 公司的 32 位元 Arm 控制器 STM32F103VBT6、高精度 12 位元 A/D 轉換器 ADS7901R、運算放大器 TL082I、PhotoMOS 繼電器 AQW214、CAN 收發器 TJA1051T/3 等元件設計而成。

Arm 由 CAN 匯流排接收控制卡發來的電流輸出值,轉為 16 位元 PWM 輸出,經光電隔離,送往兩級一階主動低通濾波電路,再透過 V/I 轉換電路,實現電流訊號輸出,最後經過配電板控制現場儀表層的執行機構。

13.10.3 4 通道類比量輸出電路板 PWM 輸出與斷線檢測 電路設計

4 通道類比量輸出電路板 PWM 輸出與斷線檢測電路如圖 13-29 所示。

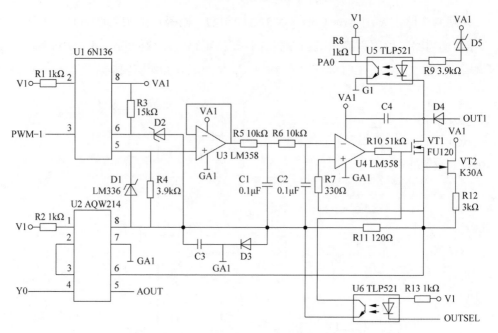

▲ 圖 13-29　4 通道類比量輸出電路板 PWM 輸出與斷線檢測電路

STM32F103 微控制器透過調節工作週期比，產生 0 ～ 100% 的 PWM 訊號，經過濾波形成平穩的 0 ～ 2.5V 的直流電壓訊號，然後利用 V/I 轉換電路轉為 0 ～ 20mA 的電流訊號，並實現與輸出訊號的隔離。電流輸出採用 MOSFET 管漏極輸出方式，組成電流負反饋，以保證輸出恆流。為了能讓電路穩定、準確地輸出 0mA 的電流，電路中還設計了恆流源。

在圖 13-29 中，光耦合器 U5 用於輸出迴路斷線檢測。

當輸出迴路無斷線情況，電路正常執行時，輸出恆定電流，由於鉗位元的關係，光耦合器 U5 無法導通，STM32F103 微控制器透過 PA0 讀取狀態 1，由此即可判斷輸出迴路正常。

當輸出迴路斷線時，VT1 漏極與輸出迴路斷開，但是由於 U5 的存在， VT1 的漏極經光耦合器的輸入端與 VA1 相連，V/I 轉換電路仍能正常執行，而 U5 處於導通狀態，STM32F103 微控制器透過 PA0 讀取狀態 0，由此即可判斷輸出迴路出現斷線。

13.10.4　4 通道類比量輸出電路板自檢電路設計

4 通道類比量輸出電路板自檢電路如圖 13-30 所示。

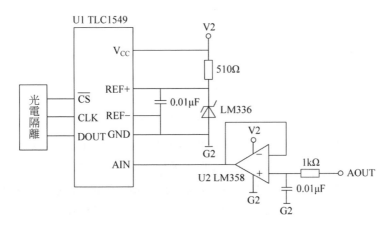

▲ 圖 13-30　4 通道類比量輸出電路板自檢電路

4 通道類比量輸出電路板要即時監測輸出通道實際輸出的電流，判斷輸出是否正常，在輸出電流異常時切斷輸出迴路，避免由於輸出異常，使現場執行機構錯誤動作，造成嚴重事故。

圖 13-30 中的 U1 為 10 位元的串列 A/D 轉換器 TCL1549。

由於輸出的電流為 0 ～ 20mA，電流流過精密電阻產生的電壓最大為 2.5V，因此採用穩壓二極體 LM336 設計 2.5V 基準電路，2.5V 的基準電壓作為 U1 的參考電壓，使其滿量程為 2.5V。這樣，在某一通道被選通的情況下，輸出訊號透過 PhotoMOS 繼電器 U2 進入回饋電路，經運算放大器 U2 跟隨後送入 A/D 轉換器。STM32F103 微控制器透過序列介面讀取轉換結果，經過計算得出當前的

電流值，判斷輸出是否正常，如果輸出電流異常，則切斷輸出通道，進行相應的處理。

13.10.5 4 通道類比量電路板輸出演算法設計

4 通道類比量輸出電路板程式的核心是透過調整 PWM 的工作週期比改變輸出電流的大小。透過控制光耦合器 U1 產生反相的強度為 2.5V 的 PWM 訊號，由於工作週期比為 0 ~ 100% 可調，因此 PWM 經濾波後的電壓為 0 ~ 2.5V，然後經 V/I 電路產生電流。電流的大小正比於光耦合器後端的 PWM 波形的工作週期比，而電流的精度與 PWM 訊號的位數有關，位數越高，工作週期比的精度越高，電流的精度也就越高。

在程式設計中，還要考慮對訊號的零點和滿量程點進行校正。由於恆流源電路的存在，系統的零點被抬高，對應的 PWM 訊號的工作週期比大於 0%。因此，在工作週期比為 0% 時，透過回饋電路讀取恆流源電路產生的電壓值，它對應的工作週期比即為系統的零點。對於滿量程訊號也要有一定的裕量。如果演算法設計工作週期比為 100% 時對應的電流為 20mA，那麼由於不同電路板之間的差異，輸出的電流也存在差別，有的可能大於 20mA，有的可能小於 20mA，因此就需要在大於 20mA 的範圍內對電路板進行校正。在該電路板中，V/I 電路設計為工作週期比為 100%，電壓為 2.5V 時，產生的電流大於 20mA。然後利用上位機的校正程式，在輸出 20mA 時記下當前的工作週期比，並將其寫入鐵電記憶體中，隨後程式在零點與滿量程點之間採用線性演算法處理，即可得到 0 ~ 20mA 電流的準確輸出。

由於電路統一輸出 0 ~ 20mA 的電流，電路板透過接收主控制卡的設定命令以確定 II 型 (0 ~ 10mA) 或 III 型 (4 ~ 20mA) 的電流輸出。因此，II 型或 III 型電流的輸出透過軟體相應演算法實現。II 型電流 (0 ~ 10mA) 訊號的具體計算公式如下。

$$I = \frac{\text{Value}}{4095} \times 10\text{mA}$$

其中，I 為輸出電流值；Value 為主控制卡下傳的中間值。

$$\mathrm{PWM}_{\mathrm{out}} = \mathrm{PWM}_0 + \frac{\mathrm{PWM}_{10} - \mathrm{PWM}_0}{10} \times I$$

其中，I 為輸出電流值，$\mathrm{PWM}_{\mathrm{out}}$ 為輸出 I 時 Arm 控制器輸出的 PWM 值，PWM_0 和 PWM_{10} 為校正後寫入鐵電記憶體的 0mA 和 10mA 時的 PWM 值。

III 型電流 (4 ～ 20mA) 訊號的具體計算與 II 型相似。

$$I_{\mathrm{m}} = \frac{\mathrm{Value}}{4095} \times 16\mathrm{mA}$$
$$I = I_{\mathrm{m}} + 4\mathrm{mA}$$

其中，I 為輸出電流值；Value 為主控制卡下傳的中間值。

$$\mathrm{PWM}_{\mathrm{out}} = \mathrm{PWM}_4 + \frac{\mathrm{PWM}_{20} - \mathrm{PWM}_4}{16} \times I_{\mathrm{m}}$$

其中，I_{m} 為輸出電流值；$\mathrm{PWM}_{\mathrm{out}}$ 為輸出 I 時 Arm 控制器輸出的 PWM 值；PWM_4 和 PWM_{20} 為校正後寫入鐵電記憶體的 4mA 和 20mA 時的 PWM 值。

13.10.6 4 通道類比量電路板程式設計

4 通道類比量輸出電路板的程式主要包括 Arm 控制器的初始化程式、PWM 輸出程式、電流輸出值檢測程式、斷線檢測程式、CAN 通訊程式、WDT 程式等。

13.11 16 通道數位量輸入電路板 (16DI) 的設計

13.11.1 16 通道數位量輸入電路板的功能概述

16 通道數位量訊號輸入電路板能夠快速回應主動開關訊號 (濕接點) 和被動開關訊號 (幹接點) 的輸入，實現數位訊號的準確擷取，主要用於擷取工業現場的開關量狀態。

透過外部配電板可允許連線被動輸入和主動輸入的開關量訊號。16 通道數位量訊號輸入電路板的設計技術指標如下。

（1） 訊號類型及輸入範圍：外部裝置或生產過程的主動開關訊號 (濕接點) 和被動開關訊號 (幹接點)。

（2） 採用 32 位元 Arm Cortex M3 微控制器，提高了電路板設計的集成度、運算速度和可靠性。

（3） 同時測量 16 通道數位量輸入訊號，各採樣通道之間採用光耦合器，實現點點隔離的技術。

（4） 透過主控站模組的設定命令可設定通道資訊，並將設定資訊儲存於鐵電記憶體中，停電重新啟動時，自動恢復到正常執行狀態。

（5） 電路板設計具有低通濾波、通道故障自檢功能，可以保證電路板的可靠執行。當非正常狀態出現時，可現場及遠端監控，同時警告提示。

13.11.2 16 通道數位量輸入電路板的硬體組成

16 通道數位量輸入電路板用於完成對工業現場數位量訊號的擷取，其硬體組成方塊圖如圖 13-31 所示。

硬體電路主要由 Arm Cortex M3 微控制器、數位量訊號低通濾波電路、輸入通道自檢電路、DIP 開關、鐵電記憶體 FRAM、LED 狀態指示燈和 CAN 通訊介面電路組成。

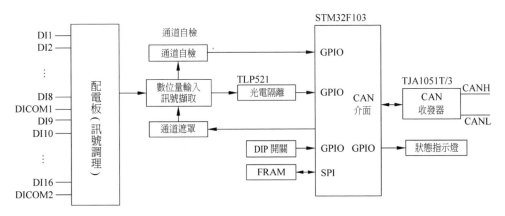

▲ 圖 13-31　16 通道數位量輸入電路板硬體組成方塊圖

　　該電路板採用 ST 公司的 32 位元 Arm 控制器 STM32F103VBT6、光耦合器 TLP521、電壓基準源 TL431、CAN 收發器 TJA1051T/3 等元件設計而成。

　　現場儀表層的開關量訊號經過端子板低通濾波處理，透過光電隔離，由 Arm 讀取數位量的狀態，經 CAN 匯流排發送給控制卡。

13.11.3　16 通道數位量輸入電路板訊號前置處理電路的設計

16 通道數位量輸入電路板訊號前置處理電路如圖 13-32 所示。

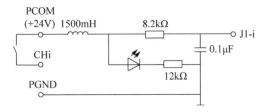

▲ 圖 13-32　16 通道數位量輸入電路板訊號前置處理電路

13.11.4 16 通道數位量輸入電路板訊號檢測電路設計

16 通道數位量輸入電路板訊號檢測電路如圖 13-33 所示，圖中只畫出了其中一組電路，另一組電路與其類似。

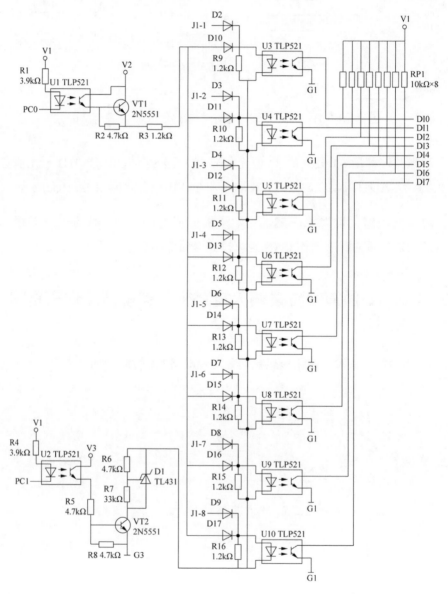

▲ 圖 13-33　16 通道數位量輸入電路板訊號檢測電路

　　在數位量輸入電路設計中，直接引入主動訊號可能引起暫態高壓、過電壓、接觸抖動等現象，因此必須透過訊號調理電路對輸入的數位訊號進行轉換、保護、濾波、隔離等處理。訊號調理電路包含 RC 電路，可濾除工頻干擾。而對於乾接點訊號，引入的機械抖動可透過軟體濾波來消除。

　　在電腦控制系統中，穩定性是最重要的。測控電路板必須具有一定的故障自檢能力，在電路板出現故障時，能夠檢測出故障原因，從而作出相應處理。在 16 通道數位量輸入電路板的設計中，數位訊號擷取電路中增加了輸入通道自檢電路。

　　首先，當 PC1=1 時，TL431 停止工作，光耦合器 U3 ～ U10 關斷，DI0 ～ DI7 恆為高電位，微控制器讀取狀態為 1，若讀取狀態不為 1，即可判斷為光耦合器故障。

　　當微控制器工作正常時，令 PC1=0，PC0=0，所有輸入訊號被遮罩，光耦合器 U3 ～ U10 導通，DI0 ～ DI7 恆為低電位，微控制器讀取狀態為 0，若讀取狀態不為 0，則說明相應的數位訊號輸入通道的光耦合器出現故障，軟體隨即遮罩發生故障的數位訊號輸入通道，進行相應處理。隨後令 PC1=0，PC0=1，遮罩電路無效，系統轉入正常的數位訊號擷取程式。

　　由 TL431 組成的穩壓電路提供 3V 的門檻電壓，用於防止電位訊號不穩定造成光耦合器 U3 ～ U10 的誤動作，保證訊號擷取電路的可靠工作。

13.11.5　16 通道數位量輸入電路板程式設計

　　16 通道數位量輸入電路板的程式主要包括 Arm 控制器的初始化程式、數位量狀態擷取程式、數位量輸入通道自檢程式、CAN 通訊程式、WDT 程式等。

13.12 16 通道數位量輸出電路板 (16DO) 的設計

13.12.1 16 通道數位量輸出電路板的功能概述

16 通道數位量訊號輸出電路板能夠快速回應控制卡輸出的開關訊號命令，驅動配電板上獨立供電的中間繼電器，並驅動現場儀表層的裝置或裝置。

16 通道數位量訊號輸出電路板的設計技術指標如下。

（1）訊號輸出類型：帶有一常開和一常閉的繼電器。

（2）採用 32 位元 Arm Cortex M3 微控制器，提高了電路板設計的集成度、運算速度和可靠性。

（3）具有 16 通道數位量輸出訊號，各採樣通道之間採用光耦合器，實現點點隔離的技術。

（4）透過主控站模組的設定命令可設定通道資訊，並將設定資訊儲存於鐵電記憶體中，停電重新啟動時，自動恢復到正常執行狀態。

（5）電路板設計每個通道的輸出狀態具有自檢功能，並監測外配電電源，外部配電範圍為 22 ～ 28V，可以保證電路板的可靠執行。當非正常狀態出現時，可現場及遠端監控，同時警告提示。

16 通道數位量輸出電路板性能指標如表 13-13 所示。

▼ 表 13-13 16 通道數位量輸出電路板性能指標

性能指標	說明
輸入通道	組間隔離，8 通道一組
通道數量	16 通道
通道隔離	任何通道間 25V AC，47 ～ 53Hz，60s
	任何通道對地 500V AC，47 ～ 53Hz，60s

（續表）

性能指標	說明
輸出範圍	ON 通道壓降 ≤0.3V
	OFF 通道漏電流 ≤0.1mA

13.12.2 16 通道數位量輸出電路板的硬體組成

16 通道數位量輸出電路板用於完成對工業現場數位量輸出訊號的控制，其硬體組成方塊圖如圖 13-34 所示。

硬體電路主要由 Arm Cortex M3 微控制器、光耦合器，故障自檢電路、DIP 開關、鐵電記憶體 FRAM、LED 狀態指示燈和 CAN 通訊介面電路組成。

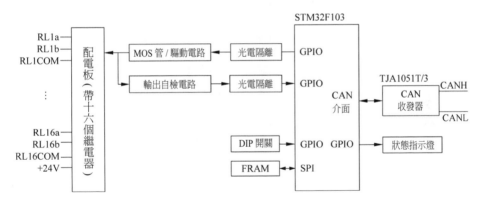

▲ 圖 13-34 16 通道數位量輸出電路板硬體組成方塊圖

該電路板採用 ST 公司的 32 位元 Arm 控制器 STM32F103VBT6、光耦合器 TLP521、電壓基準源 TL431、比較器 LM393、CAN 收發器 TJA1051T/3 等元件設計而成。

現場儀表層的開關量訊號經過端子板低通濾波處理，透過光電隔離，Arm 透過 CAN 匯流排接收控制卡發送的開關量輸出狀態訊號，經配電板送往現場儀表層，控制現場的裝置或裝置。

13.12.3 16 通道數位量輸出電路板開漏極輸出電路設計

16 通道數位量輸出電路板開漏極輸出電路如圖 13-35 所示，圖中只畫出了其中一組電路，另一組電路與其類似。

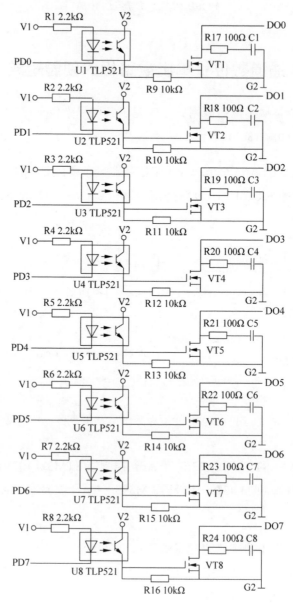

▲ 圖 13-35 16 通道數位量輸出電路板開漏極輸出電路

Arm 微控制器的 GPIO 接腳輸出的 16 通道數位訊號經光耦合器 TLP521 進行隔離。並且，前 8 通道和後 8 通道輸出訊號是分為兩組隔離的，分別接了不同的電源和地訊號。同時，進入光耦合器的數位訊號經上拉電阻上拉，以提高訊號的可靠性。

考慮到光耦合器的負載能力，隔離後的訊號再經過 MOSFET 電晶體 FU120 驅動，輸出的訊號經 RC 濾波後接到與之配套的端子板上，直接控制繼電器的動作。

13.12.4 16 通道數位量輸出電路板輸出自檢電路設計

16 通道數位量輸出電路板輸出自檢電路如圖 13-36 所示。

為提高電路板執行的可靠性，設計了通道自檢電路，用來檢測電路板工作過程中是否有輸出通道出現故障。如圖 13-36 所示，採用一片類比開關 CD4051 完成一組 8 通道數位量輸出的自檢工作，圖中只畫出了對一組通道自檢的電路圖，另一組通道與之相同。

每組通道的輸出訊號分別先經過光耦合器 TLP521 的隔離，然後連接到類比開關 CD4051 的輸入端，兩個 CD4051 的 3 個通道選通接腳 A、B、C 都連接到微控制器的 3 個 GPIO 接腳 PE1、PB7 和 PC12 上，而公共輸出接腳 COM 則連接到微控制器的 GPIO 接腳 PB8 上。透過軟體程式設計，觀察接腳 PB8 上的電位變化，可檢測這兩組通道是否正常執行。

若選通的某一組通道的數位訊號為低電位，則經 CD4051 後的輸出端輸出低電位時，說明該通道導通；反之輸出高電位，說明該通道故障，此時將點亮紅色 LED 燈警告。同理，若選通通道的數位訊號為高電位，則 CD4051 的輸出為高電位，說明通道是正常執行的。

這樣透過改變選通的通道及輸入端的訊號，觀察 CD4051 的公共輸出端的值和是否點亮紅色 LED 燈警告，即可達到檢測數位量輸出通道是否正常執行的目的。

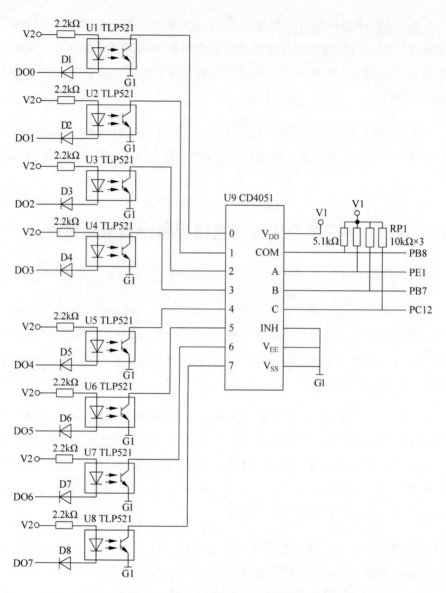

▲ 圖 13-36 16 通道數位量輸出電路板輸出自檢電路

13.12.5 16 通道數位量輸出電路板外配電壓檢測電路設計

16 通道數位量輸出電路板外配電壓檢測電路如圖 13-37 所示。

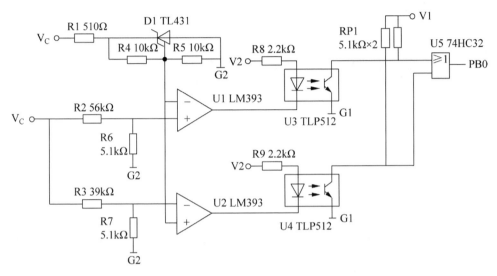

▲ 圖 13-37 16 通道數位量輸出電路板外配電壓檢測電路

電路板的 24V 電壓是由外部配電產生的，為進一步提高範本執行的可靠性，設計了對外配電電壓訊號的檢測電路，該設計中將外部配電電壓的檢測範圍設定為 21.6 ～ 30V，即當電路板檢測到電壓不在此範圍之內時，說明外部配電不能滿足範本的正常執行，將點亮紅色 LED 燈警告。

由於電路板電源全部採用了容錯的供電方案來提高系統的可靠性，所以兩路外配電電壓分別經端子排上的兩個接腳輸入。圖 13-37 只舉出了對一組外配電電壓的檢測電路，另一組是完全相同的。

輸入電路採用電壓基準源 TL431C 產生 2.5V 的穩定電壓，輸出到電壓比較器 LM393N 的接腳 2 和接腳 5，分別作為兩個比較元件的輸入端，另外兩個輸入端則由外配電輸入的電壓經兩電阻分壓後產生。

比較器 U1 的同相端的輸入電壓為

$$U1P = \frac{5.1k\Omega}{56k\Omega + 5.1k\Omega} \times V_C$$

當外配電電壓 V_C < 30V 時，則 U1P < 2.5V，比較器 U1 輸出低電位；反之，U1 輸出高電位。

比較器 U2 的反相端輸入電壓為

$$U2N = \frac{5.1k\Omega}{39k\Omega + 5.1k\Omega} \times V_C$$

當外配電電壓 V_C > 21.6V 時，則 U2N > 2.5V，比較器 U2 輸出低電位；反之，U2 輸出高電位。

經兩個比較器輸出的電位訊號進入光耦合器 U3 和 U4，再經或閘 74HC32 輸出到微控制器的 GPIO 接腳 PB0。即當外配電電壓的範圍為 21.6 ～ 30V 時，PB0 才為低電位，否則為高電位。

13.12.6　16 通道數位量輸出電路板的程式設計

16 通道數位量輸入電路板的程式主要包括 Arm 控制器的初始化程式、數位量狀態控製程式、數位量輸出通道自檢程式、CAN 通訊程式、WDT 程式等。

13.13　8 通道脈衝量輸入電路板 (8PI) 的設計

13.13.1　8 通道脈衝量輸入電路板的功能概述

8 通道脈衝量訊號輸入電路板能夠輸入 8 通道設定值電壓在 0 ～ 5V、0 ～ 12V、0 ～ 24V 的脈衝量訊號，並可以進行頻率型和累積型訊號的計算。當對累

積精度要求較高時使用累積型設定，而當對暫態流量精度要求較高時使用頻率型設定。每個通道都可以根據現場要求透過跳線設定為 0 ～ 5V、0 ～ 12V、0 ～ 24V 電位的脈衝訊號。

透過外部配電板可允許連線 3 種設定值電壓的脈衝量訊號。該電路板的設計技術指標如下。

（1） 訊號類型及輸入範圍：設定值電壓在 0 ～ 5V、0 ～ 12V、0 ～ 24V 的脈衝量訊號。

（2） 採用 32 位元 Arm Cortex M3 微控制器，提高了電路板設計的集成度、運算速度和可靠性。

（3） 同時測量 8 通道脈衝量輸入訊號，各採樣通道之間採用光耦合器，實現點點隔離的技術。

（4） 透過主控站模組的設定命令可設定通道資訊，並將設定資訊儲存於鐵電記憶體中，停電重新啟動時，自動恢復到正常執行狀態。

（5） 電路板設計具有低通濾波。

13.13.2 8 通道脈衝量輸入電路板的硬體組成

8 通道脈衝量輸入電路板用於完成對工業現場脈衝量訊號的擷取，其硬體組成方塊圖如圖 13-38 所示。

硬體電路主要由 Arm Cortex M3 微控制器、數位量訊號低通濾波電路、輸入通道自檢電路、DIP 開關、鐵電記憶體 FRAM、LED 狀態指示燈和 CAN 通訊介面電路組成。

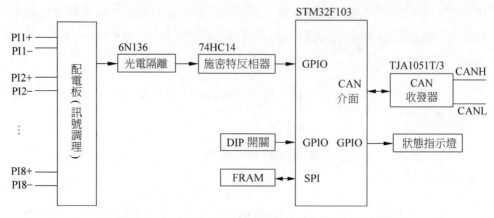

▲ 圖 13-38　8 通道脈衝量輸入電路板硬體組成方塊圖

該電路板採用 ST 公司的 32 位元 Arm 控制器 STM32F103VBT6、光耦合器 6N136、施密特反相器 74HC14、CAN 收發器 TJA1051T/3 等元件設計而成。

利用 Arm 內部計時器的輸入捕捉功能，捕捉經整形、隔離後的外部脈衝量訊號，然後對通道的輸入訊號進行計數。累積型訊號持續計數，頻率型訊號每秒計算一次。由 Arm 讀取脈衝量的計數值，經 CAN 匯流排發送給控制卡。

13.13.3　8 通道脈衝量輸入電路板的程式設計

8 通道脈衝量輸入電路板的程式主要包括 Arm 控制器的初始化程式、脈衝量計數程式、數位量輸入通道自檢程式、CAN 通訊程式、WDT 程式等。

13.14　嵌入式控制系統可靠性與安全性技術

13.14.1　可靠性技術的發展過程

可靠性 (Reliability) 是衡量產品品質的重要指標。產品的可靠性既是設計、生產出來的，也是管理出來的。因此，以可靠性設計、可靠性控制與可靠性評審等為主要內容的可靠性管理也就成為產品品質管制工程中的重要組成部分。

20 世紀 20 年代末，電話和以真空管為基礎的電子裝置的規模應用，直接啟動了可靠性工程的研究。

20 世紀 40 年代，特別是第二次世界大戰期間，對提高武器系統的可靠性的迫切需求，進一步刺激了可靠性工程的研究，其主要內容是對產品的失效現象及其發生的機率進行分析、預測、試驗、評定和控制。

20 世紀 60 年代，為配合複雜航太系統的研製，可靠性工程研究達到了新的高度，可靠性工程技術成為確保系統成功的主要技術保證之一。實際上，20 世紀 60 年代提出的「全面品質管制」就是從產品設計、研製、生產製造直到使用的各個階段都要貫徹以可靠性為重點的品質管制。

20 世紀 90 年代，傳統的可靠性管理已不能滿足當代品質管制的客觀需要，不僅關注產品本身的可靠性，而且還強調過程、組織和環境對產品可靠性的影響，可靠性研究的範圍擴大了，進入了可信性管理時代。

日趨複雜的系統導致了可靠性技術研究的發展，具體表現在以下 5 方面。

（1） 系統更複雜，功能多，自動化程度高，元元件、零組件也越來越多。

（2） 產品使用環境條件多樣化和嚴酷化。

（3） 因產品向高級、精密、大型和自動化方向發展，其購置費劇增，停產損失也越來越大，維修費用增長也十分迅速。

（4） 對產品系統的壽命週期要求越來越高。

（5） 由於市場的需要，產品改朝換代週期越來越短，而產品成熟需要一定的週期。

13.14.2　可靠性基本概念和術語

產品可靠性的定義是產品在規定的條件下和規定的時間段內完成規定功能的能力。這裡的產品是指作為單獨研究或分別試驗的任何元元件、裝置或系統。

可靠性工程是指為了保證產品在設計、生產及使用過程中達到預定的可靠性指標，應該採取的技術及組織管理措施，它是介於固有技術和管理科學之間的一門邊緣學科，具有技術與管理的雙重性。

1. 可靠度與不可靠度

可靠度是產品可靠性的機率度量，即產品在規定的條件下和規定的時間內，完成規定功能的機率。一般將可靠度記為 R。

與可靠度相對應的是不可靠度，表示產品在規定的條件下和規定的時間內不能完成規定功能的機率，又稱為累積失效機率，一般記為 F。

2. 平均壽命

在產品的壽命指標中，最常用的是平均壽命。平均壽命是產品壽命的平均值，而產品的壽命則是它的無故障工作時間。

13.14.3 可靠性設計的內容

可靠性管理是在一定的時間和費用條件基礎上，根據使用者要求，為了生產出具有規定的可靠性要求的產品，在設計、研製、製造、使用和維修即產品整個壽命期內，所進行的一切組織、計畫、協調、控制等綜合管理工作。

可靠性管理首要的環節就是可靠性設計，它決定了產品的內在可靠性 (Inherited Reliability)。研製與生產過程則是實行可靠性控制，保證產品內在可靠性的實現。因為產品在使用時，各種因素影響著產品的可靠性，故又把產品在使用過程中對可靠性的要求稱為使用可靠性。

可靠性設計的關鍵內容包含預測、分析和試驗 3 部分，即可靠性預測、可靠性分析和可靠性試驗。一個完整的可靠性設計應該貫穿產品的整個生命週期，可靠性設計的工作程式流程如圖 13-39 所示。

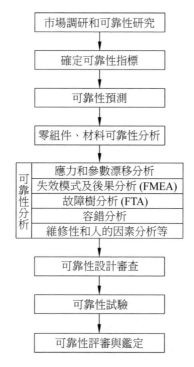

市場調研和可靠性研究

確定可靠性指標

可靠性預測

零組件、材料可靠性分析

可靠性分析
- 應力和參數漂移分析
- 失效模式及後果分析 (FMEA)
- 故障樹分析 (FTA)
- 容錯分析
- 維修性和人的因素分析等

可靠性設計審查

可靠性試驗

可靠性評審與鑑定

▲ 圖 13-39 可靠性設計的工作程式流程

13.14.4 系統安全性

1. 安全性分類

　　系統的安全性包含 3 方面的內容：功能安全、電氣安全和資訊安全。功能安全和電氣安全對應 Safety 一詞，資訊安全對應 Security 一詞。

　　（1） 功能安全 (Functional Safety) 是指系統正確地回應輸入從而正確地輸出控制的能力 (按 IEC 61508 的定義)。在傳統的工業控制系統中，特別是在所謂的安全系統 (Safety Systems) 或安全相關系統 (Safety Related Systems) 中，安全性通常是指功能安全。舉例來說，在聯鎖系統或保護系統中，安全性是關鍵性的指標，其安全性也是指功能安全。功能安全性差的控制系統，其後果不僅是系統停機的經濟損失，而且往往會導致裝置損壞、環境污染，甚至人身傷害。

（2） 電氣安全 (Electrical Safety) 是指系統在人對其進行正常使用和操作的過程中不會直接導致人身傷害的程度。舉例來說，系統電源輸入接地不良可能導致電擊傷人，就屬於裝置人身安全設計必須考慮的問題。一般來說每個國家針對裝置可能直接導致人身傷害的場合都頒佈了強制性的標準規範，產品在生產銷售之前應該滿足這些強制性規範的要求，並有第三方機構實施認證，這就是我們通常所說的安全認證。

（3） 資訊安全 (Information Security) 是指數據資訊的完整性、可用性和保密性。資訊安全問題一般會導致重大經濟損失，或對國家的公共安全造成威脅、病毒、駭客攻擊及其他的各種非授權侵入系統的行為都屬於資訊安全研究的重點問題。

2. 安全性與可靠性的關係

安全性強調的是系統在承諾的正常執行條件或指明的故障情況下，不對財產和生命帶來危害的性能。可靠性則偏重於考慮系統連續正常執行的能力。安全性注重於考慮系統故障的防範和處理措施，並不會為了連續工作而冒風險。可靠性高並不表示安全性肯定高。安全性總是要求依靠一些永恆的物理外力作為最後一道屏障。

13.14.5 軟體可靠性

在 20 世紀 80 年代之前，工程界關心的主要是硬體可靠性，軟體可靠性沒有受到足夠的重視。軟體是電腦的神經中樞，在嵌入式控制系統中起著至關重要的作用，然而，一個不能忽視的事實是，軟體從它的誕生之日起，就受到了 Bug 的折磨。所謂 Bug，就是寄生在嵌入式控制系統軟體中的故障，它具有巧妙的隱身功能，能夠在關鍵場合突然現身。這時，不僅嵌入式控制系統的正常功能無法得到保證，還會造成資源浪費，甚至可能對人類社會造成嚴重危害。

在工業自動化軟體中 Bug 的嚴重後果主要表現在以下兩方面。

1. 導致系統裝置失效，危及人身裝置安全

工業自動化控制系統軟體是一種需要對生產裝置的安全、高效執行，自動執行控制，對裝置的執行工況進行連續監視，並且需要長期連續穩定可靠執行的高可靠性軟體。如果軟體中出現 Bug，輕則影響系統的正常操作使用，重則導致裝置停車，更嚴重的可能導致裝置或裝置的故障，造成嚴重事故，甚至危及人身安全。

2. 導致嚴重的經濟損失

軟體故障發生，導致系統失效並造成經濟損失，這是明顯的事實，且不說許多軟體由於不符合可靠性要求和品質要求，無法使用造成的巨大經濟損失。而在已經使用的嵌入式控制系統軟體中，由於軟體控制功能失靈導致裝置或裝置的故障，甚至重大事故造成的經濟損失，以及由軟體失效導致生產裝置的停車造成的經濟損失等，是許多嵌入式控制系統使用者的前車之鑑，也是安裝自動化系統的使用者的後顧之憂。

基於上述原因，如何加強軟體的可靠性研究工作勢在必行。在 20 世紀 80 年代以後，國外對軟體可靠性研究的投入明顯加大。同時，從 20 世紀 80 年代中期開始，西方各主要工業強國均確立了專門的研究計畫和課題。進入 20 世紀 90 年代，軟體可靠性已經成為科技界關注的焦點。軟體可靠性的發展與軟體工程、可靠性工程的發展密切相關，它是軟體工程學派生的新的分支，同時也合理地繼承、利用了硬體可靠性工程的理論和方法。

參考文獻

[1] 李正軍，李瀟然.現場匯流排及其應用技術[M].2版.北京：機械工業出版社，2022.

[2] 李正軍，李瀟然.現場匯流排與工業乙太網[M].武漢：華中科技大學出版社，2021.

[3] 李正軍.電腦控制系統[M].4版.北京：機械工業出版社，2022.

[4] 李正軍,李瀟然.電腦控制技術[M].北京：機械工業出版社，2022.

[5] 何樂生，周永錄，葛孚華，等.基於STM32的嵌入式系統原理及應用[M].北京：科學出版社，2021.

[6] 徐靈飛，黃宇，賈國強.嵌入式系統設計：基於STM32F4[M].北京：電子工業出版社，2020.

[7] 沈紅衛，任沙浦，朱敏傑，等.STM32微控制器應用與全案例實踐[M].北京：電子工業出版社，2017.

[8] 劉波文，孫岩.嵌入式即時操作系統 μC/OS-II 經典實例：基於STM32處理器[M].2版.北京：北京航空航太大學出版社，2016.

[9] 任哲，房紅征.嵌入式即時操作系統 μC/OS-II 原理及應用[M].5版.北京：北京航空航太大學出版社，2021.